高等职业教育新形态一体化教材

电 子 技 术

（第 4 版）

主　编　李增国　　戚玉强
副主编　李雅芹　　郁震龙

北京航空航天大学出版社

内 容 简 介

本书内容包括:常用半导体器件、放大器基础、集成运算放大器及其应用、调谐放大器与正弦波振荡器、功率放大器、直流稳压电源、数字电路基础知识、逻辑门电路与组合逻辑电路、触发器与时序逻辑电路、脉冲波形的产生与整形电路、数/模与模/数转换电路、Multisim 10 的仿真应用。

本书以讲清概念、强化应用为原则,以培养学生应用能力为主线,其主要特点是循序渐进,由浅入深,理论联系实际,突出高职高专教育特色。每章末尾附有小结和习题,便于学习使用。

本书为立体化教材,扫描书中二维码,可获取微课视频、PPT 等配套的数字化学习内容,有助于读者进行线上、线下混合式学习,丰富知识。

本书不仅可作为高职高专院校应用电子、机电一体化、计算机应用等专业的教材,也可供广大工程技术人员参考。

本书配有教学课件和习题答案供任课老师参考,请发送邮件至 goodtextbook@126.com 申请索取。

图书在版编目(CIP)数据

电子技术 / 李增国,戚玉强主编. -- 4 版. -- 北京 : 北京航空航天大学出版社,2022.8

ISBN 978 - 7 - 5124 - 3821 - 7

Ⅰ.①电… Ⅱ.①李… ②戚… Ⅲ.①电子技术-高等职业教育-教材 Ⅳ.①TN

中国版本图书馆 CIP 数据核字(2022)第 096039 号

电子技术(第 4 版)

主 编 李增国 戚玉强
副主编 李雅芹 郁震龙
策划编辑 董 瑞 责任编辑 董 瑞

*

北京航空航天大学出版社出版发行

北京市海淀区学院路 37 号(邮编 100191) http://www.buaapress.com.cn
发行部电话:(010)82317024 传真:(010)82328026
读者信箱:goodtextbook@126.com 邮购电话:(010)82316936
北京时代华都印刷有限公司印装 各地书店经销

*

开本:787×1 092 1/16 印张:19 字数:486 千字
2022 年 8 月第 4 版 2022 年 8 月第 1 次印刷 印数:2 000 册
ISBN 978 - 7 - 5124 - 3821 - 7 定价:56.00 元

前 言

随着人工智能、物联网、新能源等现代科技的快速发展,以电子器件设计和制造某种特定功能的电路的科学——电子技术,已成为各大高校电类和非电类专业的基础课,是学习后续专业课程的重要基础。本书依据教育部最新制定的《高职高专教育电工电子技术课程教学基本要求》编写。

本书在结构与内容编排等方面,吸收了编者近几年在教学改革、教材建设等方面取得的经验,力求全面体现高等职业教育的特点,满足当前教学的需要。全书内容包括:常用半导体器件、放大器基础、集成运算放大器及其应用、调谐放大器与正弦波振荡器、功率放大器、直流稳压电源、数字电路基础知识、逻辑门电路与组合逻辑电路、触发器与时序逻辑电路、脉冲波形的产生与整形电路、数模与模数转换电路和 Multisim 10 的仿真应用等。在编写过程中注意了以下四个方面:

① 在教材内容选取上,以"必需、够用"为原则,舍去复杂的理论分析,辅以适量的习题,内容层次清晰,循序渐进,让学生对基本理论有系统、深入的理解,为今后的持续学习奠定基础。

② 在内容安排上,注重吸收新技术、新产品、新内容。如增加了新颖的集成电路芯片的应用等知识,体现教材的时代特征及先进性。

③ 在呈现方式上,教材按照新形态模式编写。素材丰富、资源立体,读者可以扫描书中的二维码,获取相关知识点的微课视频、PPT 等数字化学习内容,拓宽知识面。

④ 针对电子技术课程实践性较强的特点,专门安排章节介绍 Multisim 10 仿真软件的操作与案例,把实验室搬进课堂。这种教学模式生动形象,不但能激发学生的学习兴趣,而且能加深对所学知识的理解,提高教学质量。

本书第 1～3 章由江苏农牧科技职业学院李增国编写;第 4、7、9、10 章由江苏农牧科技职业学院戚玉强编写;第 5、6 章由江苏农牧科技职业学院李雅芹编写;第 8、11 章由江苏农牧科技职业学院于虹编写;第 12 章及附录部分由春兰集团郁震龙工程师编写。

泰州技师学院唐培林教授详细地审阅了书稿并提出了许多宝贵意见,泰州科迪电子有限公司张惠鸣工程师对全书的编写工作提出了很多建设性的意见,在此表示诚挚的谢意。由于编写时间较紧,加之我们水平有限,错误和不当之处恳请读者和同行批评指正。

编 者
2022 年 6 月

目　　录

第1章　常用半导体器件

半导体器件是构成电子电路的基本元件。本章介绍半导体的基础知识和半导体二极管、半导体三极管、场效应晶体管的结构、工作原理、特性曲线、主要参数等，为学习后续各章提供必要的基础知识。

1.1　半导体二极管

1.1.1　半导体基础知识

半导体材料的特性　　　　　半导体的热敏特性　　　　　半导体的光敏特性

1. 什么是半导体

物质按导电能力的强弱可分为导体、绝缘体和半导体三大类。半导体的导电能力介于导体和绝缘体之间。硅（Si）和锗（Ge）是最常用的半导体材料。

半导体之所以得到广泛的应用，是因为它具有掺杂性、热敏性和光敏性。人们正是利用它的这些特点制成了多种性能的电子元器件，如半导体二极管、半导体三极管、场效应管、集成电路、热敏元件、光敏元件等。由于用作半导体材料的硅和锗必须是原子排列完全一致的单晶体，因此半导体管通常也称为晶体管。

2. 本征半导体

不含杂质，完全纯净的半导体称为本征半导体。最常见的本征半导体是锗和硅晶体，它们都是四价原子，其结构如图1-1所示。

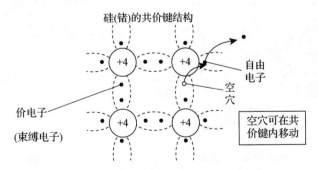

图1-1　硅、锗原子结构模型及共价键结构示意图

在常温下，共价键中的价电子被束缚得很紧，不能成为自由电子，因此本征半导体中只有大量的价电子，但却没有自由电子，所以本征半导体的导电性能很差。当受到光和热（外界能

量)时,共价键中的价电子摆脱共价键的束缚跳到键外成为自由电子,这称为本征激发,又称为热激发。像自由电子这样的带电粒子称为载流子。价电子成为自由电子后,留下了一个空位,称为空穴。这个空位处因少一个带负电的价电子而呈正极性,所以空穴带有一个单位的正电荷。同样,电子带有一个单位的负电荷。空穴是区别导体与半导体的一个重要特征,导体中只有自由电子,而空穴则和自由电子一样,也是参与导电的一种载流子。本征半导体激发产生空穴后,在其附近做热运动的价电子很容易被这个正电荷所吸引,从而填补到这个空位上,这个电子原来的位置又留下新的空位,这就相当于空穴移动了一个位置。因此,带正电荷的空穴也能像自由电子一样,在晶体中做热运动。由图1-1可看出,电子、空穴是做相对运动,相伴而生,成对出现的,所以称为"电子空穴对"。该电子空穴对做无规则的运动。由此可见,在没有外加电场作用时,虽然导电性能有所加强,但本征半导体不产生电流。当外加电场时,自由电子将朝外电源正极的方向移动,产生电子电流;空穴将朝相反(外电源负极)方向移动,形成半导体中的空穴电流。虽然电子、空穴的运动方向不一致,但它们产生的电流方向是一致的,电路电流为两者之和。由于电子和空穴所带的电量又都相等,所以本征半导体在外加电场时,在导电性能上仍是呈中性的。

3. 杂质半导体

在纯净半导体(本征半导体)中掺入微量合适的杂质元素,可使半导体的导电能力大大增强。按掺入的杂质元素不同,杂质半导体可分为两类。

(1) N 型半导体

N 型半导体又称为电子型半导体,其内部自由电子数量多于空穴数量,即自由电子是多数载流子(简称多子),空穴是少数载流子(简称少子)。例如,在单晶硅中掺入微量磷元素,可得到 N 型硅,如图 1-2(a)所示。由图 1-2(a)可知,多余的 1 个价电子不参加共价键,形成自由电子,而磷原子因失去电子变成了正离子,其空间电荷如图 1-2(b)所示。图中自由电子数大于空穴数,所以自由电子为多数载流子,空穴为少数载流子,这种导电以自由电子为主的半导体就称为 N 型半导体。

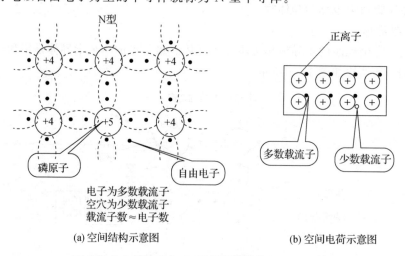

(a) 空间结构示意图　　　　(b) 空间电荷示意图

图 1-2　N 型半导体结构

(2) P 型半导体

P 型半导体又称为空穴型半导体,其内部空穴是多数载流子,自由电子是少数载流子。例如,在单晶硅中掺入微量硼元素,可得到 P 型硅,如图 1-3(a)所示。由图 1-3(a)可知,加入三价元素硼之后多了一个空穴,这个空穴就是载流子,具有导电性能。硼原子因多了一个空穴而变成了负离子,其空间电荷如图 1-3(b)所示。图中空穴数大于自由电子数,空穴为多数载流子,而自由电子为少数载流子,这种导电以空穴为主的半导体称为 P 型半导体。

从以上分析看,掺入少量的某种元件,可使晶体中的自由电子或空穴数量剧增,从而大大提高了半导体的导电能力。

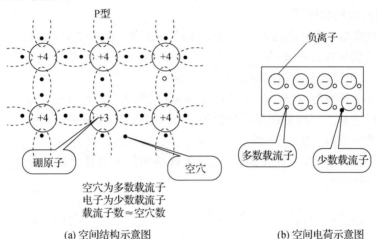

(a) 空间结构示意图　　　　(b) 空间电荷示意图

图 1-3　P 型半导体结构

在杂质半导体中,多数载流子起主要导电作用。由于多数载流子的数量取决于掺杂浓度,因而它受温度的影响较小;而少数载流子对温度非常敏感,这将影响半导体的性能。

4. PN 结的形成

单一的 N 型或 P 型半导体只起电阻作用,不能制成半导体器件。但是如果将这两种类型的半导体以某种形式结合在一起,构成 PN 结,使半导体的导电性能受到限制,从而制成各种半导体器件,如半导体二极管、三极管、晶闸管分别由 1 个、2 个、3 个 PN 结构成。PN 结形成的结构示意图见图 1-4。图中,由于 P 区的空穴浓度大于 N 区的空穴浓度,所以 P 区的空穴就要向 N 区扩散。同理,N 区的自由电子也要向 P 区扩散。两边扩散来的电子和空穴复合而消失,在交界处留下了带正、负电荷的离子,称为空间电荷区。在这个区域内,电子和空穴全部复合消耗尽了,所以这个空间电荷区又称为

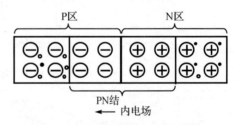

图 1-4　PN 结的形成结构示意图

耗尽层。这个空间电荷区产生了内电场,其方向是由正电荷区到负电荷区,即由 N 到 P。由图知,内电场的作用有两个:

① 阻止多数载流子的扩散。

② 推动少数载流子越过空间电荷区进入另一侧,这称为少数载流子的漂移运动。

从 N 区漂移到 P 区的空穴,填补了 P 区失去的空穴;从 P 区漂移到 N 区的电子,填补了 N 区失去的电子,从而使空间电荷减少,内电场削弱,有利于扩散而不利于漂移。结果,因载流子的扩散运动而建立的空间电荷区又因载流子的漂移运动而变窄。由此可见,扩散与漂移既

相互联系,又相互矛盾。扩散使空间电荷区加宽,内电场增强,反过来扩散阻力加大,使漂移容易进行。而漂移又使空间电荷区变窄,内电场削弱,这又使扩散容易而阻碍漂移。总之,内电场削弱(变窄),扩散容易;内电场加强(变宽),漂移容易。当扩散和漂移平衡时,交界面处会形成了一个稳定的空间电荷区,称为 PN 结。

1.1.2 二极管的结构和特性

1. 二极管的结构和符号

将 PN 结的两端分别引出两根金属引线,用管壳封装,就制成了半导体二极管,简称二极管。从 P 区引出的电极为正极,从 N 区引出的电极为负极。通常在外壳上都印有标志以便区分正、负电极。二极管的基本结构如图 1-5(a)所示。

二极管的文字符号为 V(或 V_D),用单词 diode 的词头"D"表示的也很常见,此书均用"D"表示。二极管图形符号如图 1-5(b)所示,图中箭头指向为二极管正向电流的方向。图 1-6 所示为常见二极管的外形。图 1-7 所示为一种特殊的片状封装形式,它具有体积小、形状规整和便于自动化装配等优点,目前得到广泛应用。

二极管的符号
和正负极

(a) 结 构   (b) 图形符号

图 1-5 二极管的结构和图形符号

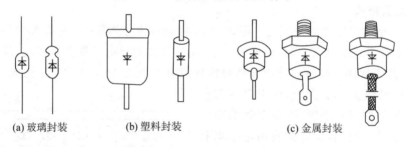

(a) 玻璃封装   (b) 塑料封装   (c) 金属封装

图 1-6 几种常见二极管外形

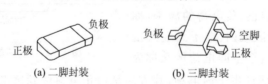

(a) 二脚封装   (b) 三脚封装

图 1-7 片状二极管

2. 二极管的单向导电性

二极管的单向导电性可通过图 1-8 所示的实验来说明。

按图 1-8(a)连接实验电路,接通电源后指示灯亮,说明此时二极管的电阻很小,很容易导电。再将原二极管正负极对调后接入电路,如图 1-8(b)所示,接通电源后指示灯不亮,说明此时二极管的电阻很大,几乎不导电。

二极管的单
向导电性

由实验可得出如下结论：

（1）加正向电压时二极管导通

当二极管正极电位高于负极电位,此时的外加电压称为正向电压,二极管处于正向偏置,简称正偏。二极管正偏时,内部呈现较小的电阻,可以有较大的电流通过,二极管的这种状态称为正向导通状态。

（2）加反向电压时二极管截止

当二极管正极电位低于负极电位,此时的外加电压称为反向电压,二极管处于反向偏置,简称反偏。二极管反偏时,内部呈现很大的电阻,几乎没有电流通过,二极管的这种状态称为反向截止状态。

二极管在加正向电压时导通,加反向电压时截止,这就是二极管的单向导电性。

二极管的单
向导电性测试

3. 二极管的伏安特性曲线

加在二极管两端的电压和流过二极管的电流之间的关系称为二极管的伏安特性,利用晶体管特性图示仪可以很方便地测出二极管的伏安特性曲线,如图 1-9 所示。

（1）正向特性

正向特性曲线如图 1-9 的第一象限所示。

二极管的伏
安特性曲线

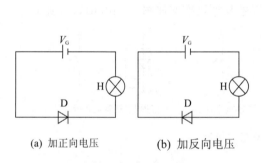

图 1-8　二极管单向导电实验

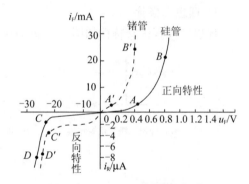

图 1-9　二极管的伏安特性曲线

在起始阶段（0A）,外加正向电压很小,二极管呈现的电阻很大,正向电流几乎为零,曲线 0A 段称为死区。使二极管开始导通的临界电压称为开启电压,通常用 U_{on} 表示,一般硅二极管的开启电压约为 0.5 V,锗二极管的开启电压约为 0.2 V。

当正向电压超过开启电压后,电流随电压的上升迅速增大,二极管电阻变得很小,进入正向导通状态。AB 段曲线较陡直,电压与电流的关系近似为线性,AB 段称为导通区。导通后二极管两端的正向电压称为正向压降（或管压降）,这个电压比较稳定,几乎不随流过的电流大小而变化。一般硅二极管的正向压降约为 0.7 V,锗二极管的正向压降约为 0.3 V。

（2）反向特性

反向特性曲线如图 1-9 的第三象限所示。

二极管加反向电压时,在起始的一段范围内（0C）,只有很少的少数载流子,也就是很小的反向电流,且不随反向电压的增加而改变,此电流称为反向饱和电流或反向漏电流。0C 段称反向截止区。一般硅管的反向电流为 0.1 μA,锗管的反向电流为几十微安。

注意:反向饱和电流随温度的升高而急剧增加,硅管的反向饱和电流要比锗管的反向饱和电流小。在实际应用中,反向电流越小,二极管的质量越好。

当反向电压增大到超过某一值时(图1-9中C点),反向电流急剧增大,这一现象称为反向击穿,所对应的电压称为反向击穿电压,用U_{BR}表示。反向击穿有两种类型:

① 电击穿:PN结未损坏,断电即恢复。

② 热击穿:PN结烧毁。

电击穿是可逆的,反向电压降低后二极管仍恢复正常。因此,电击穿往往被人们所利用(如稳压管)。而热击穿则是电击穿时没有采取适当的限流措施,导致电流增大,电压升高,使管子过热造成永久性损坏。因此,工作时应避免二极管的热击穿。

综上所述,二极管伏安特性可分为4个区域:

正向特性 $\begin{cases} \text{死区:} 0 \leqslant u_D \leqslant U_{on} \text{ 时}(U_{on(硅)} = 0.5 \text{ V}, U_{on(锗)} = 0.2 \text{ V}), i_D \approx 0。 \\ \text{导通区:} u_D > U_{on}, i_D \text{ 随 } u_D \text{ 增加急剧上升。} \end{cases}$

反向特性 $\begin{cases} \text{反向饱和区:} U_{BR} < u_D \leqslant 0, i_{D(硅)} < 0.1 \text{ μA}, i_{D(锗)} \text{ 小于几十 μA。} \\ \text{反向击穿区:} u_D < U_{BR}, \text{反向电流急剧增大,此时管子反向击穿。} \end{cases}$

由图1-9可知,二极管具有单向导电性。

(3) 二极管电路分析

用理想二极管和实际二极管分析二极管电路。

1) 理想二极管

理想二极管伏安特性如图1-10(a)所示,符号及等效模型如图1-10(b),(c)所示。

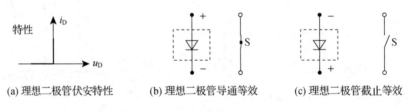

(a) 理想二极管伏安特性   (b) 理想二极管导通等效   (c) 理想二极管截止等效

图1-10　理想二极管

2) 实际二极管

实际二极管伏安特性如图1-11所示。二极管正向工作电压:硅管为0.6~0.7 V,锗管为0.2~0.3 V。

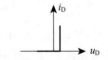

图1-11　实际二极管伏安特性

1.1.3　二极管的主要参数

1. 二极管的分类

① 按所用材料不同,二极管可分为硅二极管和锗二极管两大类。硅管受温度影响较小,工作较为稳定。

② 按制造工艺不同,二极管可分为点接触型、面接触型和平面型三种,如图1-12所示。

点接触型二极管的特点是:PN结面积小,结电容小,允许通过的电流小,常用于高频电路和小功率整流电路。

面接触型二极管的特点是:PN结面积大,结电容大,允许通过的电流大,但只能在低频下工作,通常仅用作整流管。

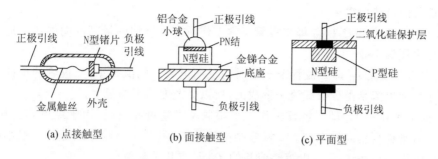

(a) 点接触型　　　(b) 面接触型　　　(c) 平面型

图 1 - 12　二极管内部结构示意图

平面型二极管则有两种:结面积较小的可作为脉冲数字电路中的开关管,结面积较大的可用于大功率整流电路。

③ 按用途分类,有普通二极管、整流二极管、稳压二极管、开关二极管、热敏二极管、发光二极管、光电二极管和变容二极管等。

2. 二极管的型号

国产二极管的型号命名方法如表 1-1 所列。

表 1 - 1　二极管的型号命名方法

第一部分		第二部分		第三部分				第四部分	第五部分
用数字表示器件的电极数目		用拼音字母表示器件的材料和极性		用汉语拼音字母表示器件的类型				用数字表示器件的序号	用汉语拼音字母表示规格号
符 号	意 义	符 号	意 义	符 号	意 义	符 号	意 义		
2	二极管	A B C D E	N 型锗材料 P 型锗材料 N 型硅材料 P 型硅材料 化合物	P Z W K L	普通管 整流管 稳压管 开关管 整流堆	C U N BT	参量管 光电器件 阻尼管 半导体特殊器件	反映二极管参数的差别	反映二极管承受反向击穿电压的高低,如 A,B,C,D,…,其中 A 承受的反向击穿电压最低,B 稍高

例1-1

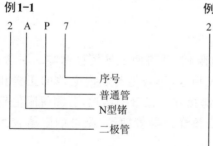

2 A P 7
└─ 序号
└─ 普通管
└─ N型锗
└─ 二极管

例1-2

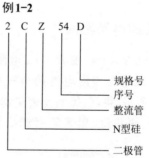

2 C Z 54 D
└─ 规格号
└─ 序号
└─ 整流管
└─ N型硅
└─ 二极管

国外晶体管型号命名方法与我国不同。例如,凡以 1N 开头的二极管都是美国制造或以美国专利在其他国家制造的产品;以 1S 开头的则为日本注册产品。后面数字为登记序号,通常数字越大,产品越新,如 1N4001,1N5408,1S1885 等。

3. 二极管的主要参数

二极管参数定量描述了二极管的性能,主要参数如下:

① 最大整流电流 I_{FM} 即二极管长期运行时允许通过的最大正向平均电流。它的数值与PN 结的面积和外部散热条件有关。实际工作时二极管的正向平均电流不得超过此值,否则

二极管可能会因过热而损坏。

② 最高反向工作电压 U_{RM} 即二极管正常工作所允许外加的最高反向电压。通常取二极管反向击穿电压的 1/3～1/2。

③ 反向饱和电流 I_R 即二极管未击穿时的反向电流。此值越小,二极管的单向导电性能越好。由于反向电流是由少数载流子形成的,所以受温度的影响很大。

④ 最高工作频率 f_M 即二极管工作的上限频率。超过此值时,由于结电容的作用,二极管将不能很好地体现单向导电性。二极管结电容越大,最高工作频率越低。一般小电流二极管的 f_M 高达几百兆赫兹,而大电流整流管的 f_M 只有几千赫兹。

二极管的参数可以从二极管器件手册中查到,这些参数是人们在选用器件和设计电路时的重要依据。不同类型的二极管,其参数内容和参数值是不同的,即使是同一型号的二极管,它们的参数值也存在很大差异。此外,在查阅参数时还应注意它们的测试条件,当使用条件与测试条件不同时,参数也会发生变化。

当设备中的二极管损坏时,最好换上同型号的新管。如果实在没有同型号管,可选用三项主要参数 I_{FM},U_{RM},f_M 满足要求的其他型号的二极管代用。代用管只要能满足电路要求即可,并非一定要比原二极管各项指标都高才行。应注意硅管与锗管在特性上是有差异的,一般不宜互相替换。

表 1-2 列出了几种典型二极管的主要参数。

表 1-2　几种典型二极管的主要参数

型　号	最大整流电流 I_{FM}/mA	最高反向工作电压 U_{RM}/V	反向饱和电流 I_R/μA	最高工作频率 f_M/MHz	主要用途
2AP1	16	20		150	检波管
2CK84	100	≥30	≤1		开关管
2CP31	250	25	≤300		整流管
2CZ11D	1 000	300	≤0.6		整流管

1.1.4　二极管的简易测试

将万用表拨到 $R \times 100$ 或 $R \times 1k$ 电阻挡,并将两表笔短接调零。注意,此时万用表的红表笔与表内电池的负极相连,黑表笔与表内电池的正极相连。如图 1-13 所示,将红、黑两支表笔跨接在二极管的两端,若测得阻值较小(几千欧以下),再将红、黑表笔对调后接在二极管两端,测得的阻值较大

二极管的测试

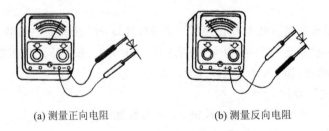

(a) 测量正向电阻　　　　　　　(b) 测量反向电阻

图 1-13　二极管的简易测试

(几百千欧),说明二极管质量良好;测得阻值较小的那一次黑表笔所接为二极管的正极。如果测得二极管的正、反向电阻都很小(接近零),则说明二极管内部已短路;如果测得二极管的正、反向电阻都很大,则说明二极管内部已开路。

应注意的是,由于二极管正向特性曲线起始段的非线性,因此用 $R\times100$ 和 $R\times1\text{k}$ 挡时测得的正向电阻读数是不一样的。

如果用数字式万用表测量二极管,应将量程选择开关拨至⊣⊢挡,红表笔插入"V · Ω"插孔,接二极管正极;黑表笔插入 COM 插孔,接二极管负极。此时显示的是二极管的正向压降,若为锗管应显示 0.150~0.300 V;若为硅二极管应显示 0.550~0.700 V。如果显示 000,表示二极管内部短路;显示 1,表示二极管内部开路。

1.1.5　常用二极管

1. 整流二极管

整流二极管的主要功能是将交流电转换成脉动直流电,应用较多的有 2CZ,2DZ 等系列。图 1-14(a)所示为最简单的单相半波整流电路。

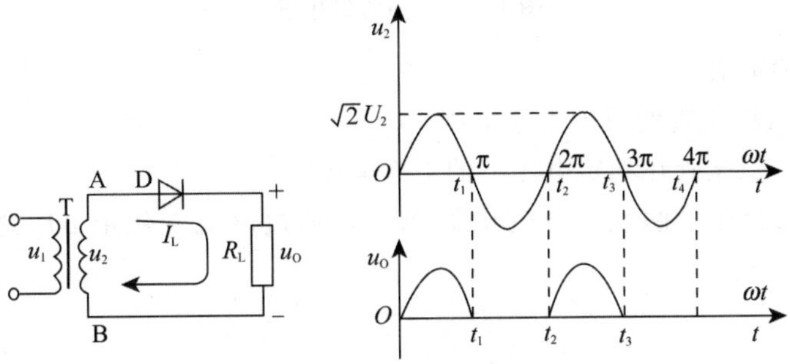

(a) 原理电路　　(b) 波形图

图 1-14　单相半波整流电路

当变压器二次侧交流电压 u_2 为正半周时,设 A 端为正,B 端为负,二极管 D 承受正向电压而导通,电流自上而下流过负载 R_L,若忽略二极管的正向压降,可认为 R_L 上的电压 u_o 与 u_2 几乎相等,即 $u_o=u_2$;当 u_2 为负半周时,B 端为正,A 端为负,二极管 D 承受反向电压而截止,负载 R_L 上无电流通过,$u_o=0$。

由图 1-14(b)中 u_o 的波形可见,在输入电压为单相正弦波时,负载 R_L 上得到只有正弦波的半个波,故称为单相半波整流电路。负载 R_L 上的半波脉动直流电压平均值可按下式估算,即

$$U_o=0.45U_2$$

式中,U_2 为变压器二次侧电压有效值。

2. 稳压二极管

稳压二极管又称齐纳二极管,简称稳压管。它是一种用特殊工艺制造的面接触型硅二极管,在电路中能起稳定电压的作用。稳压管的图形符号、外形和伏安特性曲线如图 1-15 所示。

稳压二极管的工作原理

稳压管的正向特性与普通硅二极管相同,但是,它的反向击穿特性更陡

直。稳压管通常工作于反向击穿区,只要击穿后反向电流不超过极限值,稳压管就不会发生热击穿损坏。为此,必须在电路中串接限流电阻。稳压管反向击穿后,当流过稳压管的电流在很大范围内变化时,二极管两端的电压几乎不变,从而可以获得一个稳定的电压。稳压管的类型很多,主要有 2CW、2DW 系列。

稳压二极管稳压值的测试

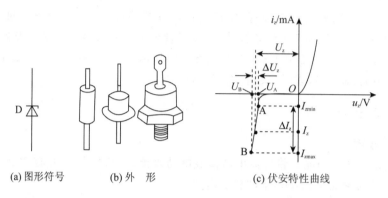

(a) 图形符号   (b) 外　形   (c) 伏安特性曲线

图 1-15　稳压二极管

稳压管的主要参数有:

① 稳定电压 U_z:稳压管的反向击穿电压。

② 稳定电流 I_z:稳压管在稳定电压下的工作电流。

③ 动态电阻 r_z:稳压管两端电压变化量 ΔU_z 与通过电流变化量 ΔI_z 之比,即

稳压管的主要参数

$$r_z = \frac{\Delta U_z}{\Delta I_z}$$

r_z 越小,说明 ΔI_z 引起的 ΔU_z 变化越小。可见,动态电阻小的稳压管稳压性能好。

稳压电路分析

3. 发光二极管

发光二极管是一种将电能转换成光能的半导体器件。可见光发光二极管根据所用材料不同,可以发出红、绿、黄、蓝、橙等不同颜色的光。此外,有些特殊的发光二极管还可以发出不可见光或激光。发光二极管的伏安特性与普通二极管相似,但正向导通电压稍大,为 1.5~2.5 V。

发光二极管的测试

发光二极管主要参数

发光二极管的应用

发光二极管常用 LED 表示,常用的型号有 2EF31,2EF201 等。发光二极管图形符号和外形如图 1-16 所示。一般引脚引线较长者为正极,较短者为负极。如管帽上有凸起标志,靠近凸起标志的引脚为负极。有的发光二极管有三个引脚,根据引脚电压情况可发出不同颜色的光。

发光二极管常用作显示器件,除单个使用外,也可制成七段式或点阵式显示器。图 1-17

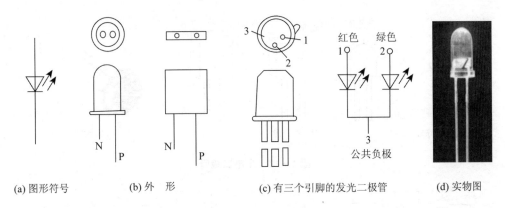

| (a) 图形符号 | (b) 外　形 | (c) 有三个引脚的发光二极管 | (d) 实物图 |

图 1－16　发光二极管

所示为七段式 LED 数码管的外形和电路图。

　　用 500 型万用表测试发光二极管,应选 $R \times 10k$ 挡。当测得正向电阻小于 $50\ k\Omega$,反向电阻大于 $200\ k\Omega$ 时均为正常。

数码管简介

　　如果用 47 型万用表测量,由于该表 $R \times 10k$ 挡使用 $1.5\ V + 9\ V$ 电池,所以选电阻 $R \times 10k$ 挡;若二极管发光,说明二极管是好的,并且与黑表笔相接的是发光二极管的正极。用数字式万用表测量时,可将发光二极管的两只引脚分别插入 h_{FE} 插座的 C,E 检测孔,若二极管发光,在 NPN 挡插入 C 孔的引脚是正极;若二极管插入后不发光,对调引脚后再插入仍不发光,说明管子已坏。

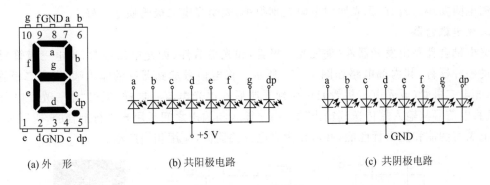

| (a) 外　形 | (b) 共阳极电路 | (c) 共阴极电路 |

图 1－17　LED 数码管

4. 光电二极管

　　光电二极管又称光敏二极管。它的基本结构也是一个 PN 结,但是它的 PN 结接触面积较大,可以通过管壳上一个窗口接受入射光。光电二极管的图形符号和外形如图 1－18 所示。光电二极管工作在反偏状态,当无光照时,反向电流很小,称为暗电流;当有光照时,反向电流增大,称为光电流。光电流不仅与入射光的强度有关,而且与入射光的波长有关。如果制成受光面积大的光电二极管,则可作为一种能源,即光电池。光电二极管的型号通常有 2CU,2AU,2DU 等系列;光电池的型号有 2CR,2DR 等系列。

　　图 1－19 为远红外线遥控电路示意图,图 1－19(a) 为发射电路图,图 1－19(b) 为接收电路图。

　　当按下发射电路中某一按钮时,编码器电路产生调制的脉冲信号,并由发光二极管转换成

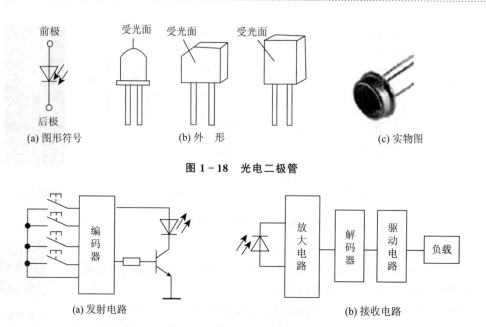

图 1-18　光电二极管

(a) 图形符号　　　　(b) 外　形　　　　(c) 实物图

(a) 发射电路　　　　　　　　　　　　　(b) 接收电路

图 1-19　远红外线遥控电路

光脉冲信号发射出去。接收电路中的光电二极管将光脉冲信号转换为电信号,经放大、解码后,由驱动电路驱动负载作出相应的动作。

检测光电二极管可用万用表的 $R \times 1k$ 挡测量它的反向电阻,要求无光照时电阻要大,有光照时电阻要小。若有、无光照时电阻差别很小,表明光电二极管质量不好。

5. 光电耦合器

光电耦合器是由发光器件(如发光二极管)和光敏器件(如光电二极管、光电三极管)组合而成的一种器件,其内部电路如图 1-20 所示。将电信号加到器件的输入端,发光二极管 D_1 发光,光电二极管(或光电三极管)D_2 受到光照后输出光电流。这样,通过"电—光—电"的转换,就将电信号从输入端传送到输出端。由于输入与输出之间是用光进行耦合的,所以具有良好的电隔离性能和抗干扰性能,并可作为光电开关器件,应用相当广泛。

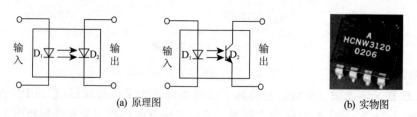

(a) 原理图　　　　　　　　　　　　(b) 实物图

图 1-20　光电耦合器

1.1.6　二极管的应用举例

例 1-3　电路如图 1-21(a)所示,硅二极管,$R = 2$ kΩ,求当 $V_{DD} = 2$ V 时,I_o 和 U_o 的值(忽略二极管正向工作电压)。

解: 由图 1-21(b)得

$$V_{DD} = 2 \text{ V}, \quad I_o = V_{DD}/R = 2 \text{ V}/2 \times 10^3 \text{ } \Omega = 1 \text{ mA}, \quad U_o = V_{DD} = 2 \text{ V}$$

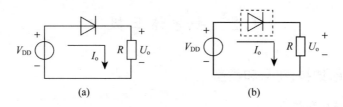

图 1-21　例 1-3 用图

例 1-4　电路如图 1-22(a)所示，图 1-22(b)是输入波形，已知 $u_i = 2\sin\omega t$（V），分析二极管的限幅作用（二极管的死区电压为 0.5 V，正向工作电压 0.7 V）。

解： 当 $-0.7\ \text{V} < u_i < 0.7\ \text{V}$ 时，D_1、D_2 均截止，$u_o = u_i$。

当 $u_i \geqslant 0.7\ \text{V}$ 时，D_2 导通，D_1 截止，$u_o = 0.7\ \text{V}$。

当 $u_i < -0.7\ \text{V}$ 时，D_1 导通，D_2 截止，$u_o = -0.7\ \text{V}$。

二极管的限幅波形如图 1-22(c)所示。

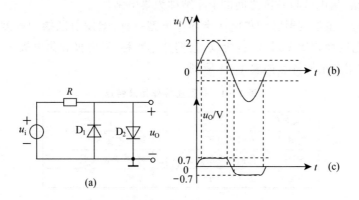

图 1-22　例 1-4 用图

例 1-5　图 1-23 所示为用二极管构成的"门"电路，设 D_1、D_2 均为理想二极管，当输入电压 U_A、U_B 为低电压 0 V 和高电压 5 V 的不同组合时，求输出电压 U_F。

解： 当输入电压 U_A、U_B 为低电压 0 V 和高电压 5 V 的不同组合时，输出电压 U_F 的值如表 1-3 所列。

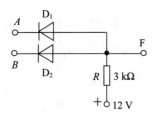

图 1-23　例 1-5 用图

表 1-3　输出电压 U_F 值

输入电压/V		理想二极管		输出电压/V
U_A	U_B	D_1	D_2	U_F
0	0	正偏导通	正偏导通	0
0	5	正偏导通	反偏截止	0
5	0	反偏截止	正偏导通	0
5	5	正偏导通	正偏导通	5

1.2 半导体三极管

1.2.1 三极管的结构、符号和类型

1. 三极管的结构和符号

半导体三极管简称晶体管或三极管。由于其内部参与导电的有电子和空穴,所以又称为双极型三极管,是最重要的一种半导体器件。

三极管的结构、符号和类型

三极管的结构是将两个 PN 结用一种特殊的制造工艺背靠背地连接起来,引出三个电极,然后用管壳封装而成。三极管的管芯结构为平面型和合金型两大类。无论是平面型还是合金型都是由三层不同的半导体即三个不同的导电区构成。对应的三层半导体分别为发射区、基区和集电区。从三个区引出的三个电极分别为:发射极、基极和集电极,分别用符号 E(e),B(b)和 C(c)表示。发射区与基区之间的 PN 结称为发射结,集电区与基区之间的 PN 结称为集电结。

需要说明的是,虽然发射区和集电区半导体类型一样,但发射区掺杂浓度比集电区高;在几何尺寸上,集电区面积比发射区大,所以,它们并不对称,发射极和集电极不可对调。

各区主要作用及结构特点如表 1-4 所列。

表 1-4 各区主要作用及特点

区域名称	作 用	特 点
发射区	发射载流子	掺杂浓度高
基区	传输和控制载流子	薄,掺杂浓度低
集电区	接收载流子	面积大

按照两个 PN 结的组合方式不同,三极管分为 NPN 型和 PNP 型两大类,其结构和图形符号如图 1-24 所示。三极管的文字符号用 V 表示;图形符号中,箭头方向表示发射结正向偏置时发射极电流的方向。发射极箭头朝外的是 NPN 型三极管,发射极箭头朝里的是 PNP 型三极管。

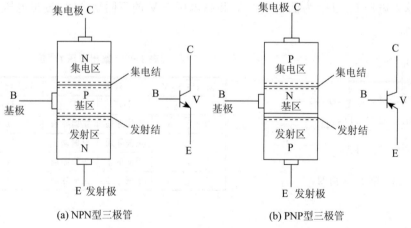

(a) NPN型三极管　　　　　　　(b) PNP型三极管

图 1-24 三极管的结构示意图和表示符号

三极管的功率大小不同,它们的体积和封装形式也不一样。常见的国产三极管外形如图 1 - 25 所示。

(a) 塑封小功率三极管　　(b) 金属封装小功率三极管　　(c) 塑封中功率三极管　　(d) 金属封闭大功率三极管

图 1 - 25　常见国产三极管的外形

2. 三极管的类型

三极管按不同的分类方法可分为多种,如表 1 - 5 所列。

表 1 - 5　三极管的类型

分类方法	种　类	应　用
按极性分	NPN 型三极管	目前常用的三极管,电流从集电极流向发射极
	PNP 型三极管	电流从发射极流向集电极
按材料分	硅三极管	热稳定性好,是常用的三极管
	锗三极管	反向电流大,受温度影响较大,热稳定性差
按工作频率分	低频三极管	工作频率比较低,用于直流放大、音频放大电路
	高频三极管	工作频率比较高,用于高频放大电路
按功率分	小功率三极管	输出功率小,用于功率放大器末前级放大电路
	大功率三极管	输出功率较大,用于功率放大器末级放大电路(输出级)
按用途分	放大管	应用在模拟电路中
	开关管	应用在数字电路中

3. 三极管的型号

三极管的型号如表 1 - 6 所列。

表 1 - 6　三极管的型号

第一部分(数字)		第二部分(拼音)		第三部分(拼音)		第四部分(数字)	第五部分(拼音)
电极数		材料和极性		类　型			
符　号	意　义	符　号	意　义	符　号	意　义		
3	三极管	A	PNP 型锗材料	X	低频小功率管	序号	规格号
		B	NPN 型锗材料	G	高频小功率管		
		C	PNP 型硅材料	D	低频大功率管		
		D	NPN 型硅材料	A	高频大功率管		
				K	开关管		

国外半导体三极管以 2N 或 2S 开头,2 表示有两个 PN 结,N 和 S 的含义与二极管型号相同。

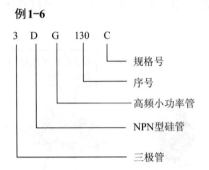

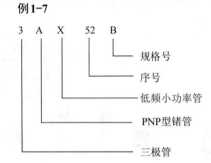

1.2.2　三极管的电流放大作用

1. 三极管的工作电压

三极管最重要的特性是具有电流放大作用,是一个电流控制器件,但是从三极管的内部结构上看,相当于两个二极管背靠背地串接在一起,并不具备放大作用。使三极管具有电流放大作用必须具备一定的内部和外部条件:

① 内部条件 $\begin{cases} 发射区掺杂浓度高 \\ 基区薄且掺杂浓度低 \\ 集电结面积大 \end{cases}$

② 外部条件 $\begin{cases} 发射结正偏 \\ 集电结反偏 \end{cases}$

由于 NPN 型和 PNP 型三极管极性不同,所以外加电压的极性也不同,如图 1-26 所示。

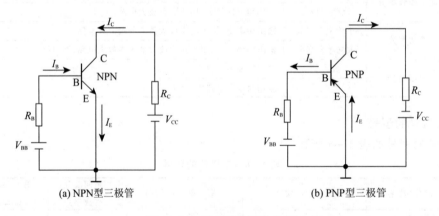

(a) NPN型三极管　　　　　(b) PNP型三极管

图 1-26　三极管的工作电压

对于 NPN 型三极管,C,B,E 三个电极的电位必须符合 $U_C > U_B > U_E$;对于 PNP 型三极管,电源的极性与 NPN 型相反,应符合 $U_C < U_B < U_E$。

2. 三极管的电流放大作用

以 NPN 管共发射极放大电路为例,实验电路如图 1-27 所示。制作时内部条件已事先满足,下面来看一下外部条件。V_{BB} 为发射极的正偏电源,V_{CC} 为集电极的反偏电源,$V_{CC} > V_{BB}$,满足放大器的外部条件,即该电路能实现放大。电路接通后三极管各电极都有电流通过,即流入基极的电流为 I_B、流入

三极管的电
流放大作用

集电极的电流为 I_C 以及流出发射极的电流为 I_E。

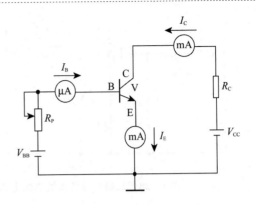

通过调节电位器 R_P 的阻值,调节基极的偏压,可调节基极电流 I_B 的大小。每取一个 I_B 值,从毫安表可读取集电极电流 I_C 和发射电流 I_E 的相应值,实验数据如表 1-7 所列。

通过实验数据分析,三极管三个电极电流具有如表 1-8 所列的关系。

图 1-27　三极管电流分配实验电路

综合以上情况,可得如下结论:

① 三极管电流放大作用的条件是:发射结正偏,集电结反偏。

② 三极管电流放大的实质是:基极电流对集电极电流具有小量控制大量的作用,表明晶体管是一种电流控制器件,具有电流放大作用。

表 1-7　三极管的电流放大作用

电　流	序　号					
	1	2	3	4	5	6
I_B/mA	0	0.01	0.02	0.03	0.04	0.05
I_C/mA	0.01	0.056	1.14	1.74	2.33	2.91
I_E/mA	0.01	0.057	1.16	1.77	2.37	2.96

表 1-8　三极管三个电极电流关系

电流关系		说　明
集电极与基极电流的关系	$I_C = \beta I_B$	集电极电流比基极电流大 β 倍,三极管的电流放大系数 β 一般大于几十,由此说明只要用很小的基极电流,就可以控制较大的集电极电流
三个电极电流之间的关系	$I_E = I_B + I_C = (1+\beta)I_B$	三个电流中,I_E 最大,I_C 其次,I_B 最小。I_E 和 I_C 相差不大,它们远比 I_B 大得多

1.2.3　三极管的共发射极特性曲线

所谓特性曲线,就是将三极管各电极之间电压、电流的关系在直角坐标平面上绘成的连续曲线。为了正确使用三极管,必须要掌握三极管的特性曲线,最常用的是共发射极组态时的输入特性曲线和输出特性曲线。可以用晶体管特性图示仪直接观察,也可通过图 1-28 所示的实验电路来测试。

1. 输入特性曲线

输入特性曲线是指当集电极与发射极之间的电压 U_{CE} 为某一常数时,输入回路中基极电流 i_B 与基-射极电压 u_{BE} 之间的关系曲线,如图 1-29 所示。

三极管的输入特性曲线(见图 1-29)与二极管的正向特性曲线相似,当发射结上所加正向电压 U_{BE} 小于死区电压时不产生 I_B;当发射结的正向电压 U_{BE} 大于死区电压时产生 I_B,这时三极管处于放大状态,发射结两端电压 U_{BE},硅管为 0.7 V,锗管为 0.3 V。从图中看,三极管具有导通恒压特性,和二极管一样也是非线性元件。

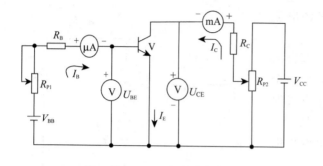

图 1-28　三极管特性曲线测试电路

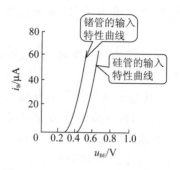

图 1-29　三极管的输入特性曲线

2. 输出特性曲线

输出特性曲线是指当 I_B 一定时,输出回路中集电极与发射极之间的电压 u_{CE} 与集电极电流 i_C 之间的关系曲线,如图 1-30 所示。

三极管的
输出特性

每条曲线可分为线性上升、弯曲、平坦三部分,如图 1-30(a)所示。对应不同 I_B 值可得不同的曲线,从而形成曲线簇。各条曲线上升部分很陡,几乎重合,平直部分则按 I_B 值由小到大从下往上排列,I_B 的取值间隔均匀,相应的特性曲线在平坦部分也均匀,且与横轴平行,如图 1-30(b)所示。

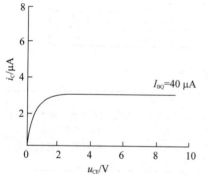

(a)基极电流为一定值时的输出特性曲线

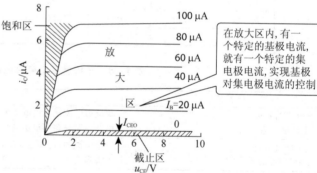

(b)输出特性曲线

图 1-30　三极管的输出特性曲线

根据输出特性的形状,可将其分为三个区:放大区、截止区、饱和区,如表 1-9 所列。

表 1-9　输出特性曲线的三个区域

类　别	截止区	放大区	饱和区
范围	$I_B=0$ 曲线以下区域,几乎与横轴重合	平坦部分线性区,几乎与横轴平行	曲线上升和弯曲部分
条件	发射结反偏(或零偏),集电结反偏	发射结正偏,集电结反偏	发射结正偏,集电结正偏(或零偏)
特征	$I_B=0$,$I_C=I_{CEO}\approx0$	① 当 I_B 一定时,I_C 的大小与 U_{CE} 基本无关(但 U_{CE} 的大小则随 I_C 的大小而变化),具有恒流特性 ② I_C 受 I_B 控制,具有电流放大作用,$I_C=\beta I_B$,$\Delta I_C=\beta\Delta I_B$	① 各电极电流都很大,I_C 不再受 I_B 控制 ② 三极管饱和时的 U_{CE} 值称为饱和管压降,记作 U_{CES}。小功率硅管的 U_{CES} 约为 0.3 V,锗管的 U_{CES} 约为 0.1 V

表 1 - 9 输出特性曲线的三个区域

类 别	截止区	放大区	饱和区
工作状态	截止状态 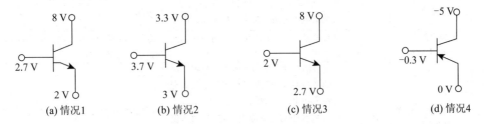 集电极与发射极之间等效电阻很大,相当于开路(开关断开)	放大状态 集电极与发射极之间等效电阻线性可变,相当于一只可变电阻,电阻的大小受基极电流大小控制。基极电流大,集电极与发射极间的等效电阻小,反之则大	饱和状态 集电极与发射极之间等效电阻很小,相当于短路(开关闭合)

　　根据三极管工作的三个区域又可划分为三种工作状态:放大状态、饱和状态和截止状态。其中,处在放大状态的三极管为放大元件;处在饱和和截止状态的三极管为开关元件。

　　在模拟电子电路中,三极管一般工作在放大状态,作为放大管使用;在数字电子电路中,三极管常作为开关管使用,工作于饱和和截止状态。

　　例 1 - 8　已知三极管接在相应的电路中,测得三极管各电极的电位如图 1 - 31 所示,试判断这些三极管的工作状态。

8 V　　　　3.3 V　　　　8 V　　　　−5 V

2.7 V　　　3.7 V　　　2 V　　　−0.3 V

2 V　　　　3 V　　　　2.7 V　　　0 V

(a) 情况1　　(b) 情况2　　(c) 情况3　　(d) 情况4

图 1 - 31　三极管各电极的电位

　　解: 在图 1 - 31(a)中,因 $U_B > U_E$,发射结正偏,$U_C > U_B$,集电结反偏,所以三极管工作在放大状态。

　　在图 1 - 31(b)中,因 $U_B > U_E$,发射结正偏,$U_C < U_B$,集电结正偏,所以三极管工作在饱和状态。

　　在图 1 - 31(c)中,因 $U_B < U_E$,发射结反偏,$U_C > U_B$,集电结反偏,所以三极管工作在截止状态。

　　在图 1 - 31(d)中,三极管为 PNP 型三极管,因 $U_B < U_E$,发射结正偏,$U_C < U_B$,集电结反偏,所以三极管工作在放大状态。

　　例 1 - 9　若有一三极管工作在放大状态,测得各电极对地电位分别为 $U_1 = 2.7$ V,$U_2 = 4$ V,$U_3 = 2$ V。试判断三极管的管型、材料及三个引脚对应的电极。

　　解: 根据放大条件分析,三个引脚中 U_1 介于 U_2 和 U_3 之间,所以第一步可判断引脚 1 为基极。第二步判断材料,U_1 与 U_2 之差既不等于 0.7 V,也不等于 0.3 V,而 U_1 与 U_3 之差等于 0.7 V,所以该三极管为硅管,并可知引脚 3 为发射极,引脚 2 为集电极。又因 $U_2 > U_1 > U_3$,所以该三极管为 NPN 型三极管。

1.2.4　三极管的主要参数

三极管的参数反映了三极管的性能和安全运用范围，是正确使用和合理选择三极管的依据。表1-10所列为三极管的几个主要参数。

表1-10　三极管的主要参数

类型	参数	符号	说明	选管
电流放大系数	共射极直流电流放大系数	h_{FE}	三极管集电极电流与基极电流的比值，即$h_{FE}=I_C/I_B$。反映三极管的直流放大能力	同一只三极管，在相同的工作条件下$h_{FE}\approx\beta$，应用中不再区分，均用β来表示。β太小，放大作用差；β太大，性能不稳定，通常选用β在30～100范围内的三极管
	共射极交流电流放大系数	β	三极管集电极电流的变化量与基极电流的变化量之比，即$\beta=\Delta I_C/\Delta I_B$。反映三极管的交流放大能力	
极间反向电流	集电极-基极间的反向电流	I_{CBO}	发射极开路时，C-B极间的反向电流	I_{CBO}越小，集电结的单向导电性越好
	集电极-发射极间反向饱和电流	I_{CEO}	基极开路时($I_B=0$)，C-E极间的反向电流，又称"穿透电流"	$I_{CEO}=(1+\beta)I_{CBO}$，反映了三极管的稳定性。选三极管时，应选反向饱和电流小的三极管
极限参数	集电极最大允许电流	I_{CM}	集电极电流过大时，三极管的β值要降低，一般规定β值下降到正常值的2/3时的集电极电流为集电极最大允许电流	选用时，应满足$I_{CM}\geq I_C$，否则三极管易损坏
	集电极-发射极间的反向击穿电压	$U_{(BR)CEO}$	基极开路时，加在C与E极间的最大允许电压	选用时，应满足$U_{(BR)CEO}\geq U_{CE}$，否则易造成三极管击穿
	集电极最大允许耗散功率	P_{CM}	集电极消耗功率的最大限额。根据三极管的最高温度和散热条件来规定最大允许耗散功率P_{CM}，要求$P_{CM}\geq I_C U_{CE}$。P_{CM}的大小与环境温度有密切关系，温度升高，则P_{CM}减小。对于大功率管，常在三极管上加散热器或散热片，从而提高P_{CM}	选用时，应满足$P_{CM}\geq I_C U_{CE}$，否则三极管会因过热而损坏

例如低频小功率三极管3CX200B，其β在55～400范围内，$I_{CM}=300$ mA，$U_{(BR)CEO}=18$ V，$P_{CM}=300$ mW。

根据三个极限参数I_{CM}，$U_{(BR)CEO}$，P_{CM}可以从输出特性曲线确定三极管的安全工作区，如图1-32所示。三极管工作时必须保证其工作在安全区内，并留有一定余量。

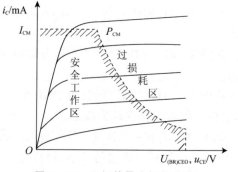

图1-32　三极管最大损耗曲线

1.2.5　三极管的简易测试

1. 引脚识别

表1-11所列为常见三极管的引脚排列规律，供参考。

表 1-11 常见三极管的引脚分布规律

外形示意图	封装名称	说 明
E B C	S-1A S-1B	将半圆形底面朝下,引脚朝上,切口朝自己,从左向右依次为 E、B、C
E B C	C 型 D 型	C 型有一个定位销,D 型无定位销。三根引脚呈等腰三角形分布,E、C 脚为底边
B C E	S-6A S-6B S-7 S-8	将印有型号的一面朝向自己,且将引脚朝下,从左向右依次为 B、C 和 E
B E C	F 型	将引脚朝上,确保离引脚距离较远的安装孔靠近自己,左面的一根是 B 极,右边的一根是 E 极,底板为 C 极

2. 用万用表检测三极管

(1) 确定基极和管型

如图 1-33 所示,万用表置 $R\times100$ 或 $R\times1k$ 挡,黑表笔接三极管任一引脚,用红表笔分别接触其余两个引脚,如果两次测得的阻值均较小(或均较大),则黑表笔所接引脚为基极。两次测得阻值均较小的是 NPN 型管,两次测得阻值均较大的是 PNP 型管。如果两次测得的阻值相差很大,则应调换黑表笔所接引脚再测,直到找出基极为止。

指针万用表
检测三极管

(2) 确定集电极和发射极

在确定基极后,如果是 NPN 型管,可将红、黑表笔分别接在两个未知电极上,表针应指向无穷大处,如图 1-34(a) 所示。再用手把基极和黑表笔所接引脚一起捏紧(注意两极不能相碰,即相当于接入一个电阻),如图 1-34(b) 所示,记下此时万用表测得的阻值。然后对调,用同样方法再测得一个阻值。比较两

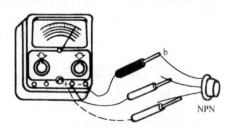

图 1-33 确定三极管的基极和管型

次结果,读数较小的一次黑表笔所接的引脚为集电极,红表笔所接为发射极。若两次测试表针均不动,则表明三极管已失去放大能力。

PNP 引脚的测试方法相似,但在测试时,应用手同时捏紧基极和红表笔所接引脚。按上述步骤测两次阻值,则读数较小的一次红表笔所接引脚为集电极,黑表笔所接引脚为发射极。

如果是用数字万用表测量三极管,可先用 ⊬ 挡,通过测得的 PN 结的正向压降小,发射结正向压降大,集电结正向压降小,可确定三极管的引脚和管型,然后再选择 NPN 或 PNP 挡,把三极管的引脚插入相应插孔,即可显示 h_{FE} 值。

数字万用表
检测三极管

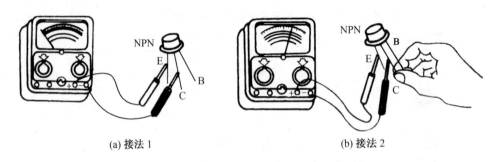

(a) 接法1   (b) 接法2

图 1-34   确定三极管的集电极和发射极

1.3 场效应管

场效应晶体管又称场效应半导体管,简称场效应管。在三极管中,基极输入电流的大小直接影响输出电流的大小,其是一种电流控制型器件。场效应管则是一种电压控制型器件,它是利用输入电压产生的电场效应来控制输出电流的。

场效应管按其结构的不同分为结型和绝缘栅型两大类。其中绝缘栅型场效应管由于制造工艺简单,便于实现集成化,因此应用更为广泛。

场效应管常用 FET 表示。

1.3.1 绝缘栅场效应管

1. 结构和符号

绝缘栅场效应管简称 MOS 管,可用 MOSFET 表示。它分增强型(EMOS)和耗尽型(DMOS)两类,各类又有 P 沟道(PMOS)和 N 沟道(NMOS)两种。

以 N 沟道绝缘栅场效应管为例,其结构和图形符号如图 1-35 所示。

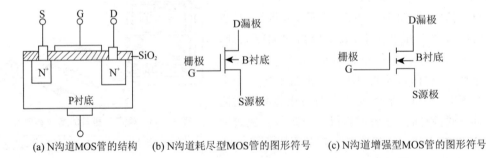

(a) N沟道MOS管的结构   (b) N沟道耗尽型MOS管的图形符号   (c) N沟道增强型MOS管的图形符号

图 1-35   N 沟道 MOS 管

N 沟道绝缘栅场效应管是以一块掺杂浓度较低的 P 型硅片作衬底,在上面制作出两个高浓度 N 型区(图 1-36 中 N^+ 区),各引出两个电极:源极 S 和漏极 D。在硅片表面制作一层 SiO_2 绝缘层,绝缘层上再制作一层金属膜作为栅极 G。由于栅极和其他电极及硅片之间是绝缘的,所以称绝缘栅场效应管。又由于它是由金属-氧化物-半导体(Metal-Oxide-Semiconductor)所组成的,故简称 MOS 场效应管。

场效应管的 S,G,D 极对应三极管的 E,B,C 极。B 表示衬底(有时也用 U 表示),一般与源极 S 相连。衬底箭头向内表示为 N 沟道,反之为 P 沟道。D 极和 S 极之间为三段断续线表示增强型,为连续线表示耗尽型。

2. N 沟道增强型 MOS 管的工作原理

在漏源极间加正向电压 U_{DS},当 $U_{GS}=0$ 时,漏源之间没有导电沟道,$i_D=0$,如图 1-36(a) 所示。当 U_{GS} 增加至某个临界电压时,漏源之间形成导电沟道,产生漏极电流 i_D,如图 1-36 (b) 所示。这个临界电压称为开启电压,用 U_T 表示。显然,继续加大 U_{GS},导电沟道会越宽,i_D 也就越大。由于这种场效应管是依靠加上电压 u_{GS} 后才产生导电沟道的,所以称为增强型。

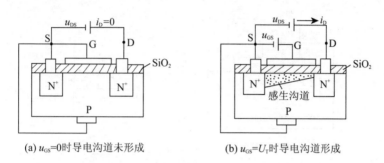

(a) $u_{GS}=0$ 时导电沟道未形成   (b) $u_{GS}=U_T$ 时导电沟道形成

图 1-36 N 沟道增强型 MOS 管工作原理

3. N 沟道增强型 MOS 管的特性曲线

(1) 转移特性曲线

转移特性曲线是指漏源电压 U_{DS} 为定值时,漏极电流 i_D 与栅源电压 U_{GS} 之间的关系曲线,如图 1-37(a) 所示。

当 $u_{GS}<U_T$ 时,$i_D=0$;当 $u_{GS}>U_T$ 时,i_D 随 U_{GS} 的增大而增大。在较小的范围内,可以认为 U_{GS} 和 i_D 呈线性关系,通过 U_{GS} 大小的变化,即电场的变化,可以控制 i_D 的变化。

(2) 输出特性曲线

输出特性曲线是指栅源电压 U_{GS} 为定值时,漏极电流 i_D 与漏源电压 U_{DS} 的关系曲线,如图 1-37(b) 所示。按场效应管的工作特性可将输出特性分为三个区域。

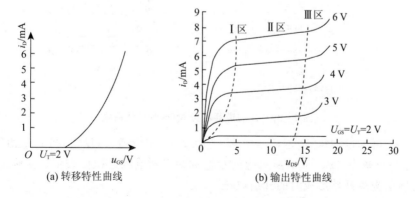

(a) 转移特性曲线   (b) 输出特性曲线

图 1-37 N 沟道增强型 MOS 管特性曲线

① 可变电阻区(Ⅰ区)。U_{DS} 相对较小,i_D 随 U_{DS} 增大而增大,U_{GS} 增大,曲线变陡,说明输出电阻随 U_{GS} 的变化而变化,故称为可变电阻区。

② 放大区或饱和区（Ⅱ区）。又称恒流区。漏极电流基本不随 U_{DS} 的变化而变化,只随 U_{GS} 的增大而增大,体现了 u_{GS} 对 i_D 的控制作用。

③ 击穿区（Ⅲ区）。当 u_{DS} 增大到一定值时,场效应管内 PN 结被击穿,i_D 突然增大,如无限流措施,管子将损坏。

4. P 沟道增强型 MOS 管

如果在制作 MOS 管时采用 N 型硅作衬底,漏源极为 P 型,则导电沟道为 P 型。P 沟道增强型 MOS 管的结构及图形符号如图 1－38 所示。正常工作时,U_{DS} 和 U_{GS} 都必须为负值。

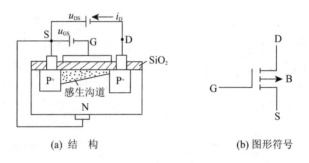

(a) 结　构　　　　　　　　(b) 图形符号

图 1－38　P 沟道增强型 MOS 管

5. 耗尽型 MOS 管

耗尽型 MOS 管在结构上与增强型 MOS 管相似,其不同点仅在于衬底靠近栅极附近存在着原导电沟道,因此,只要加上 U_{DS} 电压,即使 $U_{GS}=0$,管子也能导通,形成 i_D。其图形符号中 D 极与 S 极间用实线相连(增强型为断续线),即表明当 $U_{GS}=0$ 时导电沟道已形成。

以 N 沟道耗尽型 MOS 管为例,其转移特性和输出特性如图 1－39 所示。

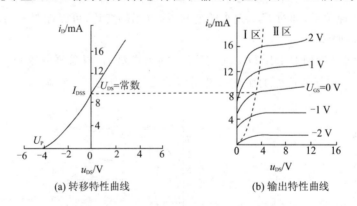

(a) 转移特性曲线　　　　　　　(b) 输出特性曲线

图 1－39　N 沟道耗尽型 MOS 管特性曲线

由图 1－39 可见,当 U_{DS} 一定,U_{GS} 由零增大时,i_D 相应增大;反之,当 U_{GS} 由零向负值方向增大时,i_D 相应减小。$i_D=0$ 时所对应的 U_{GS} 称为夹断电压,用 U_P 表示。实际上,夹断电压也可理解为导电沟道开始形成时的开启电压。

6. 主要参数

① 开启电压 U_T 指当 U_{DS} 为定值时,使增强场效应管开始导通时的 U_{GS} 值。N 沟道管的 U_T 为正值,P 沟道管的 U_T 为负值。

② 夹断电压 U_P 指当 U_{DS} 为定值时,使耗尽型场效应管 i_D 减小到近似为零时的 u_{GS} 值。

N 沟道管的 U_p 为负值，P 沟道管的 U_p 为正值。

③ 饱和漏极电流 I_{DSS} 指当 $u_{GS}=0$，且 $u_{DS}>U_p$ 时，耗尽型场效应管所对应的漏极电流。

④ 跨导 g_m 指当 U_{DS} 为定值时，i_D 的变化量与 u_{GS} 的变化量之比，即

$$g_m=\frac{\Delta i_D}{\Delta u_{GS}}$$

g_m 值的大小反映了栅源电压 U_{GS} 对漏极电流 i_D 的控制能力。

g_m 的单位是 S(西门子)或 mS。

⑤ 漏极击穿电压 $U_{(BR)DS}$ 即当 i_D 急剧上升时的 U_{DS} 值，它是漏源极间所允许加的最大电压。

1.3.2　结型场效应管

1. 结构和符号

结型场效应管(JFET)也可分 P 沟道和 N 沟道两种，其结构和图形符号如图 1-40 所示。它所采用的是耗尽型工作方式，即当 $u_{GS}=0$ 时，$i_D\neq0$。

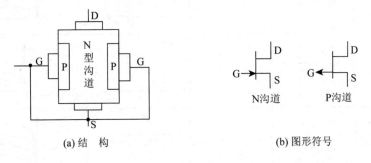

(a) 结　构　　　　　　　(b) 图形符号

图 1-40　结型场效应管

2. 特性曲线

① 转移特性曲线。如图 1-41(a)所示，当栅源电压 $u_{GS}=0$ 时，漏极电流为 I_{DSS}(漏极饱和电流)；u_{GS} 负压越高，导电沟道越窄，电阻增大，i_D 减小；当 u_{GS} 达到夹断电压 U_p 时，$i_D=0$。

② 输出特性曲线。如图 1-41(b)所示，也可分为可变电阻区(Ⅰ区)、放大区(Ⅱ区)和击穿区(Ⅲ区)。

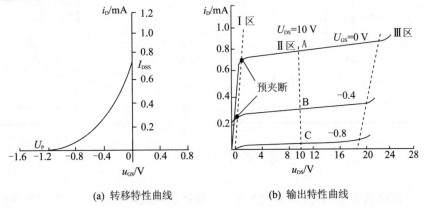

(a) 转移特性曲线　　　　　　(b) 输出特性曲线

图 1-41　N 沟道结型场效应管特性曲线

1.3.3 各种场效应管的特性比较

现将各种场效应管的图形符号及其特性列于表 1－12 中。

由表 1－12 可见,对于绝缘栅场效应管,无论增强型还是耗尽型,只要是 N 沟道器件,u_{DS} 应为正值,衬底接最低电位,u_{GS} 越向正值方向增大,i_D 越大;只要是 P 沟道器件,u_{DS} 应为负值,衬底接最高电位,u_{GS} 越向负值方向增大,i_D 越大。对于增强型器件,如果是 N 沟道,u_{GS} 应为正值;如果是 P 沟道,u_{GS} 应为负值。对于耗尽型器件,u_{GS} 可正可负可零。

结型场效应管采用耗尽型工作方式,对于 N 沟道器件,u_{GS} 应为负值;对于 P 沟道器件,u_{GS} 应为正值。u_{DS} 的选择与绝缘栅型场效应管相似。

表 1－12 各种场效应管特性比较

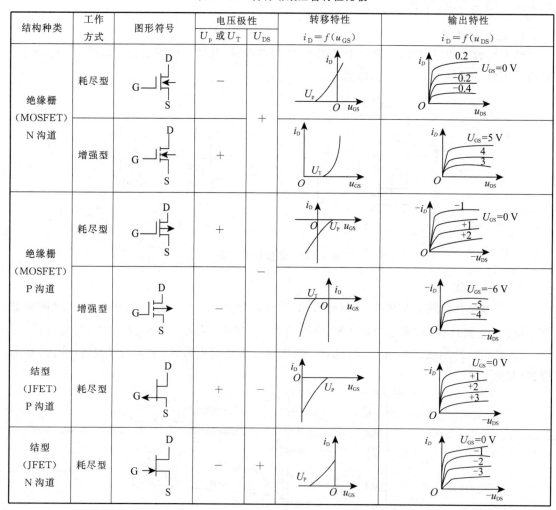

本章小结

1. 半导体中有两种载流子:自由电子和空穴。半导体的导电特性与温度、光照等环境因素密切相关。

　　2. 杂质半导体按掺杂不同可分 P 型半导体和 N 型半导体。P 型半导体中空穴是多数载流子,电子是少数载流子;N 型半导体中电子是多数载流子,空穴是少数载流子。

　　3. 二极管由一个 PN 结构成,其最主要的特性是单向导电性,具有正向导通、反向截止的特点,属于非线性器件。选用二极管必须考虑最大整流电流、最高反向工作电压两个主要参数,高频工作时还应考虑最高工作频率。

　　4. 利用二极管的单向导电性可以组成整流电路,实现将交流电转换成脉动直流电的功能。

　　5. 稳压二极管工作于反向击穿状态才能起稳压作用。这时,即使流过稳压管的电流在很大范围内变化,稳压管两端的电压也几乎不变。为了保证反向电流不超过允许范围,必须在电路中串接限流电阻。稳压管具有正向导通、反向稳压的特点。

　　6. 发光二极管将电信号转换为光信号,光电二极管将光信号转换为电信号,光电耦合器则可实现"电—光—电"的转换。光电二极管工作时应加反向电压。

　　7. 三极管是一种电流控制器件,基极电流控制集电极电流。它有两个 PN 结,即发射结和集电结。三极管在发射结正偏、集电结反偏的条件下,具有电流放大作用;在发射结与集电结均反偏时,处于截止状态,相当于开关断开;在发射结和集电结均正偏时,处于饱和状态,相当于开关闭合。三极管属于非线性器件。三极管的放大功能和开关功能在实际电路中都有广泛的应用。

　　8. 三极管的特性曲线反映了三极管各极之间电流与电压的关系。三极管的参数 β 表示电流放大能力,I_{CBO},I_{CEO} 表明三极管的温度稳定性,I_{CM},P_{CM},$U_{\mathrm{(BR)CEO}}$ 规定了三极管的安全工作范围。

　　9. 场效应管是一种电压控制器件,其分类如下:

$$
场效应管\begin{cases} 结型\begin{cases} \text{N 沟道} \\ \text{P 沟道} \end{cases}耗尽型 \\[2em] 绝缘栅型\begin{cases} \text{N 沟道}\begin{cases} 增强型 \\ 耗尽型 \end{cases} \\ \text{P 沟道}\begin{cases} 增强型 \\ 耗尽型 \end{cases} \end{cases} \end{cases}
$$

　　10. 场效应管利用栅源极间电压 u_{GS} 控制漏极电流 i_{D}。场效应管的基本特性主要由转移特性和输出特性来描述。跨导 g_{m} 是表征场效应管输入电压对输出电流控制能力的重要参数。

　　11. 场效应管具有高输入电阻和低噪声等优点,常用于放大器的输入级。

习　　题

　　1. 题图 1-1 所示各电路中,哪一个指示灯不亮?

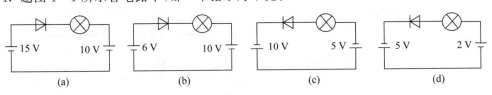

	(a)		(b)		(c)		(d)

题图 1-1

2.题图 1-2 所示电路中,哪几个指示灯可能发亮?

3. 测量电流时,为保护线圈式电表的表头不致因接错直流电源极性或通过电流太大而损坏,常在表头处串联或并联一个二极管,如题图 1-3 所示。试分别说明为什么这两种接法的二极管都能对表头起保护作用。

题图 1-2   **题图 1-3**

4. 题图 1-4(a),(b)所示两个电路中,设 D_1,D_2 均为理想二极管(即正向导通时其正向压降为零,反向截止时其反向电流为零的二极管)。试判断题图 1-4(a),(b)电路中二极管是导通还是截止,并求 U_{AB} 和 U_{CD}。

5. 分别测得两个放大电路中三极管的各电极电位如题图 1-5(a),(b)所示。

① 试判断三极管的引脚,并在各电极上注明 E,B,C。

② 试判断是 NPN 管还是 PNP 管,硅管还是锗管。

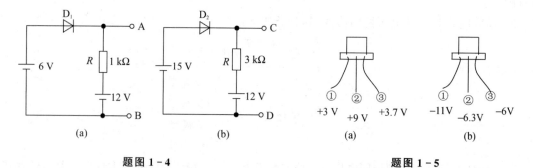

题图 1-4   **题图 1-5**

6. 题图 1-6(a),(b)所示两个电路中,设 D_1,D_2 均为理想二极管。试根据题图 1-6 表(a)和题图 1-6 表(b)所给出的输入值,判断二极管的状态,确定 u_o 的值,并将结果填入表中。

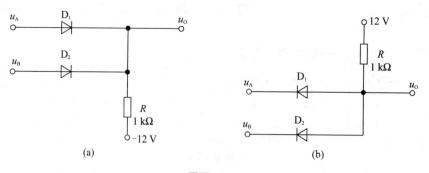

题图 1-6

u_A/V	u_B/V	D_1	D_2	u_o/V
0	0			
0	3			
3	0			
3	3			

题图 1-6 表(a)

u_A/V	u_B/V	D_1	D_2	u_o/V
0	0			
0	3			
3	0			
3	3			

题图 1-6 表(b)

7. 测得某电路中几个三极管各极电位如题图 1-7 所示,试判断各管处于何种工作状态。

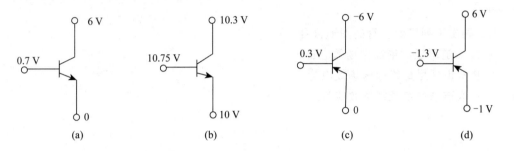

题图 1-7

8. 一只在电路中正常放大的三极管,测出三个电极对地电位分别为:$V_1 = -9$ V,$V_2 = -6$ V,$V_3 = -6.3$ V,试判断三极管的各个极、三极管类型及制作材料。

9. 题图 1-8 所示为两种常用的光电开关,试分别简述其工作原理。

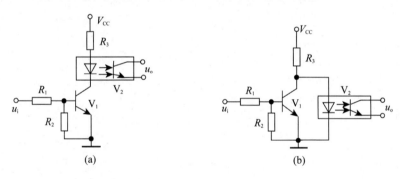

题图 1-8

10. 在题图 1-9 中,R 是限流电阻,以限制通过稳压管的电流不超过最大稳定电流。求题图 1-9 的电路中通过稳压管的电流 I_z,并检验限流电阻值是否合适。

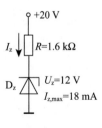

题图 1-9

11. 某三极管的极限参数 $I_{CM} = 20$ mA,$P_{CM} = 100$ mW,$U_{(BR)CEO} = 15$ V。试问在下列条件下,三极管能否正常工作?

① $U_{CE} = 2$ V,$I_C = 40$ mA;

② $U_{CE} = 3$ V,$I_C = 19$ mA;

③ $U_{CE} = 4$ V,$I_C = 30$ mA;

④ $U_{CE} = 6$ V,$I_C = 20$ mA。

12. 有两个三极管,A 管 $\beta = 60$,$I_{CBO} = 2$ μA;B 管 $\beta = 80$,$I_{CBO} = 12$ μA,如果其他参数均相同,应选用哪只管子较好? 为什么?

13. 在题图 1-10 中,用万用表测二极管正向电阻,黑表棒应接在 _____ 端,红表棒应接在 _____ 端,量程应选在 _____ 挡或 _____ 挡测量,若阻值很大,表明该二极管内部 _____。

P ⊢▷⊣ N

14. 二极管的类型按材料分有 _____ 和 _____ 两类。

15. 半导体是一种导电能力介于 _____ 与 _____ 之间的物质。

16. 二极管只要加正向电压就一定导通,对吗?

17. 由于 PN 结存在内电场,如果将 PN 结两端与一个电流表短接,电流表中应有电流通过,对吗?

18. 画出下列场效应管的图形符号:

① N 沟道增强型绝缘栅场效应管;

② P 沟道耗尽型绝缘栅场效应管;

③ P 沟道结型绝缘栅场效应管。

第 2 章 放大器基础

放大器的主要功能是将输入信号不失真地放大。它在各种电子设备中应用极广,种类也很多。按处理的信号频率高低可分为低频放大器、中频放大器、高频放大器和直流放大器;按用途不同可分为电压放大器、电流放大器和功率放大器;按处理的信号强弱又可分为小信号放大器和大信号放大器。

本章主要讨论低频小信号电压放大器的基本组成和性能特点,频率在 20 Hz～20 kHz 范围内。

2.1 共发射极基本放大器

2.1.1 电路组成

1. 放大器组成及各元件的作用

三极管的主要用途之一是利用其放大作用组成放大电路。用三极管组成放大器时,根据公共端(电路中各点电位的参考点)的不同,有三种连接方式,即共发射极电路、共集电极电路和共基极电路。图 2-1 所示为应用最广的共发射极基本放大器。图 2-1(a)所示为采用双电源供电的共发射极基本放大器。为了简化电路,在实际应用中常采用单电源供电,如图 2-1(b)所示。习惯画成如图 2-1(c)所示的电路形式。外加信号从基极和发射极间(1-1′)输入,输出信号从集电极和发射极间(2-2′)输出。输入电压 u_i、输出电压 u_o 的公共端在电路中用"⊥"表示,作为电位的参考点。直流电源+V_{CC} 表示该点相对"⊥"的电位为+V_{CC}。放大器各元件的作用如表 2-1 所列。

共发射极基本放大电路

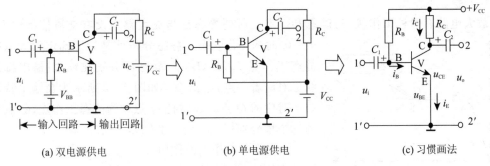

(a) 双电源供电　　　　　　　(b) 单电源供电　　　　　　　(c) 习惯画法

图 2-1 共发射极基本放大器

实现放大的条件如下:
① 三极管必须偏置在放大区,即发射结正偏,集电结反偏。
② 正确设置静态工作点 Q,使整个波形处于放大区。
③ 输入回路将变化的电压转化成变化的基极电流。

④ 输出回路将变化的 i_C 转化成变化的 u_{CE}，经电容滤波只输出交流信号。

表 2-1 放大器各元件的作用

符 号	名 称	主要作用
V	三极管	具有电流放大作用，可以将微小的基极电流转换成较大的集电极电流，它是放大器的核心
V_{CC}	直流电源	一是为电路提供能源；二是为电路提供工作电压；三是保证发射结正偏，集电结反偏
R_B	基极电阻	使发射结处于正向偏置，提供大小适当的基极电流 I_{BQ}，使放大电路不失真地放大。R_B 的阻值一般为几十千欧至几百千欧
R_C	集电极电阻	将三极管的电流放大作用变换成电压放大作用。R_C 的取值一般是几千欧至几十千欧之间
C_1,C_2	耦合电容	一是隔直流，C_1 隔断信号源与放大电路的直流通路，C_2 隔断放大电路与负载之间的直流通路，也就是说信号、放大、负载三者之间无直流联系。二是通交流，当 C_1,C_2 的电容量足够大时，它们对交流信号呈现的容抗很小，可近似看作短路，这样可使交流信号顺利地通过。C_1,C_2 选用容量一般为几微法至几十微法的电解电容

2. 放大器中电压、电流符号及正方向的规定

在没有信号输入时，放大器中三极管各电极电压、电流均为直流。当有信号输入时，电路中两个电源（直流电源和信号源）共同作用，电路中的电压和电流是两个电源单独作用时产生的电压、电流的叠加量（即直流分量与交流分量的叠加）。为了清楚地表示不同的物理量，现将电路中出现的有关电量的符号列举出来，如表 2-2 所列。

表 2-2 电压、电流符号的规定

物 理 量	表示符号
直流量	用大写字母带大写下标，如：I_B, I_C, I_E, U_{BE}, U_{CE}
交流量	用小写字母带小写下标，如：i_b, i_c, i_e, u_{be}, u_{ce}, u_i, u_o
交直流叠加量	用小写字母带大写下标，如：i_B, i_C, i_E, u_{BE}, u_{CE}
交流分量的有效值	用大写字母带小写下标，如：I_b, I_c, I_e, U_{be}, U_{ce}

电压方向用"＋""－"表示，电流方向用箭头表示。

3. 静态工作点的设置

（1）静态工作点

放大电路有两种工作状态：静态和动态。所谓静态是指放大器在没有交流信号输入（即 $u_i=0$）时的工作状态。静态分析就是为了确定放大电路的静态工作点 I_B, I_C, U_{CE}。静态值分别在输入/输出特性曲线上对应着一点，记作 Q。如图 2-2 所示为在输出特性曲线上对应的 Q 点。通常把 Q 点称为静态工作点，Q 点对应的三个量分别用 I_{BQ}, I_{CQ} 和 U_{CEQ} 表示。

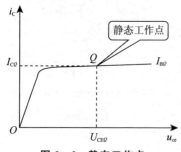

图 2-2 静态工作点

（2）静态工作点的作用

为使放大器正常工作，放大器必须有一个合适的静态工作点，首先必须有一个合适的偏置电流（简称"偏流"）I_{BQ}。

若不接基极电阻 R_B，则三极管发射结无偏置电压，如图 2-3(a) 所示。这时，偏置电流 $I_{BQ}=0$，$I_{CQ}=0$，静态工作点在坐标原点。当输入电压 u_i 时，三极管的发射结等效为一个二极管，如图 2-3(b) 所示。当 u_i 为正半周时，三极管发射结正向偏置。由于三极管的输入特性曲线同二极管一样存在死区,所以只有当输入信号电压超过死区电压时,三极管才能导通,产生基极电流 i_B;当输入信号电压 u_i 为负半周时,发射结反向偏置,三极管截止,$i_B = 0$。基极电流随输入信号电压变化的波形如图 2-3(c)所示。显然,基极电流 i_B 产生了失真。

若接上基极电阻 R_B,则电源 V_{BB} 通过 R_B 在三极管基极与发射极间加上偏置电压 U_{BEQ},产生一定的基极电流 I_{BQ},如图 2-4(a)所示。动态时基本放大电路如图 2-4(b)所示。U_{BEQ} 和 I_{BQ} 在输入特性曲线上确定一点 Q,该点即为放大器的静态工作点,如图 2-4(c)所示。若设置了合适的静态工作点,当输入信号电压 u_i 时,则 u_i 与静态时三极管基极与发射极间的电压 U_{BEQ} 叠加为三极管的发射结两端电压;若发射结两端电压始终大于三极管的死区电压,那么在输入电压的整个周期内三极管始终处于导通状态,即放大器的输出电压 u_o 随输入电压 u_i 的变化能不失真地放大。

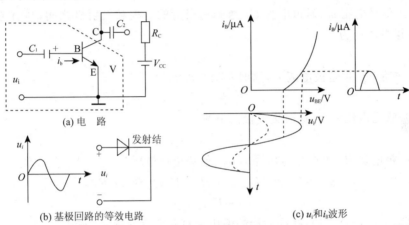

(a) 电路

(b) 基极回路的等效电路

(c) u_i 和 i_B 波形

图 2-3　未设静态工作点的放大器

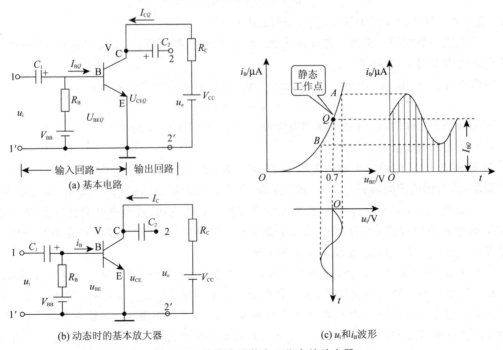

(a) 基本电路

(b) 动态时的基本放大器

(c) u_i 和 i_B 波形

图 2-4　具有合适静态工作点的放大器

由此可见,一个放大器必须设置合适的静态工作点,这是放大器能不失真放大交流信号的必要条件。

2.1.2 工作原理

上面讨论了共发射极基本放大器的组成及元器件的作用,明确了设置静态工作点的意义。下面讨论共发射极基本放大器的放大原理,即讨论给放大器输入一个交流信号电压,经放大器放大输出交流信号的动态分析。

① 输入信号 $u_i=0$ 时,输出信号 $u_o=0$,这时在直流电源电压 V_{CC} 作用下通过 R_B 产生了 I_{BQ},经三极管放大得到 I_{CQ},I_{CQ} 通过 R_C 在三极管的 C - E 极间产生了 U_{CEQ}。I_{BQ},I_{CQ},U_{CEQ} 均为直流量。

② 若输入信号电压 u_i,通过电容 C_1 送到三极管的基极和发射极之间,与直流电压 U_{BEQ} 叠加,这时基极总电压为

$$u_{BE}=U_{BEQ}+u_i$$

在 u_i 的作用下产生基极电流 i_b,这时基极总电流为

$$i_B=I_{BQ}+i_b$$

i_B 经三极管的电流放大,这时集电极总电流为

$$i_C=I_{CQ}+i_c$$

i_C 在集电极电阻 R_C 上产生电压降 $i_C R_C$,使集电极电压为 $u_{CE}=V_{CC}-i_C R_C$

经变换: $u_{CE}=V_{CC}-(I_{CQ}+i_c)R_C=U_{CEQ}+(-i_c R_C)$

即 $$u_{CE}=U_{CEQ}+u_{ce}$$

由于电容 C_2 的隔直作用,在放大器的输出端只有交流分量 u_{ce} 输出,输出的交流电压为

$$u_o=u_{ce}=-i_c R_C$$

式中,负号表示输出的交流电压 u_o 与 i_c 相位相反。

只要电路参数能使三极管工作在放大区,则 u_o 的变化幅度将比 u_i 变化幅度大很多倍,由此说明该放大器对 u_i 进行了放大。

电路中,u_{BE},i_C 和 u_{CE} 均随 u_i 的变化而变化,它的变化作用顺序如下:

$$u_i \rightarrow u_{BE} \rightarrow i_B \rightarrow i_C \rightarrow u_{CE} \rightarrow u_o$$

放大器动态工作时,各电极电压和电流的工作波形如图 2 - 5 所示。

从工作波形可以看出:

① 输出电压 u_o 的幅度比输入电压 u_i 的幅度大,说明放大器实现了电压放大。u_i,i_b,i_c 三者频率相同,相位相同,而 u_o 与 u_i 相位相反,说明共发射极放大器具有"反相"放大作用。

② 动态时,u_{BE},i_B,i_C,u_{CE} 都是直流分量和交流分量的叠加,波形也是两种分量的合成。

③ 虽然动态时各部分电压和电流大小随时间变化,但方向却始终保持和静态时一致。所以静态工作点 I_{BQ},I_{CQ},U_{CEQ} 是交流放大的基础。

必须注意:不能简单地认为,只要对输入电压进行了放大就是放大器。从本质上说,上述电压放大作用是一种能量转换作用,即在很小的输入信号能量控制下,将电源的直流能量转变成了较大的输出信号能量。放大器的输出功率必须比输入功率要大,否则不能算是放大器。例如升压变压器可以增大电压幅度,但由于它的输出功率总比输入功率小,因此就不能称它为放大器。

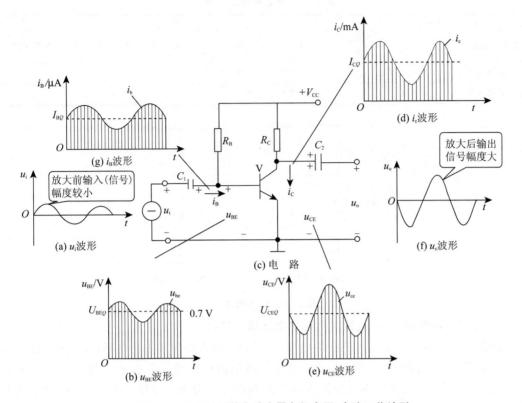

图 2-5　共发射极基本放大器各极电压、电流工作波形

2.2　放大器的分析方法

对放大器进行定量分析,常用的分析方法是估算法和图解法。现以共发射极放大器为例加以说明,其他接法的放大器或更为复杂的放大器也同样适用。

2.2.1　估算法

已知电路各元器件的参数,利用公式通过近似计算来分析放大器性能的方法称为估算法。在分析低频小信号放大器时,一般采用估算法较为简便。

当放大器输入交流信号后,放大器中总是同时存在着直流分量和交流分量两种成分。由于放大器中通常都存在电抗性元件,所以直流分量和交流分量的通路是不一样的。在进行电路分析和计算时注意把两种不同分量作用下的通路区别开来,这样将使电路的分析更方便。

1. 估算静态工作点

静态分析的目的是求出电路的静态工作点,分析方法是利用直流通路计算放大电路的静态工作点。所谓直流通路是指直流信号流通的路径。因电容具有隔直作用,所以在画直流通路时,把电容看作断路。例如图 2-6(b)所示电路为图 2-6(a)所示基本放大器的直流通路。由直流通路可推导出有关估算静态工作点的公式,如表 2-3 所列。

表 2 - 3　估算静态工作点

静态工作点		说　明
基极偏置电流	$I_{BQ}=\dfrac{V_{CC}-U_{BEQ}}{R_B}\approx\dfrac{V_{CC}}{R_B}$	三极管 U_{BEQ} 很小(硅管为 0.7V,锗管为 0.3V),与 V_{CC} 相比可忽略不计
静态集电极电流	$I_{CQ}\approx\beta I_{BQ}$	根据三极管的电流放大原理
静态集电极电压	$U_{CEQ}=V_{CC}-I_{CQ}R_C$	根据回路电压定律

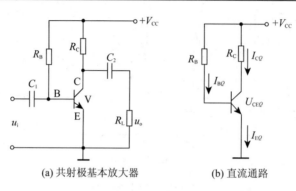

(a) 共射极基本放大器　　　　　(b) 直流通路

图 2 - 6　放大电路

2. 估算放大器的输入电阻、输出电阻和电压放大倍数

动态分析的目的是确定放大电路的电压放大倍数、输入电阻和输出电阻,而分析方法则用交流通路来分析。所谓交流通路是指交流信号流通的路径。因电容通交流,而直流电源的内阻又很小,所以画交流通路的原则是把直流电源和电容视为交流短路。图 2 - 7(b)所示电路为图 2 - 7(a)所示电路的交流通路。为了研究问题简便起见,三极管在低频小信号时,基极和发射极间用线性电阻 r_{be} 来等效,集电极和发射极间可等效为一恒流源,恒流源的电流大小为 βi_b,方向与集电极电流 i_c 的方向相同。等效后的电路如图 2 - 7(c)所示。

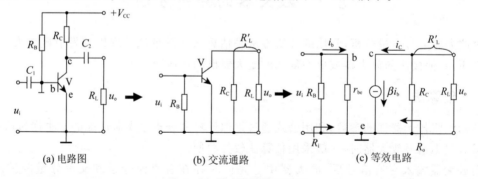

(a) 电路图　　　　　(b) 交流通路　　　　　(c) 等效电路

图 2 - 7　放大器的等效电路

对于低频小功率管可用下式求 r_{be}:

$$r_{be}=300+(1+\beta)\frac{26}{I_{EQ}}$$

式中,I_{EQ} 为静态时发射极电流,单位为 mA。

一般情况下,r_{be} 为 1 kΩ 左右。

(1) 输入电阻

放大器的输入电阻是指从放大器的输入端看进去的交流等效电阻。由等效电路图 2 - 7(c)

可得

$$R_i = R_B /\!/ r_{be}$$

式中,"$/\!/$"表示 R_B 与 r_{be} 是并联关系。

因为 $R_B \gg r_{be}$,所以

$$R_i \approx r_{be}$$

对信号源来说,放大器是其负载,输入电阻 R_i 表示信号源的负载电阻,如图 2-8 所示。一般情况下,希望放大器的输入电阻尽可能大些,这样,向信号源(或前一级电路)吸取的电流越小,取得的信号电压 u_i 就越大,有利于减轻信号源的负担。但从上式可以看出,共发射极放大器的输入电阻是比较小的。

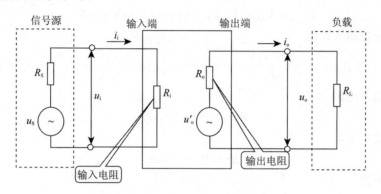

图 2-8　放大器的输入电阻和输出电阻

(2) 输出电阻

对负载来说,放大器又相当于一个具有内阻的信号源,这个内阻就是放大器的输出电阻,如图 2-8 所示。当负载发生变化时,输出电压发生相应的变化,说明放大器的带负载能力差。因此,为了提高放大器的负载能力,应设法降低放大器的输出电阻。但是从放大器等效电路图 2-7(c)可看出共发射极放大器的输出电阻是比较大的,用公式表示为

$$R_o \approx R_C$$

(3) 电压放大倍数

放大器的电压放大倍数是指输出电压 u_o 与输入电压 u_i 的比值,即

$$A_u = u_o / u_i$$

由等效电路图 2-7(c)可看出

输入信号电压:

$$u_i = i_b r_{be}$$

输出信号电压:

$$u_o = -i_c R_L' = -\beta i_b R_L'$$

式中,$R_L' = R_C /\!/ R_L$ 为放大器的等效负载电阻,则

$$A_u = -\frac{\beta R_L'}{r_{be}}$$

当放大器不带负载(即空载)时,上式中 $R_L' = R_C$,即放大器空载时的电压放大倍数为

$$A_u = -\frac{\beta R_C}{r_{be}}$$

例 2-1 在共发射极基本放大器中,设 $V_{CC}=12$ V,$R_B=300$ kΩ,$R_C=2$ kΩ,$\beta=50$,$R_L=2$ kΩ。试求静态工作点、输入电阻 R_i、输出电阻 R_o 和电压放大倍数。

解:

静态偏置电流

$$I_{BQ}\approx\frac{V_{CC}}{R_B}=\frac{12}{300}\text{ mA}=0.04\text{ mA}=40\ \mu A$$

静态集电极电流

$$I_{EQ}\approx I_{CQ}\approx\beta I_{BQ}=50\times0.04\text{ mA}=2\text{ mA}$$

静态集电极电压

$$U_{CEQ}=V_{CC}-I_{CQ}R_C=(12-2\times2)\text{V}=8\text{ V}$$

三极管的交流输入电阻

$$r_{be}=300\ \Omega+(1+\beta)\frac{26\text{ mV}}{I_{EQ}}=300\ \Omega+(1+50)\frac{26\text{ mV}}{2\text{ mA}}\approx950\ \Omega=0.95\text{ k}\Omega$$

放大器的输入电阻

$$R_i\approx r_{be}=0.95\text{ k}\Omega$$

放大器的输出电阻

$$R_o\approx R_C=2\text{ k}\Omega$$

等效负载电阻

$$R'_L=\frac{R_C R_L}{R_C+R_L}=1\text{ k}\Omega$$

放大器的电压放大倍数

$$A_u=-\frac{\beta R'_L}{r_{be}}=-\frac{50\times1}{0.95}=-53$$

2.2.2 图解法

图解法是指利用三极管的输入/输出特性曲线,通过作图来分析放大器性能的方法。

1. 图解分析放大器的静态工作点

(1) 输入回路的图解法

图 2-9(a)所示电路中,由 $V_{CC}\rightarrow R_B\rightarrow$ 三极管 B 极 $\rightarrow$ 三极管 E 极 $\rightarrow$ 地构成的回路为直流输入回路。由直流输入回路,利用近似估算法可求 $I_{BQ}\approx\dfrac{V_{CC}}{R_B}$。也可根据在输入特性曲线上过 U_{BEQ} 作垂直于横轴的直线,该直线与输入特性曲线的交点即为静态工作点 Q,该点的纵轴坐标即为 I_{BQ}。

(2) 输出回路的图解法

图 2-6(a)所示电路中,由 $V_{CC}\rightarrow R_C\rightarrow$ 三极管 C 极 $\rightarrow$ 三极管 E 极 $\rightarrow$ 地构成的回路为直流输出回路。

图 2-6(b)所示的直流通路可画成如图 2-9(a)所示的电路形式。假设图 2-9(a)所示电路由虚线 A,B 暂时隔成两部分,虚线左边是三极管,C 和 E 极间电压 U_{CE} 和集电极电流 I_C 的关系,按三极管输出特性曲线所描述的规律变化。虚线右边是集电极电阻 R_C 和电源 V_{CC} 组

成的串联电路,由回路电压定律可知:

$$U_{CE}=V_{CC}-I_CR_C$$

对于一个给定的放大器来说,该方程为一直线方程式,可以在 $U_{CE}-I_C$ 坐标系中画出这条直线,这条直线称为直流负载线,斜率为 $-1/R_C$。

画直流负载线的方法与数学上画直线的方法相同,如图 2-9(b)所示。

直流负载线与 I_{BQ} 所在的输出特性曲线的交点即为静态工作点 Q,如图 2-9(c)所示。

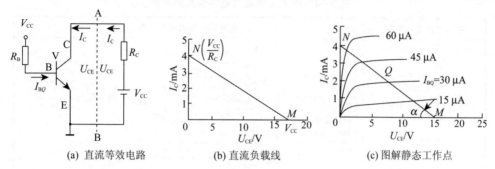

(a) 直流等效电路　　　　(b) 直流负载线　　　　(c) 图解静态工作点

图 2-9　作直流负载线确定静态工作点

图解分析放大器的静态工作点的步骤如下:

① 求 I_{BQ};

② 作输出特性图;

③ 列直流输出回路中关于 I_C 与 U_{CE} 的线性方程式;

④ 作直流负载线;

⑤ 直流负载线与 I_{BQ} 所在特性曲线的交点即为静态工作点 Q。

例 2-2　电路如图 2-9(a)所示,已知 $V_{CC}=15$ V,$R_B=500$ kΩ,$R_C=4$ kΩ,三极管的特性曲线如图 2-9(c)所示。试利用图解法求电路的静态工作点。

解:静态基极静态点电流

$$I_{BQ}\approx\frac{V_{CC}}{R_B}=\frac{15}{500}\ mA=0.03\ mA=30\ \mu A$$

作输出特性图,如图 2-10(a)所示。

列出输出回路中关于 I_C 与 U_{CE} 的线性方程式

$$U_{CE}=V_{CC}-I_CR_C=15\ V-4\ k\Omega\times I_C$$

作直流负载线,如图 2-10(b)所示。

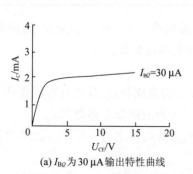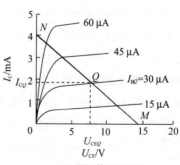

(a) I_{BQ} 为 30 μA输出特性曲线　　　　(b) 图解静态工作点

图 2-10　作直流负载线确定静态工作点

直流负载线与 I_{BQ} 所在的输出特性曲线的交点 Q 即为静态工作点,如图 $2-10(b)$ 所示。$I_{BQ}=30~\mu A$, $I_{CQ}\approx2~mA$, $U_{CEQ}\approx7~V$ 。

2. 静态工作点的调整

由以上分析可知,静态工作点的位置与 V_{CC} , R_B , R_C 大小有关。V_{CC} , R_B , R_C 三个参数中任一个改变,静态工作点都将会发生相应的变化,如表 $2-4$ 所列。

表 $2-4$ 静态工作点与电路参数的关系

电路参数变化情况	静态工作点的变化情况
R_C , V_{CC} 不变,改变 R_B	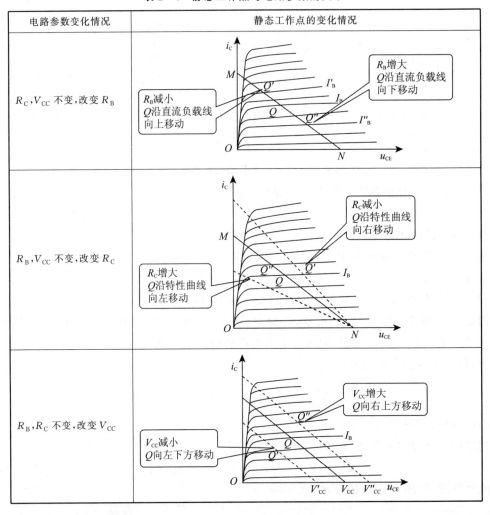
R_B , V_{CC} 不变,改变 R_C	
R_B , R_C 不变,改变 V_{CC}	

在实际应用中,调整静态工作点的位置,一般不采用改变 R_C 和 V_{CC} 来实现,而是通过改变 R_B 的阻值来实现。如图 $2-11$ 所示电路为实际的基本放大器。

3. 图解分析放大器的动态工作情况

动态分析时要注意晶体管的各个电流、电压不仅有交流成分,而且还有直流成分,即交流、直流共存。也就是说,电路中的电流、电压应是交流分量与直流分量的叠加。

由交流通路可知 $u_{ce}=-i_c R_L'$,这是一直线方程,直线的斜率为 $-1/R_L'$,这时的直线称为交流负载线。

静态工作点 Q 是指无信号输入时的工作点,也可以理解为输入信号为零时的动态工作点,所以放大器的交流负载线经过静态工作点。

交流负载线的作法:先作交流负载线的辅助线。根据 $U_{CE}=V_{CC}-I_C R'_L$ 可得,辅助线与横轴的交点坐标为 $N(V_{CC},0)$,与纵轴的交点坐标为 $L(0,V_{CC}/R'_L)$,如图 2-12 所示。然后过 Q 点作辅助线的平行线,即为交流负载线。

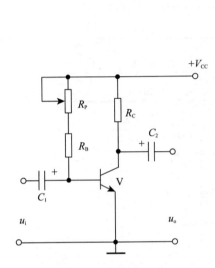

图 2-11　实际的基本放大器

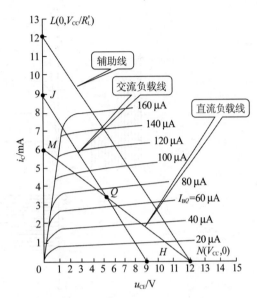

图 2-12　图解分析放大器的交流负载线

已知输入电压 $u_i=U_{in}\sin \omega t$,在输入特性曲线上,u_{BE} 将以 U_{BEQ} 为基础,随 u_i 的变化而变化,如图 2-13 所示。可见,对应的基极电流 i_B 也将以 I_{BQ} 为基础而变化,在最大基极电流 $I_{b,max}$ 和最小基极电流 $I_{b,min}$ 之间变化。

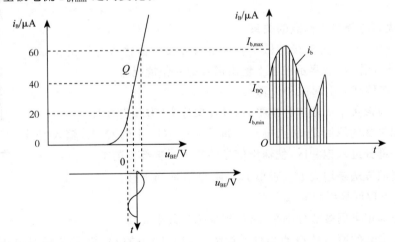

图 2-13　放大器输入图解分析

在输出特性曲线上找出 I_{BQ} 及 $I_{b,min}$ 和 $I_{b,max}$ 对应的特性曲线和交流负载线的交点,可得到相对应的集电极电流的变化范围及集电极与发射极间电压的变化范围,如图 2-14 所示。

根据输入交流电压 U_{in},再由图 2-14 求出输出电压 U_{om},则根据电压放大倍数的定义可

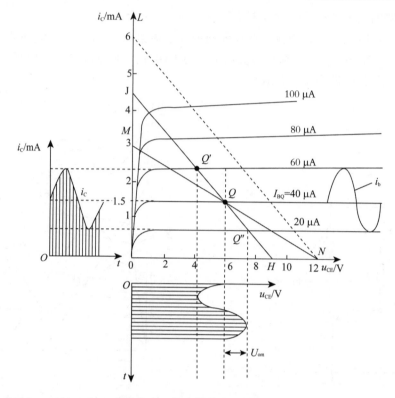

图 2 - 14   放大器输出图解分析

求出

$$A_u = U_{om}/U_{in}$$

由图解分析可知:u_o 与 u_i 相位相反,这是单管共射极放大电路的重要特点。

放大电路的
非线性失真

4. 波形失真与静态工作点的关系

按图 2 - 15(a)所示实验线路做实验。由信号发生器输入适当的正弦波信号,调整静态工作点,观察示波器上输出信号的变化情况。

(1)工作点偏高易引起饱和失真

输出信号波形负半周被部分削平,这种现象称为"饱和失真"。

产生饱和失真的原因是 Q 点偏高。如图 2 - 15(b)中的 Q' 点,输入信号的正半周的一部分进入饱和区,使输出信号的负半周被部分削平。

放大器非线性
失真改进方法

消除失真的方法是增大 R_B,减小 I_{BQ},使 Q 点适当下移。

(2)工作点偏低易引起截止失真

输出信号的正半周被部分削平,这种现象称为截止失真。

产生截止失真的原因是 Q 点偏低。如图 2 - 15(b)中的 Q'' 点,输入信号电压负半周有一部分进入截止区,使输出信号电压正半周被部分削平。

消除截止失真的方法是减小 R_B,增大 I_{BQ},使 Q 点适当上移。

饱和失真和截止失真均是因为三极管工作于特性曲线的非线性部分(饱和区截止区),所以统称为非线性失真。

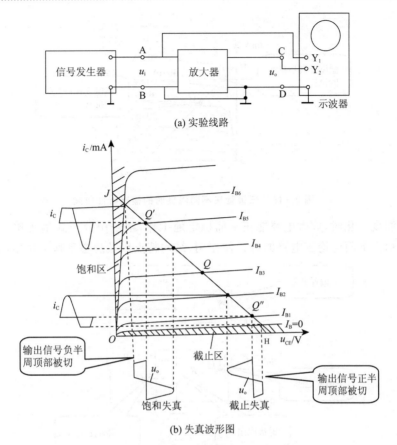

(a) 实验线路

(b) 失真波形图

图 2-15　波形失真与静态工作点的关系

　　为使输出信号电压最大且不失真,必须使工作点有较大的动态范围,通常将静态工作点设置在交流负载线的中点附近。

2.3　静态工作点的稳定

　　前面介绍的共发射极基本放大器是通过调节偏置电阻 R_B 来设置静态工作点的。当偏置电阻 R_B 的阻值确定之后, I_{BQ} 就被确定了,所以,这种电路又称固定偏置电路。这种电路虽然结构简单,但它最大的缺点是静态工作点不稳定,当环境温度变化、电源电压波动或更换三极管时都会使原来的静态工作点改变,严重时会使放大器不能正常工作。

2.3.1　影响静态工作点稳定的主要因素

　　静态工作点由 U_{BE}、β 和 I_{CEO} 决定。这 3 个参数随温度而变化,温度对静态工作点的影响主要体现在这一方面。例如,温度升高时, $I_B(=U_{CC}/R_B)$ 变化很小,则 $I_C = \beta I_B + (1+\beta)I_{CBO}$,由于 I_{CBO} 对温度很敏感,且随温度的升高而迅速增加, β 也随温度的升高而升高,这样 $I_{CEO} = (1+\beta)I_{CBO}$ 又比 I_{CBO} 上升了 β 倍,从而使 I_C 迅速增加,导致整个输出特性曲线簇向上平移。在这种情况下,如果 I_B 和直流负载线均未发生变化,那么这将使 Q 点沿直流负载线向上移,严重时使放大器不能正常工作。

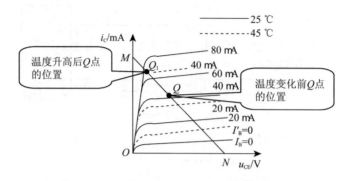

图 2-16　三极管在不同温度时的输出特性曲线

为了使温度变化时,放大电路能正常而稳定地工作,常采用分压式偏置单管放大电路,如图 2-17 所示。下面讨论该电路的各元件作用、结构特点以及静态工作点稳定的工作原理。

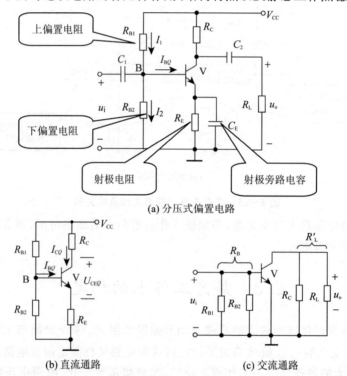

(a) 分压式偏置电路

(b) 直流通路　　　　　　　　　　　(c) 交流通路

图 2-17　分压式偏置电路

2.3.2　稳定静态工作点的偏置电路

1. 各元件的作用

R_{B1},R_{B2}(基极偏置电阻)的作用是提供合适的基极电流。R_E(发射极电阻)的作用是稳定静态工作点"Q"。C_E(发射极旁路电容)的作用是产生交流短路,消除 R_E 对电压放大倍数的影响。R_C(集电极电阻)的作用是将集电极电流 i_c 的变化转换成集-射间电压 u_{ce} 的变化。

2. 电路结构特点

① 利用上偏置电阻 R_{B1} 和下偏置电阻 R_{B2} 组成串联分压器,为基极提供稳定的静态工作

电压 U_B。

设流过 R_{B1} 的电流为 I_1，流过 R_{B2} 的电流为 I_2，则

$$I_1 = I_2 + I_{BQ}$$

如果电路满足条件

$$I_2 \gg I_{BQ}$$

即可认为 $I_2 \approx I_1$，故基极电压

$$U_B = \frac{R_{B2}}{R_{B1}+R_{B2}} V_{CC}$$

由此可见，U_B 只取决于 V_{CC}，R_{B1} 和 R_{B2}，它们都不随温度的变化而变化，所以 U_B 将稳定不变。

② 利用发射极电阻 R_E，自动使静态电流 I_{EQ} 稳定不变。

$$U_B = U_{BEQ} + U_E$$

式中，U_E 为发射极电阻 R_E 上的电压。

若满足

$$U_B \gg U_{BEQ}$$

则

$$I_{EQ} \approx \frac{U_B}{R_E}$$

可见静态电流 I_{EQ} 也是稳定的。

综上所述，如果电路能满足 $I_2 \gg I_{BQ}$ 和 $U_B \gg U_{BEQ}$ 两个条件，静态工作电压 U_B、静态工作电流 I_{EQ}（或 I_{CQ}）将主要由外电路参数 V_{CC}，R_{B1}，R_{B2} 和 R_E 决定，与环境温度、三极管的参数几乎无关。

3. 工作点稳定原理

这种分压式偏置电路稳压的过程实际上是由于加了 R_E 所形成了负反馈过程，将电流 I_{EQ} 的变化转换为电压的变化，加到输入回路，通过三极管基极电流的控制作用，使静态电流 I_{CQ} 稳定不变。从物理过程来看，如温度升高，则 Q 点上移，I_{CQ}（或 I_{EQ}）将增加，而 U_B 是由电阻 R_{B1}，R_{B2} 分压固定的，I_{EQ} 的增加将使外加于三极管的 $U_{BE} = U_B - I_{EQ}R_E$ 减小，从而使 I_{BQ} 自动减小，结果限制了 I_{CQ} 的增加，使 I_{CQ} 基本恒定。以上变化过程可表示为

$$温度升高(t\uparrow) \rightarrow I_{CQ}\uparrow \rightarrow I_{EQ}\uparrow \rightarrow U_{BE}=(U_B-I_{EQ}R_E)\downarrow \rightarrow I_{BQ}\downarrow$$
$$I_{CQ}\downarrow \leftarrow$$

从以上的物理过程分析来看，R_E 越大电路越稳定，但 R_E 不能太大，因为 U_E 的存在，在 U_{CC} 一定时，使静态管压降 U_{CE} 相对减小，即减小了晶体管的动态工作范围。另外，u_e 的交流电压被送回到输入回路减弱了加到基-射极间的输入信号，使输出电压 u_o 下降，导致电压放大倍数 A_u 下降，解决的办法是在 R_E 上并联一个容量较大的极性电容 C_E。该电容为发射极交流旁路电容。直流时电容开路，对直流分量（即工作点）没有影响；交流时电容短路避免了在 R_E 上产生的交流电压 u_e 返回到输入端，使得输入端的信号保持不变，从而使得电压放大倍数 A_u 保持不变。

4. 估算静态工作点

图 2-17(b) 所示为分压式偏置电路的直流通路，通过直流通路可求出电路的静态工作点，如表 2-5 所列。

表 2-5 估算电路的静态工作点

静态工作点		说 明
静态基极电位	$U_B=\dfrac{R_{B2}}{R_{B1}+R_{B2}}V_{CC}$	因为 $I_2\gg I_{BQ}$
静态发射极电流	$I_{EQ}\approx\dfrac{U_B}{R_E}$	因为 $U_B\gg U_{BEQ}$
静态集电极电流	$I_{CQ}\approx I_{EQ}$	集电极电流 I_{CQ} 和发射极电流 I_{EQ} 相差不大
静态偏置电流	$I_{BQ}=\dfrac{I_{CQ}}{\beta}$	根据三极管电流放大原理 $I_{CQ}=\beta I_{BQ}$
静态集电极电压	$U_{CEQ}=V_{CC}-I_{CQ}(R_C+R_E)$	根据回路电压定律

5. 估算输入电阻、输出电阻和电压放大倍数

图 2-17(c)所示为分压式偏置电路的交流通路，交流通路与固定式偏置电路的交流通路相似，等效电路也相似，其中 $R_B=R_{B1}//R_{B2}$。所以，输入电阻、输出电阻和电压放大倍数的估算公式完全相同。

例 2-3 在图 2-17(a)中，若 $R_{B2}=2.4\ \text{k}\Omega$，$R_{B1}=7.6\ \text{k}\Omega$，$R_C=2\ \text{k}\Omega$，$R_L=4\ \text{k}\Omega$，$R_E=1\ \text{k}\Omega$，$V_{CC}=12\ \text{V}$，三极管的 $\beta=60$。试求：① 放大器的静态工作点；② 放大器的输入电阻 R_i、输出电阻 R_o 及电压放大倍数 A_u。

解：① 估算静态工作点。

基极电压：

$$U_B=\frac{R_{B2}}{R_{B1}+R_{B2}}V_{CC}=\frac{2.4\times12}{2.4+7.6}\ \text{V}=2.88\ \text{V}$$

静态集电极电流：

$$I_{CQ}\approx I_{EQ}=\frac{U_B-U_{BE}}{R_E}=\frac{2.88-0.7}{1\times10^3}\ \text{A}\approx2\ \text{mA}$$

静态偏置电流：

$$I_{BQ}=\frac{I_{CQ}}{\beta}=\frac{2}{60}\approx33\ \mu\text{A}$$

静态集电极电压：

$$U_{CEQ}=U_{CC}-I_{CQ}(R_C+R_E)=[12-2\times(1+2)]\ \text{V}=6\ \text{V}$$

② 估算输入电阻 R_i、输出电阻 R_o 及电压放大倍数 A_u。

$$r_{be}=300\ \Omega+(1+\beta)\frac{26\ \text{mA}}{I_{EQ}}=300\ \Omega+(1+60)\frac{26\ \text{mA}}{2}=1\ 093\ \Omega\approx1\ \text{k}\Omega$$

放大器的输入电阻：

$$R_i\approx r_{be}=1\ \text{k}\Omega$$

放大器的输出电阻：

$$R_o\approx R_C=2\ \text{k}\Omega$$

放大器的电压放大倍数：

$$A_{uL}=-\frac{\beta R_L'}{r_{be}}$$

式中：

$$R_L'=\frac{R_CR_L}{R_C+R_L}=\frac{2\times4}{2+4}\ \text{k}\Omega=1.33\ \text{k}\Omega$$

$$A_{uL} = -\frac{\beta R'_L}{r_{be}} = -\frac{60 \times 1.33}{1} \approx -80$$

分压式偏置电路的静态工作点稳定性好,对交流信号基本无削弱作用。如果放大器满足 $I_2 \gg I_{BQ}$ 和 $U_B \gg U_{BEQ}$ 两个条件,那么静态工作点将主要由电源和电路参数决定,与三极管的参数几乎无关。在更换三极管时,不必重新调整静态工作点,这给维修工作带来了很大方便,所以分压式偏置电路在电气设备中得到非常广泛的应用。

2.4　放大器的三种基本接法

放大器有共射、共集、共基三种基本接法(又称组态)。前面已经讨论过共射放大器,本节将主要讨论共集、共基放大器,并对三种接法放大器的性能进行分析比较。

2.4.1　共集放大器

共集放大器电路如图 2-18(a)所示。图 2-18(b),(c)所示分别为其直流通路和交流通路。

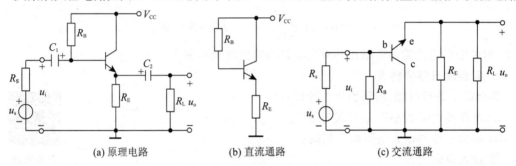

(a) 原理电路　　　　　(b) 直流通路　　　　　(c) 交流通路

图 2-18　共集放大器

由图 2-18(c)可知,输入信号是从三极管的基极与集电极之间输入,从发射极与集电极之间输出。集电极为输入与输出电路的公共端,故称共集放大器。由于信号从发射极输出,所以又称射极输出器。

1. 静态工作点的估算

分析共集放大器的直流通路可知

$$V_{CC} = I_{BQ}R_B + U_{BEQ} + (1+\beta)I_{BQ}R_E$$

由此可得

$$I_{BQ} = \frac{V_{CC} - U_{BEQ}}{R_B + (1+\beta)R_E}, \qquad I_{CQ} = \beta I_{BQ}$$

$$U_{CEQ} = V_{CC} - I_{EQ}R_E \approx V_{CC} - I_{CQ}R_E$$

**共集电极
放大电路
习题讲解**

对 I_{BQ} 计算式中的 $(1+\beta)R_E$ 也可以这样理解:把 R_E 从发射极回路折合到基极回路,电流减小到原来的 $1/(1+\beta)$,因此电阻应折合为 $(1+\beta)R_E$。

2. 电压放大倍数的估算

由交流通路可知,输出电压 u_o、输入电压 u_i 和三极管发射结电压 u_{be} 三者之间有如下关系:

$$u_o = u_i - u_{be}$$

通常 $u_{be} \ll u_i$,可认为 $u_o \approx u_i$,所以射极输出器的电压放大倍数总是小于1而且接近于1。这表明射极输出器没有电压放大作用,但射极电流是基极电流的$(1+\beta)$倍,故它有电流放大作用,同时也有功率放大作用。

3. 输入电阻和输出电阻的估算

(1) 输入电阻 r_i

在图 2-18(c)中,若先不考虑 R_B 的作用,则输入电阻为

$$r_i' = \frac{\mu_i}{i_b} = \frac{i_b r_{be} + (1+\beta) i_b R_L'}{i_b} = r_{be} + (1+\beta) R_L'$$

式中,$R_L' = R_E // R_L$。

考虑 R_B 的作用,输入电阻应为

$$r_i = R_B // r_i' = R_B // [r_{be} + (1+\beta) R_L']$$

显然,射极输出器的输入电阻比共射放大器的输入电阻大得多。

(2) 输出电阻

根据输出电阻的定义,由交流通路可得

$$r_o = R_E // \frac{r_{be} + R_s'}{1+\beta}, \qquad R_s' = R_s // R_B$$

显然,射极输出器的输出电阻比共射放大器的输出电阻小得多。

4. 射极输出器的特点

综合以上分析可知,射极输出器的特点是:

① 电压放大倍数小于1,且接近于1;

② 输出电压与输入电压相位相同;

③ 输入电阻大;

④ 输出电阻小。

共集电极
放大电路

由于射极输出器的输出电压 u_o 和输入电压 u_i 相位相同且近似相等,可近似看作 u_o 随 u_i 的变化而变化,所以射极输出器又称为射极跟随器,或简称射随器。

5. 射极输出器的应用

射极输出器具有电压跟随作用和输入电阻大、输出电阻小的特点,且有一定的电流和功率放大作用,因而无论是在分立元件多级放大器还是在集成电路中,它都有十分广泛的应用,即

① 用作输入级,因其输入电阻大,可以减轻信号源的负担。

② 用作输出级,因其输出电阻小,可以提高带负载的能力。

③ 用在两级共射放大器之间作为隔离级(或称缓冲级),因其输入电阻大,对前级影响小;因其输出电阻小,对后级的影响也小,所以可有效地提高总的电压放大倍数,起到电路的匹配作用。

2.4.2 共基放大器

共基放大器电路如图 2-19 所示。图 2-19(b),(c)所示分别为其直流通路和交流通路。

根据直流通路,可以估算它的静态工作点,方法与共射放大器的分压式偏置电路相同。由交流通路可知,基极为输入与输出的公共端。经分析推导可得,电压放大倍数

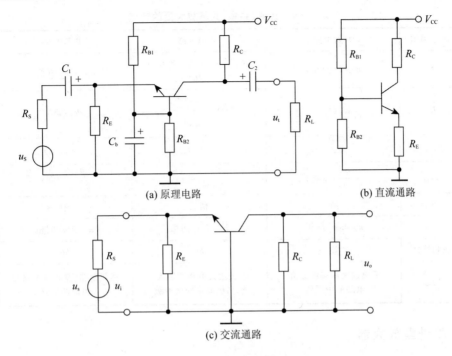

(a) 原理电路　　　　　　　　(b) 直流通路

(c) 交流通路

图 2 - 19　共基放大器

$$A_u = \frac{\beta R'_L}{r_{be}}$$

式中，$R'_L = R_C // R_L$。

输入电阻　　　　　　　　　　$r_i \approx R_E // \dfrac{r_{be}}{1+\beta}$

输出电阻　　　　　　　　　　$r_o \approx R_C$

电压放大倍数 A_u 为正值，表明共基放大器为同相放大器。从计算式来看，A_u 的数值与共射放大器相同，但这里并没有考虑信号源内阻的影响。实际上，由于共基放大器的输入电阻要比共射放大器的输入电阻小得多，因此，当共同考虑信号源内阻时，共基放大器的电压放大倍数也要比共射放大器的电压放大倍数小得多。

共基放大器的电流放大倍数 $\alpha = \dfrac{\Delta I_C}{\Delta I_E}$，其值小于 1，但接近于 1；同时，由于它的输入电阻低而输出电阻高，故共基放大器又有电流接续器之称，即将低阻输入端的电流几乎不衰减地接续到高阻输出端，其功能接近于理想的恒流源。

2.4.3　放大器三种接法的比较

综合以上分析，现将共射、共集、共基三种接法放大器的特点列于表 2 - 6，以供比较。

共射放大器的电压、电流和功率放大倍数都比较高，因而应用广泛；但是它的输入电阻较低，对前级的影响较大；输出电阻较高，带负载能力较差。共集放大器虽然没有电压放大作用，但由于它独特的优点，因此被广泛用作多级放大器中的输入/输出级或隔离缓冲级。共基放大器则可用作恒流源电路。

表 2-6　共射、共集、共基放大器的特点

组态类型	共射电路	共集电路	共基电路
r_i	$R_B // r_{be}$(中)	$R_B // [r_{be}+(1+\beta)R_L']$ (高)	$R_E // \dfrac{r_{be}}{1+\beta}$(低)
R_o	R_C(中)	$R_E // \dfrac{r_{be}+R_s'}{1+\beta}$ (低)	R_C(高)
A_i	β(大)	$1+\beta$(大)	$\alpha \approx 1$(小)
A_u	$-\dfrac{\beta R_L'}{r_{be}}$(高)	≈ 1(低)	$\dfrac{\beta R_L'}{r_{be}}$(高)
A_p	高	稍低	中
相位	u_o 与 u_i 反相	u_o 与 u_i 同相	u_o 与 u_i 同相
高频特性	差	好	好
用途	低频放大和多级放大电路的中间级	多级放大电路的输入/输出级和中间缓冲级	高频电路、宽频带电路和恒流源电路

2.4.4　改进型放大器

1. 组合放大器(复合管)

通常电压放大器要求输入电阻高,输出电阻低;电流放大器则要求输入电阻低,输出电阻高。在三种组态的放大器中,只有共射放大器同时具有电压和电流放大作用,但它的输入和输出电阻却与上述要求存在差距。如果将它与共集或共基放大器相接,构成组合放大器,就可以改变放大器的输入和输出电阻,从而较好地解决这一问题。

在讨论射随器的应用时曾经介绍过,可以把射随器用作多级放大器的输入级、输出级或中间级。例如,把它作为输入级接于共射放大器之前,就构成共集-共射组合放大器,它的总电压放大倍数和单独一级共射放大器相同,但输入电阻大大提高了。采用类似方法,还可以接成如图 2-20 所示的共射-共基、共集-共基等多种组合放大器,以满足相应的性能要求。

复合管性能:$\begin{cases}\beta=\beta_1\times\beta_2\\ 晶体管的类型由复合管的第一支管子决定\end{cases}$

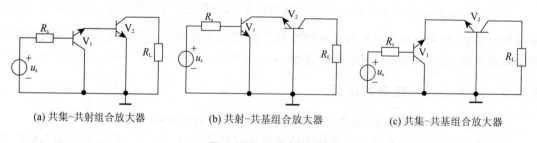

(a) 共集-共射组合放大器　　　　(b) 共射-共基组合放大器　　　　(c) 共集-共基组合放大器

图 2-20　组合放大器

此外,还可以从共射放大器的偏置电路入手,改进其性能。下面介绍的接有发射极电阻的共射放大器和采用有源负载的共射放大器,在多级放大器,特别是在集成电路中,有着很广泛的应用。

2. 接有发射极电阻的共射放大器

接有发射极电阻的共射放大器及其交流通路分别如图 2-21(a)和图 2-21(b)所示。

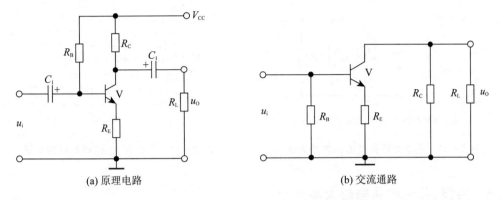

(a) 原理电路　　　　　　　　　　(b) 交流通路

图 2-21　接有发射极电阻的共射放大器

与分析射随器相似,由交流通路可得放大器的输入电阻为

$$r_i \approx R_B // [r_{be} + 1(1 + \beta)R_E] \qquad (2-1)$$

电压放大倍数为

$$A_u = \frac{-\beta R'_L}{r_{be} + (1 + \beta)R_E} \qquad (2-2)$$

式中,$R'_L = R_C // R_L$。通常满足$(1 + \beta)R_e \gg r_{be}$,且 $\beta \gg 1$,故式(2-2)可简化为

$$A_u \approx -\frac{R'_L}{R_E} \qquad (2-3)$$

当空载时,$R_L \to \infty$,则

$$A_u \approx -\frac{R_C}{R_E} \qquad (2-4)$$

电压放大倍数近似等于两个电阻之比,而与 β 的大小无关。这一特点恰好适应制成增益稳定的集成放大器。由式(2-1)~式(2-4)可知,R_E 使放大器输入电阻增大,但放大倍数降低;电阻 R_C 也不可能取得很大,同样电压放大倍数受到限制。所以采用有源负载取代共射放大器中的 R_C,以便提高放大倍数。

3. 采用有源负载的共射放大器

所谓有源负载,就是利用三极管工作在放大区时,集电极电流只受基极电流控制而与管压降无关的特性构成的电路。实际上也就是一个恒流源电路。在图 2-22 所示电路中,三极管 V_2 即为三极管 V_1 的有源负载。

三极管 V_2 的输出特性曲线如图 2-23 所示,在静态工作点 Q 处的直流等效电阻为

$$R_{CE2} = \frac{U_{CEQ}}{I_{CQ}} = \frac{5}{1.5} \text{ k}\Omega = 3.33 \text{ k}\Omega$$

在工作点 Q 附近的交流等效电阻为

$$r_{ce2} = \frac{\Delta U_{CE}}{\Delta I_C} = \frac{10 - 5}{1.6 - 1.5} \text{ k}\Omega = 50 \text{ k}\Omega$$

可见三极管 V_2 所呈现的直流电阻并不大,交流电阻却很大,这就有效地提高了放大器的

电压增益。当然,负载 R_L 必须足够大,才能充分发挥有源负载的作用。

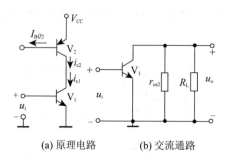

(a) 原理电路 (b) 交流通路

图 2 - 22 采用有源负载的共射放大器

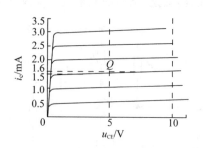

图 2 - 23 三极管 V_2 的输出特性曲线

2.4.5 共源、共漏和共栅放大器

1. 共源放大器

与三极管组成的放大器类似,场效应管放大器也相应有共源、共漏和共栅三种接法。

(1) 自给偏置电路

自给偏置电路如图 2 - 24 所示。图中采用的是 N 沟道结型场效应管,漏极电流在 R_S 上产生的电压恰好可作为栅极偏压,即 $U_{GS} - I_D R_S$。栅极电阻 R_G 将栅极和源极构成了一个回路,使 R_S 上的电压能加到栅极而成为栅极偏压。电路对信号的放大作用是通过场效应的电压控制作用实现的。经分析,电压放大倍数为

$$A_u = -gmR'_L$$

式中,$R'_L = R_D // R_L$。

(2) 分压式偏置电路

如果用增强型绝缘栅场效应管构成放大器,则不能采用自给偏置电路,而要采用分压式偏置电路,如图 2 - 25 所示。

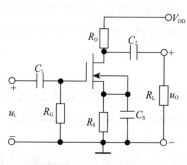

图 2 - 24 自给偏置电路

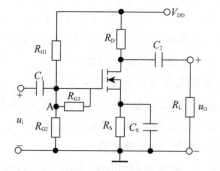

图 2 - 25 分压式偏置电路

2. 共漏放大器电路

共漏放大器如图 2 - 26 所示。图中采用的是分压式偏置电路。电压放大倍数为

$$A_u = \frac{gmR'_L}{1 + gmR'_L}$$

共漏放大器的输出与输入信号相位相同,而且大小近似相等,所以它又称源极跟随器。

3. 共栅放大器电路

如图 2-27 所示,放大器的偏置电路由电阻 R_S 和电源 V_{GG} 构成。电压放大倍数为

$$A_u = gmR'_L$$

场效应管三种接法放大器的性能特点与三极管放大器相似。但由于场效应管栅极不取电流,所以共源和共漏放大管的输入电阻都远比共射和共集放大器的大。此外,在相同静态电流下,共源和共栅放大器的电压放大倍数远比相应的共射和共基放大器小。

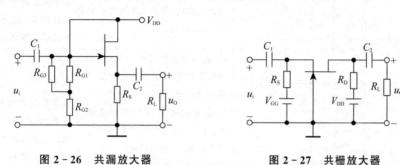

图 2-26 共漏放大器　　　　　图 2-27 共栅放大器

2.5 多级放大器

在实际应用中,要把一个微弱的信号放大几千倍或几万倍甚至更大,仅靠单级放大器是不够的,通常需要把若干级放大器连接起来,将信号逐级放大。多级放大器是由若干个单级放大器组成的,其组成框图如图 2-28 所示。多级放大器由输入级、中间级及输出级三部分组成。

图 2-28 多级放大器的组成

方框图中带箭头的连线表示信号的传递方向,前一级的输出总是后一级的输入。第一级称为输入级,它的任务是将小信号进行放大。最末一级(有时也包括末前级)称为输出级,它担负着电路功率放大任务。其余各级称为中间级。第一级和中间级称前置级,它们担负着电路电压放大(小信号放大)任务。

各级放大器之间的连接方式称为耦合方式。通常采用的耦合方式有阻容耦合、变压器耦合、直接耦合以及光电耦合等四种方式。但不管用哪种耦合方式,必须满足下列要求:

① 各级之间连接起来后,要保证各级放大电路的静态工作点互不影响;

② 保证信号在各级之间能顺利地传输,传输过程中,损耗和失真要尽可能小。

实际使用中,人们将按照不同电路的需要,选择合适的级间耦合方式。

2.5.1 多级放大器的耦合方式

表 2-7 所列为四种级间耦合方式的电路。

表 2 - 7　四种级间耦合方式

耦合方式	应用电路	特点	应用
阻容耦合	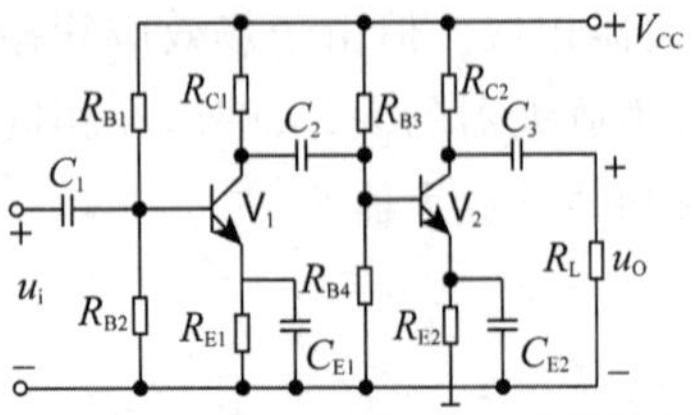	① 用容量足够大的耦合电容连接，传递交流信号 ② 前、后级放大器之间的直流电路被隔离，静态工作点彼此独立，互不影响	结构简单、紧凑，成本低，但效率低。低频特性较差，不能用于直流放大器中。由于在集成电路中制造大容量电容很困难，因此集成电路中不采用这种耦合方式
变压器耦合	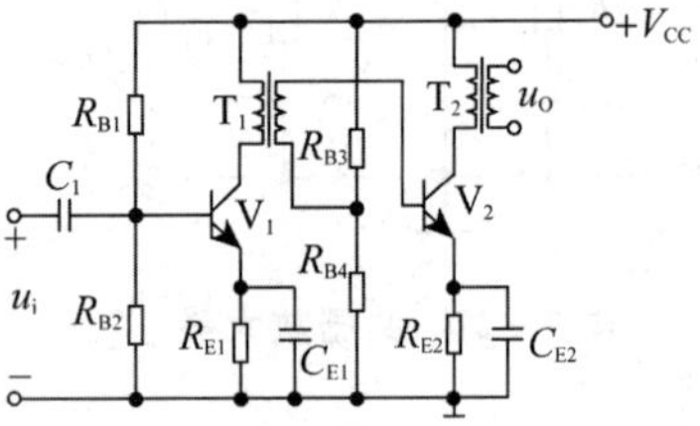	① 通过变压器进行连接，将前级输出的交流信号通过变压器耦合到后级 ② 能够隔离前、后级的直流联系。所以，各级电路的静态工作点彼此独立，互不影响 ③ 电路中的耦合变压器还有阻抗变换作用，这有利于提高放大器的输出功率	由于变压器体积大，低频特性差，又无法集成，因此一般只应用于高频调谐放大器或功率放大器中
直接耦合	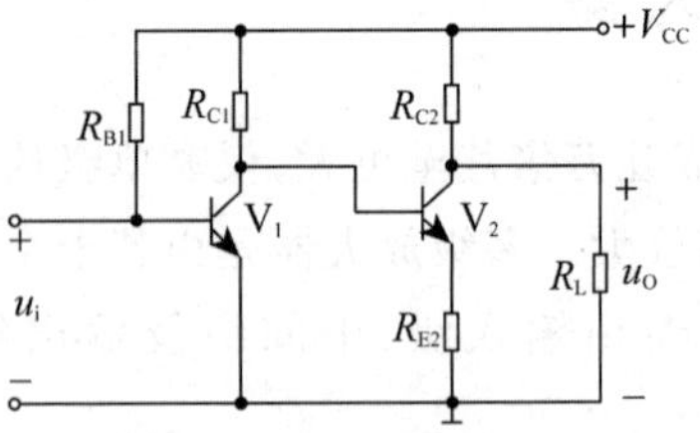	① 无耦合元器件，信号通过导线直接传递，可放大缓慢的直流信号 ② 前、后级的静态工作点互相影响	直流放大器必须采用这种耦合方式，因此广泛应用于集成电路中
光耦合	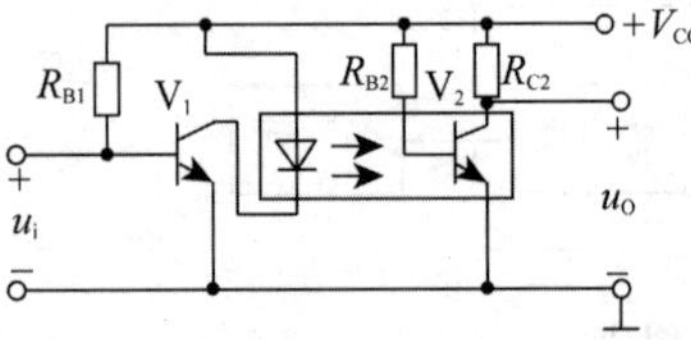	① 以光耦合器为媒介来实现电信号的耦合和传输 ② 既可传输交流信号，又可传输直流信号，而且抗干扰能力强，易于集成化	广泛应用在集成电路中

2.5.2　阻容耦合多级放大器的动态分析

1. 阻容耦合多级放大器的电压放大倍数和输入/输出电阻

图 2 - 29 所示为两级阻容耦合放大器的交流通路。由图可知，前级放大器对后级来说是信号源，它的输出电阻就是信号源的内阻；而后级放大器对前级来说是负载，它的输入电阻就是信号源（前级放大器）的负载电阻。更多级的放大器可以此类推。

下面以三级电压放大器为例，用图 2 - 30 所示的框图来分析总的电压放大倍数与各级电压放大倍数的关系。

第一级电压放大倍数

$$A_{u1}=\frac{u_{o1}}{u_{i1}}$$

第二级电压放大倍数

$$A_{u2} = \frac{u_{o2}}{u_{i2}}$$

第三级电压放大倍数

$$A_{u3} = \frac{u_{o3}}{u_{i3}}$$

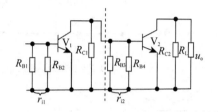 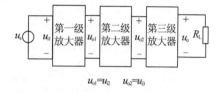

图 2-29　两级阻容耦合放大器的交流通路　　　图 2-30　三级电压放大器的框图

由于前级放大器的输出电压就是后级放大器的输入电压,即 $u_{o1} = u_{i2}$、$u_{o2} = u_{i3}$,因而三级放大器的总电压放大倍数为

$$A_u = \frac{u_o}{u_i} = (u_{i2}/u_{i1})(u_{i3}/u_{i2})(u_o/u_{i3}) = A_{u1} A_{u2} A_{u3}$$

同理,由 n 个单级放大器构成多级放大器,它的总电压放大倍数应为

$$A_U = A_{U1} A_{U2} A_{U3} \cdots A_{UN}$$

即多级放大器总的电压放大倍数等于各级电压放大倍数的乘积。但必须注意,各级放大器都是带负载的,即前级的交流负载是它的 R_C 与后级输入电阻的并联。

多级放大器的输入电阻就是第一级的输入电阻,输出电阻就是最后一级的输出电阻,即

$$r_i = r_{i1}, \qquad r_o = r_{on}$$

2. 阻容耦合多级放大器的频率特性

(1) 单级共射放大器的频率特性

在前面分析放大器时,都是以输入单一频率的正弦波来讨论的,实际输入的信号往往并不一定是正弦波,而是包含许多频率分量的合成波。那么,放大器对这些不同频率分量是不是都能同样放大呢?下面通过实验来回答这一问题。

按图 2-31(a)所示电路接好实验电路。单级共射放大器电路如图 2-31(b)所示。调节低频信号发生器,使放大器输入频率为 1 kHz、幅度为 30 mV 的正弦波。用交流毫伏表测量输入/输出电压值,并用双踪示波器观察比较输入/输出波形。在保持输入信号幅度不变的条件下,改变输入信号的频率。实验结果表明,只是在有限的一段频率范围内,放大倍数基本不变,而当频率偏高或偏低时,放大倍数都有所下降,偏离越多,放大倍数的下降越明显。而且从示波器上还看出,输出信号与输入信号之间的相位差也受到频率变化的影响。

放大器的放大倍数和信号频率之间的关系,称为频率响应,也称放大器的频率特性;用曲线表示则称为频率特性曲线。

图 2-31(c)所示为幅频特性曲线,它反映放大器放大倍数的大小与频率之间的关系。

图 2-31(d)所示为相频特性曲线,它反映放大器输出电压和输入电压的相位差与频率之间的关系。

将放大器在中间一段频率范围内保持稳定的最大的放大倍数记作 A_{u0},这个频率范围称

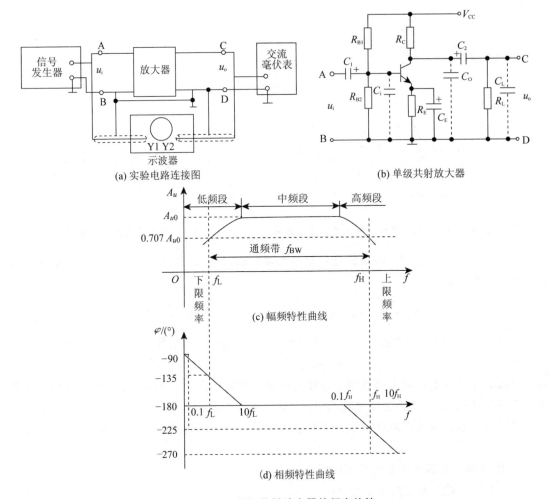

(a) 实验电路连接图　　　　　　　　　　　　　(b) 单级共射放大器

(c) 幅频特性曲线

(d) 相频特性曲线

图 2 - 31　单级共射放大器的频率特性

中频段。当放大倍数下降到 A_{u0} 的 $1/\sqrt{2}$(约 0.707 倍)时,所对应的低端的频率称为下限频率,用 f_L 表示;所对应的高端频率称为上限频率,用 f_H 表示。在 f_H 和 f_L 之间的频率范围称为通频带,用 f_{BW} 表示。通频带表征放大器对不同频率输入信号的适应能力,是一项很重要的技术指标。

$$f_{BW} = f_H - f_L$$

(2) 在高频段和低频段间放大倍数下降的原因

阻容耦合放大器的放大倍数随信号频率变化而变化,主要是受耦合电容、射极旁路电容、三极管的结电容、电路分布电容及负载电容的影响。

在通频带内,耦合电容和射极旁路电容所呈现的容抗很小,可视为短路,其他电容的影响也可忽略。这时电压放大倍数最大。

在低频段,耦合电容和射极旁路电容的容抗随频率降低而增大,交流信号的衰减和负反馈也就增大,从而导致低频段放大倍数的下降(且产生超前相移)。

在高频段,尤其是当频率升得很高时,三极管的结电容、电路分布电容及负载电容的容抗变低,对信号的分流作用不可忽略,致使放大倍数下降(且产生滞后相移)。同时,三极管的

β 值随频率升高而减小,这也是导致放大倍数下降的一个重要原因。

（3）多级放大器的频率特性

假设两个通频带相同的单级放大器连接在一起,每级都有相同的下限频率 f_L 和上限频率 f_H,如图 2-32(a),(b)所示。由此组成的两级放大器的频率特性如图 2-32(c)所示。

当连接成两级放大器后,在中频段总的电压放大倍数为

$$A_{u0} = A_{u01} A_{u02}$$

在原来的 f_L 和 f_H 处,总的电压放大倍数为

$$\frac{1}{\sqrt{2}} A_{u01} \cdot \frac{1}{\sqrt{2}} A_{u02} = 0.5 A_{u01} A_{u02} = 0.5 A_{u0}$$

所以,对应 $1/\sqrt{2} A_{u0}$ 的 f_L' 和 f_H' 两点间距比 $0.5 A_{u0}$ 两点间距离缩短了。可见两级放大器总的通频带比每个单级放大器的通频带要窄。

在集成电路中,一般都采用直接耦合的多级放大器。它的下限频率 f_L 趋于零,因而在讨论其频率特性时,只须求出上限频率 f_H,通频带也就等于 f_H。

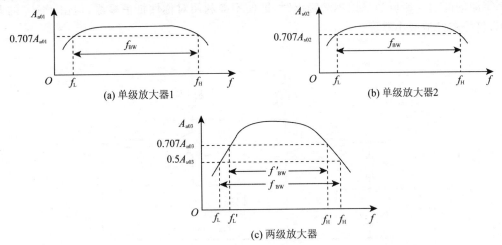

(a) 单级放大器1　　　　　(b) 单级放大器2

(c) 两级放大器

图 2-32　单级和两级共射放大器的幅频特性

3. 频率失真

由于放大器对不同频率分量放大倍数不同而引起输出信号波形的失真称为幅度失真。同样,如果放大器对不同频率分量产生不同的附加相移,也会造成输出信号波形的失真,这种失真称为相位失真。幅度失真和相位失真总称为频率失真。显然,为了避免频率失真,放大器必须具有与信号频率范围相适应的通频带。

2.6　差分放大器

放大直流信号和变化缓慢的信号必须采用直接耦合方式,但在简单的直接耦合放大器中,常会发生输入信号为零时,输出信号不为零的现象。产生这种现象的原因是温度、电源电压等发生变化引起静态工作点发生缓慢变化,该变化量经逐级放大,使放大器输出端出现不规则的输出量。这种现象称为零点漂移,简称零漂。在多级阻容耦合放大器中,由于电容的隔直作

用,零漂仅限于本级内,影响较小;而在多级直接耦合放大器中,第一级的零漂是逐级放大,从而在输出端产生了最严重的零漂。如果这时输入的信号较小,干扰零漂的电压有可能将有用的输入电压完全掩盖,一真一假,使得放大电路无法正常工作,因此减小输入端的零漂是运放电路里一个至关重要的问题。

抑制零漂较为有效的方法是采用差分放大器。

2.6.1　差分放大器的基本结构

差分放大器的基本电路如图 2-33 所示。它是由两个对称的放大器组合而成,一般采用正、负两个极性的电源供电。差分放大器基本电路分别有两个输入和输出端,具有灵活的输入/输出方式。静态时($u_i = 0$),由于电路完全对称,则 $U_{CQ1} = U_{CQ2}$,因此输出电压 $u_0 = U_{CQ1} - U_{CQ2} = 0$。当温度或电源电压发生变化时,由于两只三极管所处的环境一样,引起的变化相同,因此 $\Delta U_{CQ1} = \Delta U_{CQ2}$,两管的零漂相互抵消,输出电压仍为零。这样就较好地抑制了零漂。同时,由于发射极公共电阻 R_E 对两只三极管的电流都有自动调节作用,这就进一步增强了电路抑制零漂的能力。所以当采用单端输出时,即使不能利用对称性抵消零漂,但由于 R_E 的调节作用,仍能较好地减小零漂。

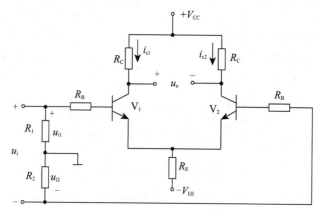

图 2-33　差分放大器基本电路

双电源的作用如下:
① 使信号变化幅度加大;
② I_{B1}、I_{B2} 由 $-V_{EE}$ 提供。

2.6.2　差分放大器的工作特点

1. 差模信号和共模信号

在讨论差分放大器的性能特点时,必须首先区分差模信号和共模信号,因为差分放大器的主要性能特点就是体现在它对差模信号和共模信号具有完全不同的放大能力上。

假设从差分放大器的两个输入端分别输入一对大小相等、极性相反的信号,则称它们为差模信号。这种输入方式称差模输入。

假设从差分放大器的两个输入端分别输入一对大小相等、极性相同的信号,则称它们为共模信号。这种输入方式称共模输入。

但实际加到差分放大器两个输入端的信号往往既非差模,又非共模,其大小和相位都是任意的。这种输入方式称为比较输入方式。在这种情况下,可将 u_{i1} 和 u_{i2} 改写成下列形式,即

$$\begin{cases} u_{i1}=\dfrac{u_{i1}+u_{i2}}{2}+\dfrac{u_{i1}-u_{i2}}{2} \\ u_{i2}=\dfrac{u_{i1}+u_{i2}}{2}-\dfrac{u_{i1}-u_{i2}}{2} \end{cases}$$

若设 $u_{i1}=10\ \mathrm{mV},u_{i2}=4\ \mathrm{mV}$,即可改写成

$$\begin{cases} u_{i1}=(7+3)\ \mathrm{mV} \\ u_{i2}=(7-3)\ \mathrm{mV} \end{cases}$$

这样就把两个任意信号分解为一对共模信号和一对差模信号。其中,共模信号为两个输入信号的平均值,差模信号为两个输入信号的差值。

2. 差模输入放大倍数 A_d

在图 2-33 所示的差分放大器中,输入信号电压 u_i 经两个相等的电阻 R_1 和 R_2 分压后,成为大小相等而极性相反的一对差模信号,分别加到三极管 V_1 和 V_2 基极。在差模信号电压作用下,两管集电极产生等值而反相的变化电流,当它们共同流入 R_E 时相互抵消,因而对差模信号而言,R_E 可视为短路,即 R_E 对差模放大倍数不会产生影响。差模交流通路如图 2-34 所示。

差分放大器在差模输入的电压放大倍数称为差模电压放大倍数,用 A_d 表示,且

$$A_d=\frac{u_o}{u_i}$$

设差模输入时 V_1 和 V_2 的单管放大倍数分别为 A_{d1} 和 A_{d2},由于电路两边对称,A_{d1} 和 A_{d2} 相等,即

$$A_{d1}=A_{d2}=-\beta\frac{R_C}{R_B+r_{be}}$$

又由于

$$u_o=u_{o1}-u_{o2}=A_{d1}u_{i1}-A_{d2}u_{i2}=$$
$$A_{d1}\times\left(\frac{1}{2}\right)u_i-A_{d2}\times\left(-\frac{1}{2}\right)u_i=A_{d1}u_i$$

因此
$$A_{d1}=\frac{u_o}{u_i} \tag{2-5}$$

式(2-5)说明,双端输出时,差模电压放大倍数就等于单管电压放大倍数,即

$$A_d=A_{d1}=A_{d2}=-\beta\frac{R_C}{R_B+r_{be}}$$

说明差分放大器差模输入时是用一个管子的放大倍数去换取零点漂移。显然,当单端输出时,差模电压放大倍数为双端输出时的一半。

3. 共模输入电压放大倍数 A_C

若在差分放大器中输入共模信号,两管集电极产生相同的变化电流 i_c。当它们共同流入 R_E 时,在 R_E 上所产生的变化电压为 $2i_cR_E$。这可以等效地看成,在电流 i_c 作用下,每管发射极上相当于接入了 $2R_E$ 的电阻。于是可以得出如图 2-35 所示的共模交流通路。

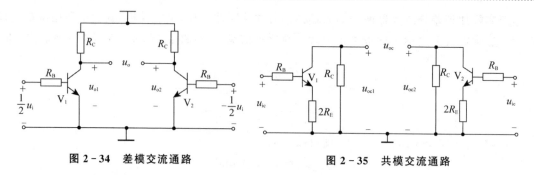

图 2 - 34　差模交流通路　　　　　　　　图 2 - 35　共模交流通路

差分放大器在共模输入时的电压放大倍数称为共模电压放大倍数,用 A_C 表示。

利用发射极接有电阻的共射放大器的有关结论,可得单端输出时,差分放大器的共模电压放大倍数

$$A_{C1} \approx -\frac{R_C}{2R_E}$$

双端输出时,若电路完全对称,则两管共模输出电压相互抵消,所以共模电压放大倍数也为零。实际上,电路不可能完全对称,且希望 A_C 尽可能小。

差分放大器受温度或电源电压变化的影响,相当于输入一对共模信号,这对差分放大器来说是一种干扰。希望 A_C 尽可能小,就是要求差分放大器要有较强的抗共模干扰的能力。

前面讲到的差分放大器对零漂的抑制作用是抑制共模信号的一个特例。

4. 共模抑制比

差分放大器常用共模抑制比 K_{CMR} 来衡量放大器对差模信号的放大能力及对共模信号的抑制能力,定义为

$$K_{CMR} = \left| \frac{A_d}{A_C} \right|$$

完全对称的差分放大器, $A_C = 0$,故 $K_{CMR} \to \infty$ 。实际上 A_C 不可能为零, K_{CMR} 也不可能趋于无穷大,它是一个远大于 1 的数,故有时用对数表示,其单位是 dB,即

$$K_{CMR} = 20\lg \left| \frac{A_d}{A_C} \right|$$

如果增大 R_E , A_C 就减小, K_{CMR} 也就相应增大。但当电源电压一定时,为了维持适当的工作电流, R_E 的增大受到限制,从而也影响到 K_{CMR} 的提高。为了解决这一矛盾,可用有源负载代替。

2.6.3　采用有源负载的差分放大器

图 2 - 36 所示为采用有源负载的差分放大器。其中 V_3 为恒流三极管。稳压二极管 V_Z 使三极管 V_3 的基极电位得以固定。当温度升高使 V_3 管电流增加时, R_2 上电压也要增加,使 V_3 管发射极电位增高,由于基极电位已被固定,所以发射结电压 U_{BE3} 就要下降, I_{B3} 也随之减小,因此抑制了 I_{C3} 的上升,使 I_{C3} 基本不变。 I_{C3} 不变,则 I_{C1} , I_{C2} 也不变,从而有效地抑制了零漂。在这一自动调节的过程中,恒流管所呈现的很大的动态电阻对共模信号具有很强的抑制作用;而与此同时,无须增大电源,即可保证差分放大器有足够的工作电流。实践表明,与采用 R_E 的差分放大器相比,采用有源负载的差分放大器共模抑制比有显著提高。

图 2 - 37 所示为用 MOS 管组成的差分放大器。电路中用 MOS 管 V_3 , V_4 分别作为 V_1 ,

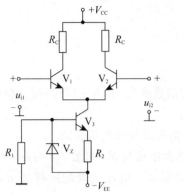

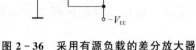

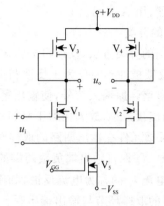

图 2-36　采用有源负载的差分放大器　　　　图 2-37　用 MOS 管组成的差分放大器

V_2 的漏极有源负载；V_5 则作为 V_1，V_2 管的源极有源负载，起抑制零漂的作用。由于采用了 MOS 管，使差分放大器的输入电阻大大提高，噪声减小，线性范围也有所增大。这种电路形式在集成电路中有广泛应用。

2.7　放大器中的负反馈

在放大器中，信号从输入端输入，经过放大器的放大后，从输出端送给负载，这是信号的正向传输。但在很多放大器中，常将输出信号再反向传输到输入端，这就是反馈。实用的放大器几乎都采用反馈。直流负反馈可以稳定放大器的静态工作点，交流负反馈可以改善放大器的性能。

本节重点介绍反馈的基本概念及交流负反馈对放大器性能的影响。

2.7.1　反馈的基本概念

1. 反　馈

从广义上讲，凡是将输出量送回到输入端，并且对输入量产生影响的过程都称为反馈。放大器中的反馈是指把放大器输出信号（电压或电流）的一部分或全部通过一定的元件，用一定的方式送回到输入端并与输入信号（电压或电流）叠加，以改善放大器的性能。

反馈电路 F 是一个将输出回路与输入回路相连接的中间环节，一般由电阻、电容组成。带有反馈电路的放大器称为反馈放大器。

反馈放大器由基本放大器和反馈电路两部分组成。图 2-38 为反馈放大器的框图，箭头表示信号的传输方向。引入反馈后，使信号既有正向传输又有反向传输，电路形成闭合环路，因此反馈放大器通常称为闭环放大器，用 A_f 表示；而未引入反馈的放大器则称

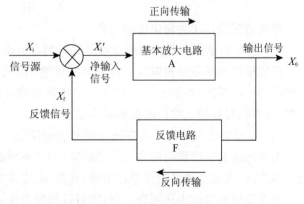

图 2-38　反馈放大器的框图

为开环放大器,用 A 表示。

2. 反馈的分类

按照不同的分类方法,反馈可分为多种类型。

(1) 按反馈极性不同分为正反馈和负反馈

反馈信号增强原输入信号,使输出量增大,放大倍数提高,称为正反馈;反馈信号削弱原输入信号,使输出量减小,放大倍数下降,称为负反馈。

(2) 按反馈元件在输出回路的取样对象不同分电压反馈和电流反馈

反馈信号 X_f 取自输出端负载两端的电压 u_o 称为电压反馈,如图 2-39(a)所示;反馈信号取自输出电流 i_o 的称为电流反馈,如图 2-39(b)所示。电压反馈的取样环节与输出端并联,电流反馈的取样环节与输出端串联。

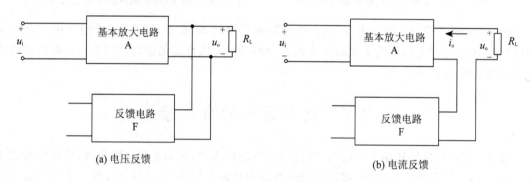

(a) 电压反馈　　　　　　　　　　　　　　(b) 电流反馈

图 2-39　电压反馈和电流反馈

电压反馈是将基本放大电路的输出电压 u_o 送至反馈网络的输入端,反馈信号 u_f 或 I_f 与输出电压 u_o 成正比。其数学表达式为

$$u_f = Fu_o$$
$$I_f = Fu_o$$

式中,F 为反馈系数。电压负反馈作用为稳定输出电压。电流反馈是将基本放大电路的输出电流 I_o 流进反馈网络。反馈信号 u_f 或 I_f 与输出电流 I_o 成正比。其数学表达式为

$$u_f = FI_o$$
$$I_f = FI_o$$

电流负反馈作用为稳定输出电流。

(3) 按反馈电路在输入端的连接方式不同分为串联反馈和并联反馈

反馈电路与信号源相串联的称为串联反馈,如图 2-40(a)所示;反馈电路与信号源相并联的称为并联反馈,如图 2-40(b)所示。串联反馈,反馈信号在输入端以电压形式出现;并联反馈,反馈信号在输入端以电流形式出现。

(4) 按反馈信号不同分为直流反馈和交流反馈

对直流量起反馈作用的称为直流反馈;对交流量起反馈作用的称为交流反馈;既对直流量起反馈作用,又对交流量起反馈作用的,称为交、直流共存反馈。

若在反馈网络中串接隔直电容,则可以隔断直流,此时反馈只对交流起作用。在起反馈作用的电阻两端并联旁路电容,可以使其只对直流起作用。

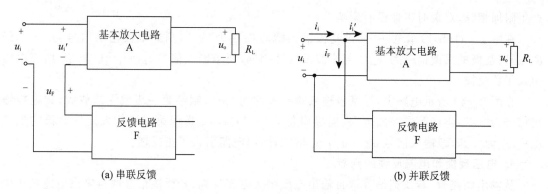

(a) 串联反馈   (b) 并联反馈

图 2-40 串联反馈和并联反馈

2.7.2 反馈类型的判断

1. 有无反馈的判断

反馈放大器的特征是存在反馈元件,反馈元件是联系放大器的输出与输入的桥梁。因此能否从电路中找到反馈元件是判断放大器有无反馈的关键。

例如图 2-41(a)中无反馈元件,所以电路不存在反馈。在图 2-41(b)中 R_F 跨接在输出端和输入端之间起联系输出和输入的作用,R_F 为反馈元件,所以电路存在反馈。

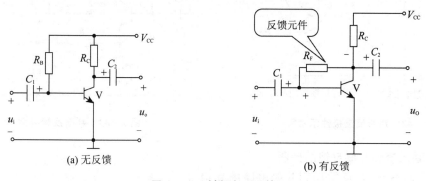

(a) 无反馈   (b) 有反馈

图 2-41 判断有无反馈

2. 反馈极性的判断

通常采用瞬时极性法判断反馈的极性。具体步骤如下:

① 先假设输入信号瞬时极性为"＋"。

② 从输入端到输出端依次标出放大器各点的瞬时极性。在放大器中,三极管发射极与基极的瞬时极性相同,集电极与基极的瞬时极性相反。

③ 将反馈信号的极性与输入信号进行比较,确定反馈极性。如果反馈信号使净输入信号减小,是负反馈;反之是正反馈。

如图 2-42(a)所示,假设加到三极管基极的输入信号瞬时极性为"＋",经放大器放大,回送到基极的反馈信号瞬时极性若为"⊖",净输入信号减小,是负反馈;反之,则是正反馈。

如图 2-42(b)所示,若反馈信号送回到发射极的瞬时极性为"⊕",净输入信号减小,是负反馈;反之,则是正反馈。

在运用瞬时极性法时反馈电路中的电阻、电容等元件,一般认为它们在信号传输过程中不产生附加相移,对瞬时极性没有影响。

在图 2-41(b)所示电路中,设基极输入瞬时极性为"＋",则集电极输出信号为"－",经 R_F 送回基极的反馈信号为"⊖",与原假设极性相反,使净输入信号 $i_b = i_i - i_f$ 减小,所以电路引入了负反馈。

在图 2-43 所示电路中,设基极输入瞬时极性为"＋",则经第一级放大器放大,集电极输出信号为"－";再经第二级放大,发射极电位为"－";经 R_F 送回第一级放大器发射极的反馈电压 u_f 为"⊖",净输入信号 $u_{be} = u_i + u_f$ 增加,所以电路引入了正反馈。

3. 电压反馈和电流反馈的判断

从输出回路看,若反馈信号取自输出电压则为电压反馈;若反馈信号取自输出电流则为电流反馈。

在图 2-41(b)电路中,三极管集电极为电压输出端,R_F 接在集电极,所以是电压反馈;在图 2-43 电路中,R_F 在输出回路中没有接在电压输出端,所以是电流反馈。

另外,判断电压与电流的反馈时常用输出短路法,即输出电压为零,使 $u_o = 0$(R_L 短路),若反馈消失则为电压反馈,否则为电流反馈。

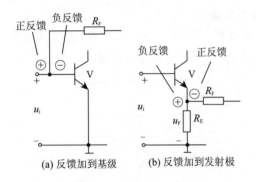

图 2-42　判断反馈极性示意图

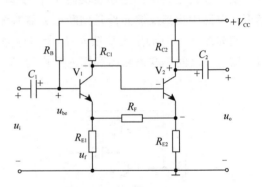

图 2-43　判断反馈类型

4. 串联反馈和并联反馈的判断

从输入回路看,若反馈加到共射电路的发射极为串联反馈,而加到共射电路的基极为并联反馈。例如图 2-41(b)电路为并联反馈,图 2-43 所示电路为串联反馈。

5. 直流反馈和交流反馈的判断

若反馈电路中存在电容,根据电容"通交隔直"的特性来进行判断。

在图 2-44 电路中,由于 C_E 起交流旁路作用,所以 R_E 所引入的只有直流反馈而无交流反馈。而 R_F 所引入的则是交、直流共存的反馈。

通过以上分析,可将判断反馈的方法归纳为:有

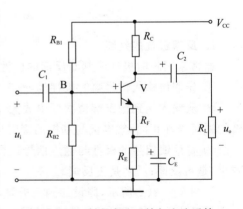

图 2-44　判断直流反馈与交流反馈

无反馈看联系,正负反馈看极性,电压电流看输出,串联并联看输入,交流直流看电容。

2.7.3　负反馈放大器的四种基本类型

电压串联负反馈、电压并联负反馈、电流串联负反馈和电流并联负反馈四种负反馈电路的框图如表 2-8 所列。

表 2-8　四种负反馈放大器

负反馈电路	负反馈框图	负反馈电路	负反馈框图
电压串联负反馈	基本放大电路 A／反馈电路 F	电流串联负反馈	基本放大电路 A／反馈电路 F
电压并联负反馈	基本放大电路 A／反馈电路 F	电流并联负反馈	基本放大电路 A／反馈电路 F

例 2-4　如图 2-45 所示电路,试判断电路的反馈类型。

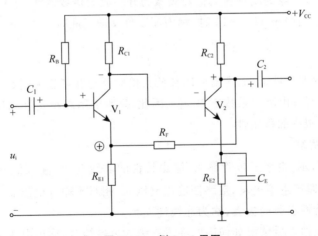

图 2-45　例 2-4 用图

解: R_F,R_{E1} 为反馈元件,由于反馈信号取自输出电压,所以是电压反馈;反馈信号加在 V_1 的发射极,所以是串联反馈;在反馈电路中无电容,所以是交、直流共存的反馈;假设 V_1 基极输入瞬时极性为"+",则经第一级放大,集电极输出信号为"-",再经 V_2 放大,集电极输出信号为"+",经 R_F,R_{E1} 送回 V_1 发射极,反馈电压 u_f 为"⊕",使净输入信号 $u_{be}=u_i-u_f$ 减小,说明电路引入了负反馈。

综上所述,放大器通过 R_F,R_{E1} 为电路引入了电压串联负反馈。

2.7.4 负反馈对放大器性能的影响

1. 放大倍数下降,但稳定性提高

为了便于分析,假设负反馈放大器工作于中频段,信号无附加相移。图 2-46 为负反馈放大器框图,图中 A 为基本放大器,F 为负反馈网络。x_i 为输入量,x_f 为反馈量,x'_i 为净输入量,x_o 为输出量。基本放大器的放大倍数称为开环放大倍数,用 A 表示。

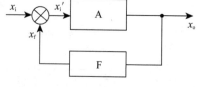

x_i,x_f 和 x'_i 之间的关系为

$$x'_i = x_i - x_f$$

图 2-46 负反馈放大器框图

反馈系数为

$$F = \frac{x_f}{x_o}$$

开环放大倍数为

$$A = \frac{x_o}{x'_i}$$

负反馈放大器的放大倍数称为闭环放大倍数,用 A_f 表示,由图 2-46 可得

$$A_f = \frac{x_o}{x_i} = \frac{x_o}{x'_i + x_f} = \frac{A x'_i}{x'_i + A F x'_i}$$

由此可得 A_f 的一般表达式为

$$A_f = \frac{A}{1 + AF}$$

引入负反馈后,放大器的闭环放大倍数衰减为开环放大倍数的 $1/(1+AF)$。通常将 $(1+AF)$ 称为反馈深度。当 $(1+AF) \geqslant 10$ 时,称为深度负反馈。此时

$$A_f \approx \frac{1}{F}$$

表明在深度负反馈条件下,放大器的闭环放大倍数已与开环放大倍数无关,它不再受放大器各种参数的影响,而只由反馈系数 F 决定。因此,只要采用高稳定性的反馈元件,闭环放大倍数 A_f 也就能获得很高的稳定性。

2. 改善非线性失真

如图 2-47(a)所示,由于三极管输入/输出特性的非线性,当输入信号幅度过大时,i_b 的波形明显上大下小,即产生了失真,最终使输出电压 u_o 相对于输入电压 u_i 产生了失真。这种由于三极管非线性特性引起的失真,称为非线性失真。

放大器引入负反馈以后情况如何呢? 在没有引入负反馈时,输出电压 u_o 的波形是上大下小的,如图 2-47(b)所示。引入负反馈后,由于负反馈电压 u_f 与 u_o 成正比,所以 u_f 也是上大下小,而 $u'_i = u_i - u_f$,用 u_i 减去一个上大下小的 u_f 波形,其结果 u'_i 是上小下大。这种现象称为放大器的"预失真",这种不对称的 u'_i 波形加到基本放大器以后,与放大器本身对信号放大的不对称性互相抵消,从而使输出波形 u_o 趋于对称,因此非线性失真得到改善。

引入负反馈后,能减小非线性失真。应当注意的是,引入负反馈并不能彻底消除非线性失真。此外,如果输入信号本身就有失真,引入负反馈也无法改善,因为负反馈所能改善的只是

放大器所引起的非线性失真。

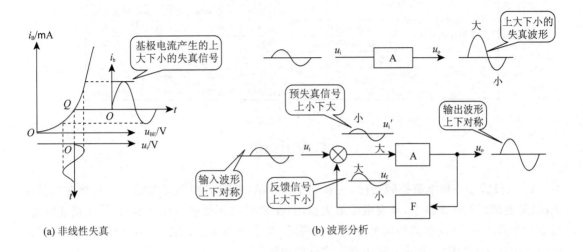

(a) 非线性失真   (b) 波形分析

图 2 - 47　负反馈减小非线性失真

3. 影响输入电阻和输出电阻

负反馈对放大器输入电阻和输出电阻的影响,与反馈电路在输入端和输出端的连接方式有关。

(1) 对输入电阻的影响

负反馈对输入电阻的影响取决于反馈电路在输入端的连接方式。

1) 串联负反馈使输入电阻增大

串联负反馈相当于在输入回路中串联了一个电阻,故输入电阻增加。

2) 并联负反馈输入电阻减小

并联负反馈相当于在输入回路中并联了一条支路,故输入电阻减小。

(2) 对输出电阻的影响

负反馈对输出电阻的影响,与反馈电路在输出端的连接形式有关。

1) 电压负反馈使输出电阻减小

电压负反馈具有稳定输出电压的作用,即当负载变化时,输出电压的变化很小。这相当于输出端等效电源的内阻减小了,也就是输出电阻减小了。

2) 电流负反馈使输出电阻增大

电流负反馈具有稳定输出电流的作用,即当负载变化时,输出电流的变化很小。这相当于输出端等效电源的内阻增大了,也就是输出电阻增大了。

此外,在放大器中引入负反馈后,还能提高电路的抗干扰能力,改善电路的频率响应等。

总之,在放大器中引入负反馈是以牺牲放大倍数为代价,换来放大器各方面性能的好转。若在电路中引入正反馈,对放大器的影响与之相反,虽然放大倍数增加了,但使放大器性能变差,所以,一般放大器中不引入正反馈,正反馈主要应用在振荡电路中。

四种负反馈的特点如表 2 - 9 所列。

表 2-9　四种负反馈的特点

比较项目		反馈类型			
		电压串联	电流串联	电压并联	电流并联
反馈作用形式	反馈信号取自	电压	电流	电压	电流
	输入端连接法	串联	串联	并联	并联
输入电阻		增大		减小	
输出电阻		减小	增大	减小	增大
被稳定的电量		输出电压	输出电流	输出电压	输出电流

本章小结

1. 三极管是一种电流控制器件,它有两个 PN 结,即发射结和集电结。三极管在发射结正偏、集电结反偏的条件下,具有电流放大作用;在发射结和集电结均反偏时,处于截止状态,相当于开关断开;在发射结和集电结均为正偏时,处于饱和状态,相当于开关闭合。三极管的放大功能和开关功能在实际电路中都有广泛的应用。

2. 三极管的特性曲线反映了三极管各极之间电流与电压的关系。三极管的输出特性曲线可以分为三个区域,即放大区、截止区和饱和区。

三极管的电流放大系数 β 为

$$\beta = \Delta I_C / \Delta I_B$$

三极管三电极电流之间的关系为

$$I_E = I_C + I_B \approx I_C$$

三极管工作在放大状态时有

$$I_C \approx \beta I_B$$

3. 三极管的参数 β 表示电流放大能力;I_{CBO},I_{CEO} 表明三极管的温度稳定性;I_{CM},P_{CM},$U_{(BR)CEO}$ 规定了三极管的安全工作范围。

4. 放大器的主要功能是将输入信号不失真地放大。放大器的核心是三极管。要不失真地放大交流信号,必须给放大器设置合适的静态工作点,以保证三极管始终工作在放大区。

5. 放大器的分析方法主要有近似估算法和图解分析法两种。

用近似估算法时应注意:分析静态工作点(I_{BQ},I_{CQ},U_{CEQ})用直流通路;分析动态性能(A_u,R_i,R_o)用交流通路。

6. 图解法要作直流负载线和交流负载线。该负载线用来分析放大器的动态特性比较直观,尤其用于分析大信号电路。

7. 为了稳定静态工作点,常采用分压式偏置电路,这种电路使 I_{BQ},I_{CQ} 和 U_{CEQ} 与三极管的参数无关。特别是在维修工作中,当更换三极管时不必重新调整静态工作点,这给实际工作带来了很大的方便。

8. 放大器的四种耦合方式:阻容耦合、变压器耦合、直接耦合和光电耦合。

多级放大器的电压放大倍数等于各级电压放大倍数的连乘积,输入电阻等于第一级的输入电阻,输出电阻为末级的输出电阻。

9. 放大器中,把输出信号回送到输入回路的过程称为反馈。反馈放大器主要由基本放大器和反馈电路两部分组成。引入反馈的放大器称为闭环放大器,未引入反馈的放大器称为开环放大器。

10. 判断反馈的性质用瞬时极性法；判断反馈的类型关键是先找到反馈电路，然后根据反馈电路在输入/输出电路的连接方法不同来判断反馈的类型；直流反馈和交流反馈的判断由反馈电路中的电容元件来确定。

11. 实际放大器中几乎都采用反馈。正反馈可组成振荡器，负反馈可改善放大器的性能。如直流负反馈可稳定静态工作点；交流负反馈以降低放大倍数为代价，使放大器的稳定性提高，减小非线性失真，改变输入/输出电阻。

习　　题

1. 某共发射极单管放大器的输入电压 u_i，基极电流 i_b，集电极电流 i_c，输出电压 u_o 的波形如题图 2-1 所示。把表示这几个量的符号填写到与其对应的坐标轴旁。

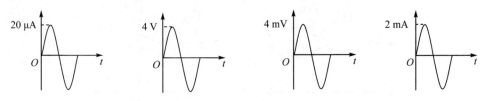

题图 2-1

2. 测得工作在放大状态的某三极管，其电流如题图 2-2 所示，在图中标出各管的引脚，并且说明三极管是 NPN 型还是 PNP 型。

3. 根据题图 2-3 所示的各三极管引脚对地电位数据，分析各管的情况。（说明是放大、截止、饱和或者哪个结已经开路或者短路。）

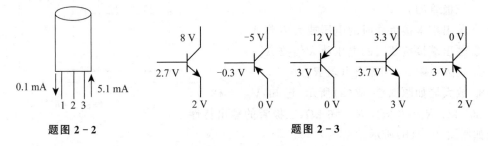

题图 2-2　　　　　　　　　　　题图 2-3

4. 放大电路如题图 2-4(a)所示，当输入交流信号时，出现如题图 2-4(b)所示的输出波形，试判断是何种失真？如何才能使其不失真？

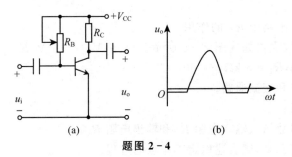

(a)　　　　　　　　(b)

题图 2-4

5. 晶体管放大电路的偏置电流与工作状态有何关系？

6. 判断题图 2-5 所示电路有无正常的电压放大作用？为什么？

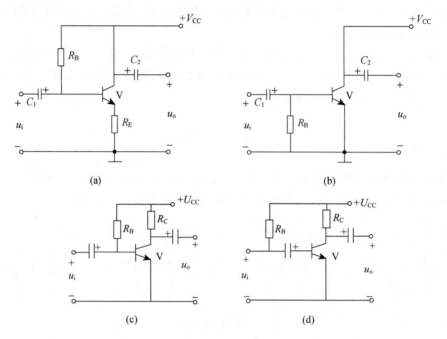

(a)　　　　　　　　　　(b)

(c)　　　　　　　　　　(d)

题图 2-5

7. 放大器如题图 2-6 所示,已知:$V_{CC}=12$ V,$R_B=300$ kΩ,$R_C=4$ kΩ,$\beta=60$,$R_L=4$ KΩ。试求:

① 放大器的静态工作点(忽略 U_{BE});

② 三极管的 r_{be};

③ 输出端未接负载时的电压放大倍数 A_u;

④ 输出端接负载时的电压放大倍数 A'_u;

⑤ 输入电阻 R_i 和输出电阻 R_o。

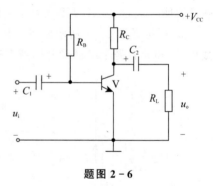

题图 2-6

8. 放大器如题图 2-7(a)所示,已知:$V_{CC}=12$ V,$R_B=300$ kΩ,$R_C=3$ kΩ,$R_L=6$ kΩ,三极管的输出特性曲线如题图 2-7(b)所示。

① 作直流负载线;

② 确定静态工作点 Q,并由图读出 I_{CQ} 和 U_{CEQ};

③ 作交流负载线。

9. 叙述差分放大电路中 R_E 的作用。

10. 分压式偏置放大器如题图 2-8 所示。已知:$V_{CC}=16$ V,$R_{B1}=60$ kΩ,$R_{B2}=20$ kΩ,$R_C=3$ kΩ,$R_E=2$ kΩ,$R_L=6$ kΩ,$\beta=60$。

① 画出直流通路和交流通路;

② 求静态工作点;

③ 求电压放大倍数 A_u、输入电阻 R_i 和输出电阻 R_o;

④ 假定环境温度升高,试表述稳定工作点的过程。

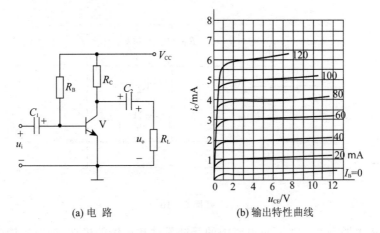

(a) 电　路　　　　　(b) 输出特性曲线

题图 2 - 7

11. 分压式偏置电路接上发射极交流旁路电容 C_E 后是否影响静态工作点？为什么？

12. 放大电路各级之间的耦合有哪几种？各级之间耦合时应满足哪些条件？

13. 有一射极输出器如题图 2 - 9 所示。若已知晶体管的 $\beta = 50$，$R_B = 80$ kΩ，$R_E = 800$ Ω，$r_{be} = 0.45$ kΩ。试求：

① 静态工作点(I_B、I_C、U_{CE})；

② 输入电阻 R_i；

③ 电压放大倍数 A_u。

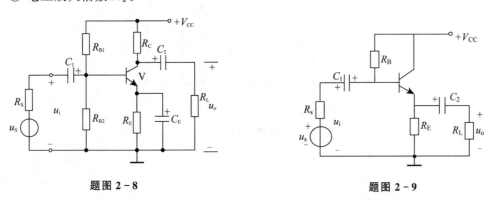

题图 2 - 8　　　　　　　　　　题图 2 - 9

14. 设某基本放大电路原来没有削波失真，现增大 R_B，则静态工作点向_____方向移动，较容易引起_____失真。

15. 在分压式偏置电路中，若上偏流电阻 R_{B1} 减小，而晶体管始终处在放大状态，则基极偏流 I_B _____，集电极电流 I_C _____，管压降_____。

16. 某放大电路的输出电阻是 1.5 kΩ，空载时输出电压是 3 V，则当接上 4.5 kΩ 的负载后，输出电压是_____ V。

17. 由于接入负反馈，则反馈放大电路的 A_u 就一定是负值，接入正反馈后 A_u 一定是正值，对吗？

18. 三极管微变等效电路变换的条件是小信号静态分析，对吗？

19. 判断题图 2 - 10 中 R_f 是否为负反馈，若是，判断反馈的组态。

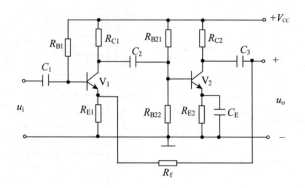

题图 2 - 10

20. 分析指出题图 2 - 11 所示电路中的反馈元件和反馈的极性,确定反馈类型,并且分析这些反馈元件对电路性能的影响。

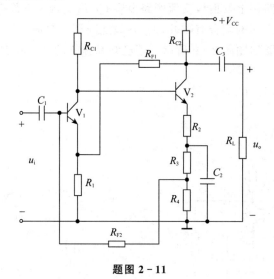

题图 2 - 11

第3章 集成运算放大器及其应用

集成电路是 20 世纪 60 年代初发展起来的一种新型器件,它采用半导体集成工艺,把众多二极管、三极管、电阻、电容及导线集中在一块半导体基片上,组成管体一路,再用塑料或陶瓷封装,制成集成电路。与分立元件电路相比,集成电路具有性能好、体积小、外部接线少、功耗低、可靠性高、灵活性高、价格低等优点。

集成电路分为数字集成电路和模拟集成电路两大类。集成运算放大器是一种模拟集成电路,由于早期主要用于数学运算,故称运算放大器,又称集成运放,或简称运放。随着电子技术的不断发展,集成运放的应用已不限于数学运算,而是作为一种具有很高开环电压放大倍数的直接耦合放大器,广泛用于模拟运算、信号处理、测量技术、自动控制等领域。

运算放大器
及其应用

3.1 集成运放的主要参数和工作特点

3.1.1 集成运算放大器

1. 集成运放的组成

集成运放是集成运算放大器的简称,其内部电路一般由输入级、中间级、输出级、偏置电路四部分组成,如图 3-1(a)所示。

(1) 输入级

输入级通常是由三极管构成有源负载的差分放大器,目的是尽量减小零漂,提高 KCM-RR,提高输入阻抗 r_i。

(2) 中间级

中间级的主要作用是具有足够大的电压放大倍数,通常采用复合管组成放大器,目的是改善单管的放大性能。

(3) 输出级

输出级通常由复合射极输出器或互补对称射极输出器组成,目的是使输出阻抗 r_o 小,以便提高带负载能力,有足够的输出电流 i_o。

(4) 偏置电路

偏置电路为各级提供稳定、合适的静态工作点。

图 3-1(b)所示为简单集成运放的原理图。三极管 V_1 和 V_2 组成带恒流负载的差分放大器作为输入级。V_3 和 V_4 组成复合管,主要起电压放大作用,作为中间级。V_5 和 V_6 构成复合射极输出器,是输出级。

2. 集成运放的图形符号与外形

集成运放的图形符号如图 3-2 所示,是国际标准符号。图中"▷"表示放大器,三角形所指方向为信号传输方向,"∞"表示开环增益极高。集成运放有两个输入端和一个输出端。同

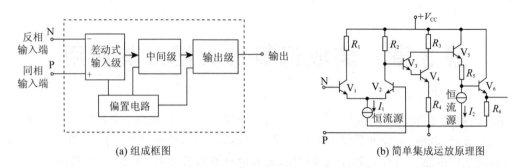

(a) 组成框图   (b) 简单集成运放原理图

图 3-1　集成运放的组成

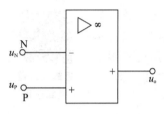

图 3-2　集成运放的图形符号

相输入端标"＋"(或 P),表示输出端信号与该端输入信号同相。反相输入端标"－"(或 N),表示输出端信号与该端输入信号反相。输出端的"＋"表示输出电压为正极性,u_o 为输出电压。

实际集成运放有圆壳式封装、扁平式封装和双列直插式封装等,如图 3-3 所示。目前前面两种已不再使用,正在使用的是双列直插式封装。集成运放的引脚除输入/输出三个端外,还有电源端、公共端(地端)、调零端、相位补偿端、外接偏置电阻端等。这些引脚虽未在电路符号上标出,但人们在实际使用时必须了解各引脚的功能及外接线的方式。

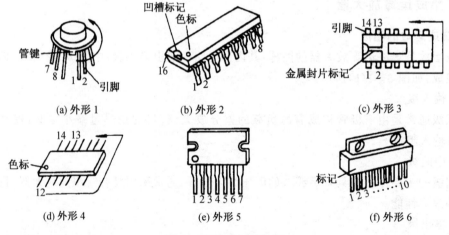

(a) 外形 1   (b) 外形 2   (c) 外形 3

(d) 外形 4   (e) 外形 5   (f) 外形 6

图 3-3　集成运放外形

3. 集成运放的电压传输特性

集成运放的输出电压与输入电压(即同相输入端与反相输入端之间的差值电压)之间的关系曲线称为电压传输特性。对于正、负两路电源供电的集成运放,其电压传输特性如图 3-4(a)所示。

曲线分线性区(斜线部分)和非线性区(斜线以外的部分)。在线性区,输出电压 u_o 随输入电压(u_P-u_N)的变化而变化;但

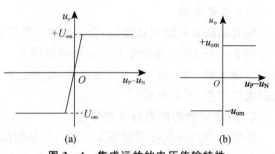

图 3-4　集成运放的电压传输特性

在非线性区，u_o 只有两种可能：或是 $+u_{om}$（正饱和），或是 $-u_{om}$（负饱和）。

由于外电路没有引入负反馈，集成运放的开环增益非常高，只要加很微小的输入电压，输出电压就会达到最大值 $\pm u_{om}$，所以集成运放电压传输特性中的线性区非常窄，如图 3-4(a) 所示。理想运放传输特性无线性区，只有正、负饱和区，如图 3-4(b) 所示。

3.1.2　集成运放的主要参数

1. 分　类

集成运放按电路特性分类可分为通用型和专用型等。所谓通用型，是指这种运放的性能指标基本上兼顾了各方面的使用要求，没有特别的参数要求，可满足一般应用的需要。专用型又称为高性能型，它有一项或几项特殊要求，可在特定场合或特定要求下使用。

2. 封　装

集成运放封装有塑料双列直插式、陶瓷扁平、金属圆壳封装等多种，有的还带有散热器。部分集成运放电路的外形如图 3-5 所示。金属圆壳封装的外引脚数有 8,10,12 三种；双列直插式封装的外引脚数有 8,14,16 三种。集成运放的常用引脚符号及功能如表 3-1 所列，供参考。

(a) 圆壳式　　(b) 扁平式　　　　(c) 双列直插式

图 3-5　部分集成运放的外形

表 3-1　集成运放的引脚及其功能

引脚符号	功　能	引脚符号	功　能
V_+（或 V_{CC}）	正电源输入端	CX	外接电容端
V_-（或 V_{EE}）	负电源输入端	DR	比例分频端
VS	表示供电电源	GND	接地端
IN_-	反相输入端	GNDS	信号接地端
IN_+	同相输入端	GNGD	功率接地端
AZ	自动调零端	NC	空脚
BI	偏置电流输入端	OA	调零端
BOOSTER	负载能力扩展端	OSC	振荡信号输出端
COMP	相位补偿端	S	选编端
CR	外接电阻及电容公共端	OUT	输出端

3. 主要参数

为了表征集成运放的性能，生产厂家制定了很多参数，作为合理选择和正确使用集成运放的依据。集成运算放大器的主要参数如表 3-2 所列。

表 3 - 2　集成运算放大器的主要参数

参　数	符　号	说　明
开环差模电压放大倍数	A_{uo}	它是运放在开环状态下输出电压 u_o 与输入的差模电压（$u_{i1}-u_{i2}$）之比。A_{uo} 越大，其运算精度也就越高
输入失调电压	u_{io}	为使集成运放输出电压为零，在输入端附加的补偿电压称为输入失调电压。它反映集成运放输入级差分放大部分参数的不对称程度，u_{io} 越小越好
输入失调电流	I_{io}	在输入信号为零时，补偿同相和反相两输入端静态基极电流之差的电流。如果输入级理想对称，则 I_{io} 应为 0，一般在 0.1～0.01 mA 范围内。I_{io} 越小越好
最大输出电压幅度	u_{om}	能使输出电压和输入电压保持不失真关系的最大输出电压
输入偏置电流	I_{iB}	当输入信号为零时，两输入端输入的静态基极电流的平均值，一般在 1 mA 以下。I_{iB} 越小零漂越小
最大差模输入电压	u_{idm}	集成运放正常工作时，在两个输入端之间允许加载的最大的差模输入电压，使用时差模输入电压不能超过此值
最大共模输入电压	u_{icm}	集成运放两输入端之间所能承受的最大共模电压。如果共模输入电压超过此值，集成运放的共模抑制性能明显下降，甚至造成器件的损坏
差模输入电阻	r_{id}	集成运放的两输入端加入差模信号时的交流输入电阻。此值越大，集成运放向信号源索取的电流越小，运算精度越高
开环输出电阻	r_o	集成运放无反馈时的输出电阻，一般在 20～200 Ω。r_o 越小带载能力越强
共模抑制比	CMRR	综合衡量运放的放大能力和抑制共模能力。CMRR 越大越好

3.1.3　集成运放的工作特点

1. 集成运放的理想特性

在分析集成运放所组成的电路时，为了使问题简化，通常把集成运放看成是一个理想器件，其等效电路如图 3-6 所示。它具备以下理想特性：

① 开环差模电压放大倍数 $A_{ud}=\infty$；

② 开环差模输入电阻 $r_i=\infty$；

③ 输出电阻 $r_0=0$；

④ 共模抑制比 $K_{CMR}=\infty$；

⑤ 频带宽度 $f_{BW}=\infty$。

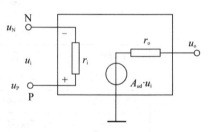

图 3-6　理想运放等效电路

2. 理想运放工作在线性区的特点

运放电路是工作在线性区还是工作在饱和区，主要取决于运算放大器外接反馈电路的性质。一般来讲，当运放外接负反馈时，运放工作于线性区；当运放工作于开环或正反馈状态时，通常处于非线性限幅状态，即工作于正、负饱和区。

由于 A_{ud} 越大，运放的线性范围越小，必须在输出与输入之间加负反馈才能使其工作于线性区。这时输出电压与输入差模电压满足线性放大关系，即 u_o 为有限值，而理想运放 $A_{ud}=\infty$，$u_o=A_{ud}(u_P-u_N)$，$u_P=u_N$，因而净输入电压为 0，相当于两输入端之间短路，但又未真正短路，故称"虚短"。如果有一个输入端接地，则另一个输入端电位为 0，但未真正接地，故称"虚地"。又由于理想运放输入电阻 $r_i=\infty$，故可认为流进运放输入端的电流近似为零。相当于两输入端之间断路,但又未真正断路,故称"虚断"。$u_P = u_N$,$i_P = i_N = 0$ 是简化和分析运放的两个重要依据。

3. 理想运放工作在非线性区的特点

理想运放工作在非线性区时,一般为开环或电路引入了正反馈,输入和输出之间不再具备线性放大关系。其特点是:

① 当 $u_P > u_N$ 时,$u_o = +u_{om}$;当 $u_P < u_N$ 时,$u_o = -u_{om}$。

$u_P \neq u_N$,可见理想运放工作在非线性区时电路不再具有"虚短"特性。这是运放非线性工作状态不同于线性工作状态的主要区别。所以分析前,必须首先确定运放是否工作在线性区。

② 由于理想运放输入电阻 $r_i = \infty$,故净输入电流为零,即

$$i_P = i_N = 0$$

可见,理想运放工作在非线性区时仍具有"虚断"特性。

3.1.4　集成运放的两种基本电路

1. 反相放大器

电路如图 3-7 所示,其特点是输入信号和反馈信号都加在集成运放的反相输入端。图中 R_F 为反馈电阻,R' 为平衡电阻,取值为 $R' = R_1 /\!/ R_F$。接入 R' 是为了使集成运放输入级的差分放大器对称,有利于抑制零漂。

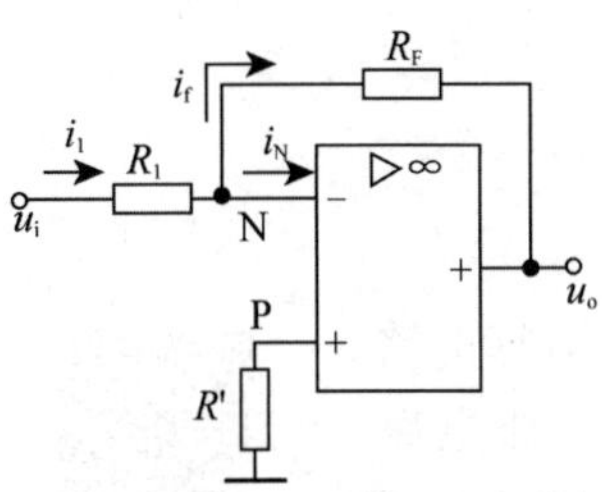

由于同相输入端接地,根据"虚短""虚地"概念,则有 $u_P = u_N = 0$;又根据"虚断"特性,净输入电流为零,故有 $i_1 = i_f$,由图 3-7 可得

$$\frac{u_i - u_N}{R_1} = \frac{u_N - u_o}{R_F} \tag{3-1}$$

放大器的电压放大倍数为

$$A_{uf} = \frac{u_o}{u_f} = -\frac{R_F}{R_1} \tag{3-2}$$

图 3-7　反相放大器

由式(3-2)可知,反相比例运算放大器的闭环电压放大倍数 A_{uf} 的大小仅取决于电阻 R_F 与 R_1 的比值,而与运放本身参数无关,故 A_{uf} 的精度和稳定性也很高。式(3-2)中,负号表示 u_o 与 u_i 反相,故称反相放大器。又由于 u_o 与 u_i 成比例关系,故又称反相比例运算放大器。若取 $R_F = R_1 = R$,则比例系数为 -1,电路便成为反相器。

该电路所引入的反馈是深度电压并联负反馈,输出电阻很小,但输入电阻却因此而降低。

2. 同相放大器

电路如图 3-8(a)所示,利用"虚短"特性(注意同相输入时无"虚地"特性),可得

$$u_P = u_N = u_i$$

又根据"虚断"特性,$i_N = 0$,可得

$$u_N = \frac{R_1}{R_1 + R_F} u_o$$

所以

$$A_{uf} = \frac{u_o}{u_i} = 1 + \frac{R_F}{R_1}$$

由上式可知,同相比例运算放大电路的闭环电压放大倍数 A_{uf} 的大小仅取决于电阻 R_F 与 R_1 的比值,而与运放本身参数无关,故 A_{uf} 的精度和稳定性很高。由于该电路 u_o 与 u_i 同相且 u_o 与 u_i 成比例关系,故称同相比例运算放大器。若令 $R_F=0$, $R_1=\infty$(即开路状态),如图 3-8(b)所示,则比例系数为 1,电路成为电压跟随器。

该电路所引入的反馈是深度电压串联负反馈,输出电阻很小,输入电阻大。

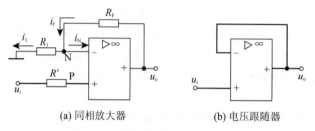

(a) 同相放大器   (b) 电压跟随器

图 3-8   同相放大器和电压跟随器

反相放大器和同相放大器是由集成运放所构成的最基本的运算电路,下面所介绍的信号运算电路都是在这两种放大器的基础上演变而来的。

3.2 信号运算电路

3.2.1   加法运算电路

能实现输出电压与几个输入电压之和成比例的电路称为加法运算电路。有同相加法电路和反相加法电路之分。本节只介绍反相输入加法电路。图 3-9 所示为具有三个输入端的反相输入加法运算电路。为满足电路平衡要求,平衡电阻 $R'=R_1//R_2//R_3//R_F$。

运算放大器
运算电路

电路通过 R_F 为电路引入了电压并联负反馈,所以该电路工作在线性应用状态。根据"虚短"和"虚断"的特性,应用结点电流定律可得

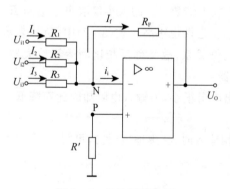

图 3-9   加法运算电路

$$u_o=-\left(\frac{R_F}{R_1}u_{i1}+\frac{R_F}{R_2}u_{i2}+\frac{R_F}{R_3}u_{i3}\right) \quad (3-3)$$

若 $R=R_1=R_2=R_3$,则

$$u_o=-\frac{R_F}{R}(u_{i1}+u_{i2}+u_{i3}) \quad (3-4)$$

式(3-4)表明,输出电压与输入电压之和成比例。如果再设 $R=R_F$,则输出电压为

$$u_o=-(u_{i1}+u_{i2}+u_{i3})$$

如果选取电路参数: $R_1=R_2=R_3=R_F$,则输出电压为

$$u_o=-(u_{i1}+u_{i2}+u_{i3}) \quad (3-5)$$

可见,输出电压等于各个输入电压之和,实现加法运算。式(3-5)中负号表示输出电压和输入电压相位相反。该电路常用在测量和控制系统中,对各种信号按不同比例进行组合运算。

例 3-1   在图 3-9 所示电路中,若 $R_1=100$ kΩ, $R_2=50$ kΩ, $R_3=20$ kΩ, $R_F=10$ kΩ,试

写出输出电压与输入电压的表达式,并求平衡电阻 R' 的值。

解:根据"虚短"和"虚断"的概念得

$$u_o = -\left(\frac{R_F}{R_1}u_{i1} + \frac{R_F}{R_2}u_{i2} + \frac{R_F}{R_3}u_{i3}\right) = -\left(\frac{10}{100}u_{i1} + \frac{10}{50}u_{i2} + \frac{10}{20}u_{i3}\right) = -(0.1u_{i1} + 0.2u_{i2} + 0.5u_{i3})$$

平衡电阻 $\qquad\qquad R' = R_1 // R_2 // R_3 // R_F \approx 5.6\ \text{k}\Omega$

3.2.2　减法运算电路

减法运算电路利用双端输入进行减法运算,输出与输入信号之差成比例,构成了典型的差分输入放大电路,如图 3-10 所示,即反相端和同相端都有输入信号,可见该电路是同相比例运算放大电路和反相比例运算放大电路的组合。根据外接电阻的平衡要求,应满足 $R_1 // R_F = R_2 // R_3$。

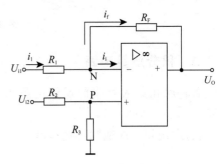

因运放外接负反馈,因而工作于线性状态,输出电压 u_o 可用叠加原理求得,即先求 u_{i1} 单独作用时的输出电压 u_{o1},则

$$u_{o1} = -\frac{R_F}{R_1}u_{i1}$$

图 3-10　减法运算电路

再求 u_{i2} 单独作用时的输出电压 u_{o2} 为

$$u_{o2} = \left(1 + \frac{R_F}{R_1}\right)\left(\frac{R_3}{R_2 + R_3}\right)u_{i2}$$

最后求 u_{i1} 与 u_{i2} 共同作用时输出电压 u_o,即

$$u_o = u_{o1} + u_{o2} = \left(1 + \frac{R_F}{R_1}\right)\left(\frac{R_3}{R_2 + R_3}\right)u_{i2} - \frac{R_F}{R_1}u_{i1} \qquad (3-6)$$

当 $R_1 = R_2$,$R_F = R_3$ 时,式(3-6)简化为

$$u_o = \frac{R_F}{R_1}(u_{i2} - u_{i1}) \qquad (3-7)$$

式(3-7)表明,输出电压 u_o 与两个输入电压的差值成正比,也就是说该电路对差模输入电压进行放大,故称为差分放大,如果取 $R_F = R_1$,则

$$u_o = u_{i2} - u_{i1}$$

可见,输出电压等于两输入电压之差,实现了减法运算功能。当 $u_{i2} = u_{i1}$ 时,$u_o = 0$,表明电路对共模信号无放大作用,故这种减法运算电路既能放大差模信号,又能抑制共模信号,是应用最广泛的运放电路之一。

例 3-2　电路如图 3-11 所示,$R = R_1 = R_2 = R_3 = 10\ \text{k}\Omega$,$R_{F1} = 51\ \text{k}\Omega$,$R_{F2} = 100\ \text{k}\Omega$,$u_{i1} = 0.1\ \text{V}$,$u_{i2} = 0.3\ \text{V}$,求 u_{o1} 和 u_o。

解:本电路由两级集成运放组成,第一级为反相比例运算放大电路,因此得

$$u_{o1} = -\frac{R_{F1}}{R_1}u_{i1} = \left(-\frac{51}{10} \times 0.1\right)\ \text{V} = -0.51\ \text{V}$$

第二级为加法运算电路,根据"虚短"和"虚断"的概念得

$$u_o = -R_{F2}(u_{o1} + u_{i2})/R = [-100(-0.51 + 0.3)/10]\ \text{V} = 2.1\ \text{V}$$

由上述电路的运算可见,将一个信号先反相,再利用求和的方法也可实现减法运算。

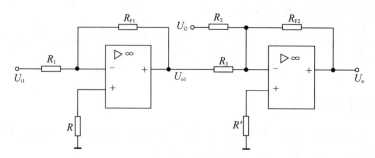

图 3 - 11　例 3 - 2 用图

3.2.3　积分运算电路

若将反相放大器中的反馈电阻 R_f 用电容 C 代替,便构成积分运算电路,如图 3 - 12 所示。

根据"虚短""虚地"的特性,得

$$u_P = u_N = 0$$

因输出电压和电容电压大小相等,方向相反,故

$$u_o = -u_C$$

且

$$i_R = \frac{u_i}{R}$$

根据"虚断"特性,又有

$$i_R = i_C$$

而电容两端电压等于其电流的积分,故

$$u_o = -u_C = -\frac{1}{C}\int i_C dt = -\frac{1}{RC}\int u_i dt \qquad (3-8)$$

式中,RC 称为积分时间常数。

式(3-8)表明,输出电压 u_o 与输入电压 u_i 是积分关系,负号表明输出与输入相位相反。设电容 C 上初始电压为零,当 u_i 为一阶跃直流电压时,输出电压波形如图 3-13(a)所示;当输入为方波信号时,输出端可得到三角波,输出电压波形如图 3-13(b)所示。利用积分运算电路可实现延时、定时和变换,在自动控制系统中可用以减缓过渡过程所形成的冲击,使外加电压缓慢上升,避免机械损坏。

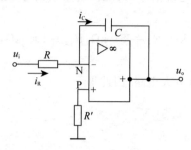

图 3 - 12　积分运算电路

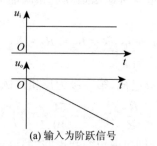

(a) 输入为阶跃信号

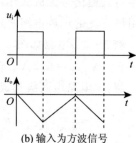

(b) 输入为方波信号

图 3 - 13　积分运算电路输入/输出波形

3.2.4　微分运算电路

反相输入运算放大电路中,用电容 C 代替 R_1 接在放大器的输入端时,就构成了微分电路,如图 3-14 所示。根据"虚断"得

$$i_R = i_C = C\frac{\mathrm{d}u_i}{\mathrm{d}t}$$

根据"虚短""虚地"得

$$u_o = -i_R R = -RC\frac{\mathrm{d}u_i}{\mathrm{d}t} \tag{3-9}$$

式中,RC 称为微分时间常数。

式(3-9)表明,输出电压 u_o 与输入电压 u_i 之间呈微分关系,负号表明输出与输入相位相反。

若输入如图 3-15(a)所示的方波,且 $RC < t_P$(t_P 为脉冲宽度),则输出信号为尖脉冲波形,如图 3-15(b)所示。

由于微分运算电路的输出电压与输入电压的变化率成正比,所以它对高频干扰非常敏感。在实用的微分运算电路中,为了提高其工作稳定性,常在输入回路中串联一个小电阻 R_1,以限制输入电流;在反馈电阻两端并联双向稳压管,以限制输出幅度;并且再并联一个小电容 C_2,以加强对高频噪声的负反馈。其电路如图 3-16 所示。

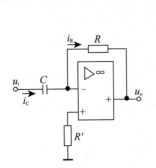

图 3-14　微分运算电路

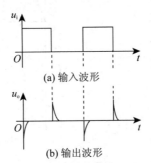

(a) 输入波形

(b) 输出波形

图 3-15　微分运算电路
输入/输出波形

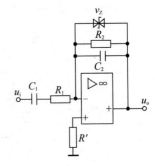

图 3-16　实用微分运算电路

在自动控制电路中,微分运算电路常用于产生控制脉冲。

3.3　电压比较器与方波发生器

3.3.1　单门限电压比较器

比较器是运放非线性应用的最基本电路,用于对输入信号电压 u_i 和参考电压 u_R 进行比较和鉴别。当两者相等时产生跃变,由此判别输入信号的大小和极性。图 3-17(a)所示为最简单的比较器电路,电路中无反馈环节,所以运放工作在开环状态下,参考电压 u_R 为基准电压,可为正或为负,也可为零。参考电压 U_R 接在同相输入端,信号电压 u_i 加在反相输入端并与 u_R 进行比较和鉴别。

分析非线性运放电路的依据:$u_+ > u_-$ 则输出为 $+u_{om}$;反之输出为 $-u_{om}$。由此可得:

若 $U_R > 0$,比较器的传输特性曲线如图 3－17(b)所示。当输入电压 u_i 小于参考电压 u_R 时,集成运放输出电压为 $+U_{om}$;当输入电压 u_i 大于参考电压 U_R 时,集成运放输出电压为 $-U_{om}$。

若 $U_R < 0$,比较器的传输特性曲线如图 3－17(c)所示。

若 $U_R = 0$,比较器称过零比较器,传输特性曲线如图 3－17(d)所示。

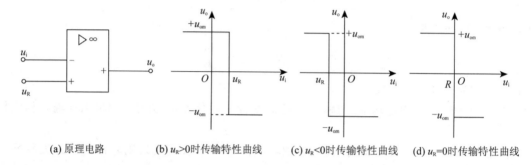

(a) 原理电路   (b) $u_R>0$时传输特性曲线   (c) $u_R<0$时传输特性曲线   (d) $u_R=0$时传输特性曲线

图 3－17　单门限电压比较器

利用比较器可以实现波形变换。例如,当 $U_R > 0$,比较器输入正弦波时,相应的输出电压便是矩形波,如图 3－18 所示。

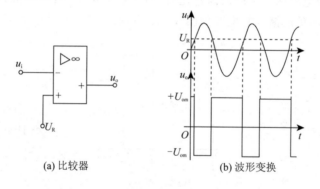

(a) 比较器   (b) 波形变换

图 3－18　利用比较器实现波形变换

在上述比较器中,输入电压只跟一个参考电压 U_R 相比较,即只产生一次跃变,故称为单门限电压比较器。这种比较器虽然电路结构简单,灵敏度高,但抗干扰能力较差,当输入电压 u_i 因受干扰在参考值附近反复发生微小变化时,输出电压也会频繁地反复跳变,从而运放就失去稳定性,使运放无法工作。采用双门限电压比较器实现波形变换可以较好地解决这一问题。

3.3.2　双门限电压比较器

双门限电压比较器又称迟滞比较器,也称施密特触发器。它是一个含有正反馈网络的比较器,其原理电路和传输特性曲线如图 3－19 所示。

输出电压 u_o 经 R_F 和 R_1 分压后加到集成运放的同相输入端,形成正反馈,运放工作于非线性状态。输出端 u_o 有两种稳态值 $+u_{om}$ 和 $-u_{om}$,则门限电压 u_P 便有两个相对应的值。

当 $u_o = +U_{om}$ 时,门限电压用 U_{P1} 表示。根据叠加原理,可得

$$U_{P1} = \frac{R_F}{R_F + R_1} U_R + \frac{R_1}{R_F + R_1} U_{om}$$

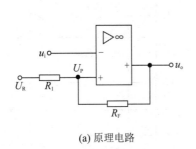

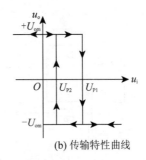

(a) 原理电路　　　　　　　(b) 传输特性曲线

图 3-19　双门限电压比较器

当输入电压 u_i 逐渐增大直至 $u_i = u_{P1}$ 时,输出电压 u_o 发生翻转,由 U_{om} 跳变为 $-U_{om}$,门限电压随之变为

$$U_{P2} = \frac{R_F}{R_F + R_1} U_R - \frac{R_1}{R_F + R_1} U_{om}$$

当 u_i 逐渐减小,直至 $u_i = u_{P2}$ 时,输出电压再度翻转,由 $-U_{om}$ 跳变为 U_{om}。两个门限电压之差称为回差电压,用 ΔU_P 表示,可得

$$\Delta U_P = U_{P1} - U_{P2} = \frac{2R_1}{R_F + R_1} U_{om} \qquad (3-10)$$

式(3-10)表明,回差电压 ΔU_P 与参考电压 U_R 无关,表示在 $u_{P1} < u_i < u_{P2}$ 区间内,u_o 不会跃变,电路不会作出响应,如图 3-19 (b)所示。其传输特性具有滞回的特点,故称为滞回比较器,是一种双限比较器。

利用双门限电压比较器可以大大提高抗干扰能力。例如,当输入信号受到干扰或含有噪声信号时,只要其变化幅度不超过回差电压,输出电压就不会在此期间来回变化,而仍然保持为比较稳定的输出电压波形,如图 3-20 所示。

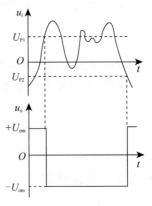

图 3-20　双门限电压比较器的抗干扰作用

3.3.3　方波发生器

由双门限电压比较器再加上 RC 负反馈电路,便可组成方波(矩形波)发生器,如图 3-21(a)所示。输出端由稳压管 V_Z 组成双向限幅器,即输出电压的最大限幅(最大幅度)为 $+U_Z$ 或 $-U_Z$。

1. 工作原理

假设开始时以 $u_N = u_C(t) = 0$,且 $u_o = U_Z$,则门限电压

$$U_{P1} = \frac{R_2}{R_1 + R_2} U_Z$$

此时 $U_N < U_{P1}$,确保输出电压 $u_o = U_Z$。u_o 经电阻 R 对电容 C 充电,使 u_C 由零逐渐上升,当 $u_C(t) > U_{P1}$ 时,输出电压 u_o 发生翻转,由 U_Z 跃变为 $-U_Z$,门限电压随之变为

$$U_{P2} = -\frac{R_2}{R_1 + R_2} U_Z$$

此后电路的输出电压 $u_o = -U_Z$,对电容 C 反向充电(即电容 C 放电),$u_C(t)$ 逐渐下降,当

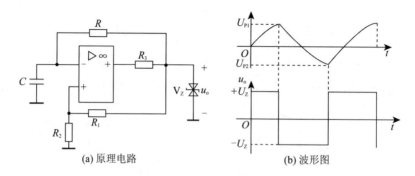

(a) 原理电路　　　　　(b) 波形图

图 3 - 21　方波发生器

$u_C(t)$ 下降至 U_{P2} 值时,输出电压 u_0 又从 $-U_Z$ 翻回到 U_Z。如此周而复始,波形如图 3 - 20(b) 所示。

2. 振荡周期及其调节

方波周期与电容 C 的充放电时间有关,估算式为

$$T = 2RC\ln\left(1 + \frac{2R_2}{R_1}\right)$$

改变 R,C 或 R_1,R_2,即可改变方波的周期。若将电路适当改动,使电容充、放电时间不等,则输出信号便为矩形波。

3.4　使用集成运放应注意的问题

3.4.1　熟悉引脚

在使用集成运放前必须合理选择型号,熟悉各引脚功能和接线方法。目前使用的集成运放以双列直插式居多,其主要引脚排列规则如表 3 - 3 所列。

表 3 - 3　集成运放主要引脚排列

引脚数	主要引脚号排列				
	反相输入	同相输入	输　出	正电源	负电源
8	2	3	6	7	4
10	3	4	7	8	5
12	4	5	8	9	6
14	4	5	10	11	6

集成运放的引脚排列正日趋标准化,但目前各个厂家产品仍存在差别,使用者必须查阅手册或产品说明书。

3.4.2　简易测试

用万用表 $R \times 100$ 或 $R \times 1k$ 电阻挡测量集成运放同相输入端与反相输入端间的正反向电阻、各引脚对输出端间正反向电阻、各引脚对正电源端及负电源端的正反向电阻,将所测阻值与同型号集成运放正常值相比应较为接近;如果相差很大,甚至出现短路和断路现象,一般是集成运放已损坏。

也可将集成运放接成如图 3 - 22 所示电压跟随器。接通电源,用万用表直流电压挡测量输出电压。调节 R_P,输出电压应能在接近 $0 \sim V_{CC}$ 范围内变化,如果调节时输出电压不变或变化很小,表明集成运放已损坏。

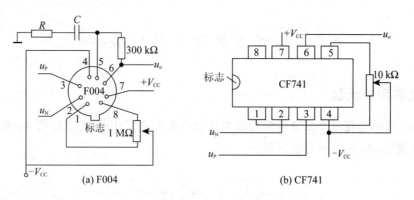

图 3 - 22　集成运放简易测试

3.4.3　调　零

为了补偿由输入失调电压引进的误差,需要对集成运放进行调零。常用的方法是先将两输入端对地短路,调整外接调零电位器(见图 3 - 23),使输出电压为零。如果电路已引入负反馈,调整零电位器时输出电压无变化,则可能是接线错误、电路虚焊或集成运放损坏。

3.4.4　消除自激振荡

集成运放开环电压放大倍数很大,容易引起自激振荡。自激振荡就是当运放输入信号为零时,输出端存在近似正弦波的高频电压信号。为了消除自激振荡,应加强对电源的滤波,合理设计电路板的布线,避免接线过长。同时要接好阻容补偿网络(见图 3 - 23 中的 R 和 C),具体参数和接法可查阅使用说明书。

注意:集成运放应先消振再调零。

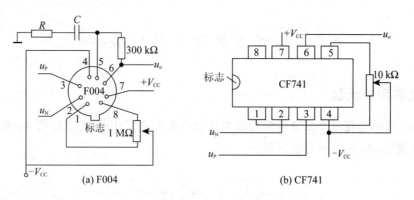

(a) F004　　　(b) CF741

图 3 - 23　集成运放外接线图

3.4.5　集成运放的保护措施

1. 输入端的保护

在输入端接入反向并联的二极管(见图 3 - 24),这样就可以保证输入信号电压过高时,运放的输入电压被限制在二极管的正向压降以下,从而不至于损坏运放的输入级。

2. 输出端的保护

如图 3 - 25 所示,运放正常工作时,输出电压值小于稳压值,即 $u_o < U_Z + U_F$,稳压管不会被击穿,该支路相当于断路,对运放的正常工作无影响,电路处在

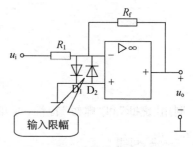

图 3 - 24　在输入端接入反向
并联的二极管

线性工作状态,输出电路成比例放大。一旦当输出电压值大于稳压值,即 $u_o > U_Z + U_F$ 时,其中一只稳压管就会被反向击穿,另一只稳压管就会正向导通,此时电路处在非线性工作状态,输出电路不成比例放大,由于"虚地",则输出电压被限制在 $U_Z + U_F$ 内,保护了输出端。其中,U_Z 为稳压管的稳压值,U_F 为稳压管的导通值。

3. 电源极性接错的保护

因为运放接有正、负电源,如图 3-26 所示。为了防止正、负电源极性接反(正接负或负接正)而损坏运算放大器组件,可将两只二极管 D_1 和 D_2 分别串联在运放的正、负电源电路中,如果正接负,负接正,则二极管 D_1、D_2 不导通,运放不工作,从而保护了运放。

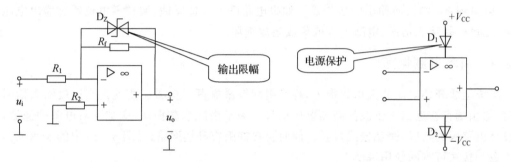

图 3-25　输出端的保护电路　　　　图 3-26　防电源极性接反的保护电路

3.5　集成运算放大器应用举例

3.5.1　仪表用放大器

图 3-27 所示为用三个集成运放构成的仪表用放大器。其中,集成运放 A_1 和 A_2 组成对称的同相放大器,A_3 接成差分放大器。

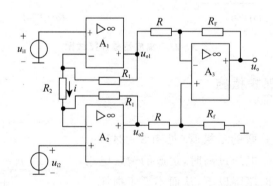

图 3-27　仪表用放大器

利用"虚断"和"虚短"特性,可知加在 R_2 两端的电压为 $u_{i1} - u_{i2}$,相应通过 R_2 的电流 $i = \dfrac{u_{i1} - u_{i2}}{R_2}$,可得

$$u_{o1} = iR_1 + u_{i1}, \qquad u_{o2} = -iR_1 + u_{i2}$$

所以

$$u_{o1} - u_{o2} = \left(1 + \frac{2R_1}{R_2}\right)(u_{i1} - u_{i2})$$

$$u_0 = -\frac{R_F}{R}(u_{o1} - u_{o2}) = -\frac{R_F}{R}\left(1 + \frac{2R_1}{R_2}\right)(u_{i1} - u_{i2})$$

总的电压放大倍数

$$A_u = \frac{u_o}{u_{i1} - u_{i2}} = -\frac{R_F}{R}\left(1 + \frac{2R_1}{R_2}\right) \tag{3-11}$$

式(3-11)表明,改变 R_2 可设定不同的 A_u 值,且 R_2 接在 A_1 和 A_2 的反相输入端之间,调节 R_2 时不会影响电路的对称性,因此该电路对差模信号可具备足够大的放大能力。而当 $u_{i1} = u_{i2}$ 时,$i = 0$,$u_0 = 0$,可见当输入信号中含有共模噪声时也能被有效地抑制。

3.5.2　过热保护电路

图 3-28 所示为用集成运放组成的过热保护电路。运放的输出通过电阻 R_6 使运放构成正反馈。正温度系数的热敏电阻 R_t 安装在功率器件的散热器上,通过它可以检测温度信号,并将其变换为电压信号。正常情况下,集成运放两个输入端的输入电压 $u_+ < u_-$,三极管 V_1 截止,电路正常工作。当温度升高时,R_t 增大,同相输入端的输入电压增大,产生差值电压。当差值电压增大到一定数值时,三极管 V_1 导通,继电器 KT 动作,分断主电路,同时发光二极管 D_4 发光。调节 R_P 可改变过热设定值。

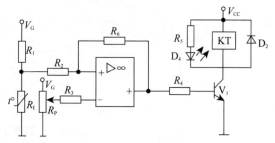

图 3-28　过热保护电路

本章小结

1. 集成运放电路具有体积小、质量轻、性能好、通用性强、价格便宜和使用方便等优点,故广泛应用在模拟电子技术中。除通用型之外,还有满足各种特殊要求的专用型集成运放,如低功耗、高输入阻抗型、宽带型,低漂移型等,可根据实际需要选用。

2. 在分析集成运放电路时,通常把它看成是一个理想元件,即开环电压放大倍数无穷大、差模输入电阻无穷大、共模抑制比无穷大以及开环输出电阻为零。

3. 集成运放有线性应用和非线性应用两大类。在线性应用中,集成运放的理想化条件:集成运放两输入端电位相等,即"虚短";集成运放两输入端电流均为零,即"虚断"。这时,输出电压和输入电压呈线性关系。在非线性应用时,理想化条件中"虚短"的概念不再成立,而"虚断"的概念仍然成立。输出电压只有两种状态:$+U_{om}$ 和 $-U_{om}$。

4. 集成运放工作在线性区域的标志是电路中引入有负反馈(一般是深度负反馈);工作在非线性区的主要标志是电路中没有负反馈(开环),或引入正反馈。

5. 集成运算放大器有反相比例运算电路和同相比例运算电路两种基本电路。其中反相比例运算电路是一种电压并联负反馈,信号从反相输入端输入,输出电压和输入信号电压成比例,且相位相反;同相比例运算电路是一种电压串联负反馈,信号从同相输入端输入,输出电压和输入信号电压成比例,且相位相同。这两种电路以及加法器和减法器都是集成运放的线性应用电路。

6. 电压比较器可用来判断输入信号电压与参考电压的大小。在电压比较器中,集成运放工作于非线性状态。双门限电压比较器引入了正反馈,电压传输特性曲线较陡,且有回差电压,提高了电路的抗干扰能力。

7. 简单的方波发生器可用双门限电压比较器加 RC 电路组成。改变 R,C 或改变正反馈电阻可以改变方波的周期。

8. 集成运放在使用时必须先查手册,接线要正确。要进行消振和调零。为避免集成运放损坏,还应在输入/输出端加接保护电路,以及为防止电源反向加接保护电路。

习　　题

1. 题图 3-1 所示的两个电路是否有相同的电压放大倍数? 试说明其理由。

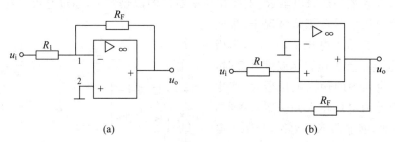

(a)　　　　　　　　　　　　　(b)

题图 3-1

2. 题图 3-1(a)所示电路属于什么电路,计算 R_F 的阻值。其中,$R_1=5.1$ kΩ,$u_i=0.2$ V,$u_o=-3$ V。

3. 指出题图 3-2 所示电路属于什么电路,若 $R_F=100$ kΩ,$u_i=0.1$ V,$u_o=2.1$ V,计算 R_1 的阻值。

4. 已知一集成运算放大器的开环电压放大倍数 $A_{uo}=10^4$,其最大输出电压 $U_{om}=\pm10$ V。电路工作在开环状态,如题图 3-3 所示,当 $U_i=0$ 时,$u_o=0$。试问:

(1) $U_i=\pm0.8$ mV 时,$U_o=?$

(2) $U_i=\pm1$ mV 时,$U_o=?$

(3) $U_i=\pm1.5$ mV 时,$U_o=?$

5. 在题图 3-1(a)所示电路中,已知 $R_F=125$ kΩ,$R_1=25$ kΩ,$u_i=-1$ V,运算放大电路开环电压放大倍数 A_{uo} 为 10^5,求输出电压 u_o 及运放的输入电压 u_{12} 各为多少?

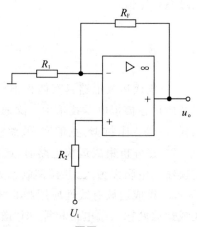

题图 3-2

6. 指出题图 3-4 所示电路属于什么电路? 其中 $u_{i1}=4$ V,$u_{i2}=-3$ V,$R_1=R_2=R_F=10$ kΩ,试计算输出电压 u_o 值。

7. 画出输出电压 u_o 与输入电压 u_i 满足下列关系式的集成运放电路。

① $u_o/u_i=-1$　　② $u_o/u_i=1$　　③ $u_o/u_i=20$　　④ $u_o/(u_{i1}+u_{i2}+u_{i3})=-10$

8. 在题图 3-5 中,已知 $u_{i1}=4$ V, $u_{i2}=-3$ V, $u_{i3}=-2$ V,试计算输出电压 u_o 值。

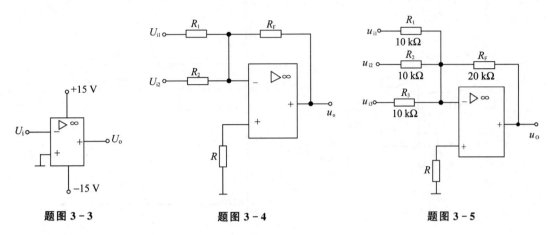

题图 3-3　　　　　　　题图 3-4　　　　　　　题图 3-5

9. 求题图 3-6 所示电路 u_o 与 u_i 之间的关系。

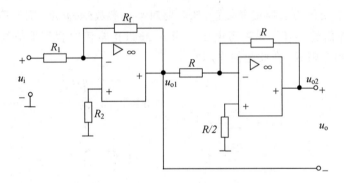

题图 3-6

10. 指出题图 3-7 所示电路属于什么电路? 已知:$R_1=3$ kΩ, $R_2=10$ kΩ, $R_3=10$ kΩ, $R_{F1}=51$ kΩ, $R_{F2}=24$ kΩ, $u_{i1}=0.1$ V, $u_{i2}=0.5$ V。试计算 u_{o1} 和 u_o 的电压值。

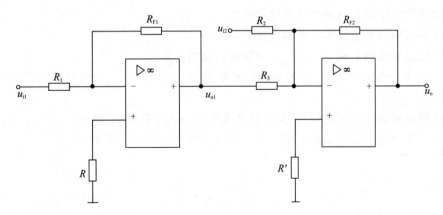

题图 3-7

11. 题图 3-8 所示为单门限电压比较器及其输入电压波形。试画出对应于输入电压 U_i 的输出电压 U_o 的波形。

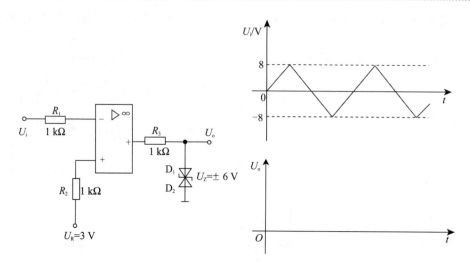

题图 3 - 8

12. 题图 3-9 所示为监控报警装置,如需要对某一参数(如温度、压力等)进行监控时,可由传感器取得监控信号 u_i,U_R 是参考电压。当 u_i 超过正常值时报警器灯亮。试说明其工作原理。二极管 D 和电阻 R_3 在此起何作用?

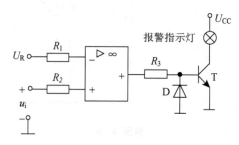

题图 3 - 9

13. 为什么集成运放在同相输入和反相输入时,闭环增益精度和稳定性高?

14. 精密放大电路最重要的特点是什么?

15. 电压传输特性包括哪三个运行区?

16. 减法运算电路利用_____可以进行减法运算。

17. 过零比较器就是当 U_i 过零时,U_o 就要发生_____。利用过零比较器可以实现信号的_____。

18. 构成反相滞回电压比较器,是比较器电路中引入了负反馈,对吗?

19. 同相比例运算器的输出电压与输入电压之比一定大于1,对吗?

第 4 章　调谐放大器与正弦波振荡器

前面所学习的各种类型的放大电路,对频率在一定范围内的信号均可进行放大。如果需要放大器能在频率众多的信号中选出某一频率的信号加以放大,则应采用选频放大器。由于选频放大器通常都是利用 LC 谐振回路的谐振特性来选频,所以又称调谐放大器。

振荡器是以调谐放大器为基础再加正反馈网络构成的。它和放大器一样也是一种能量转换装置。但和放大器不同的是,放大器需要输入信号才能输出信号,而振荡器无需外加信号,就能自动产生一定频率、一定振幅和一定波形的交流信号。振荡器按输出波形不同,可分为正弦波振荡器和非正弦波振荡器。

正弦波振荡器在无线电技术、工业生产以及日常生活中都有广泛的应用。

4.1　调谐放大器

4.1.1　调谐放大器的工作原理

1. LC 并联谐振回路的选频特性

图 4-1 所示为 LC 并联谐振电路,R 为电感线圈中的电阻。当电路谐振时,

谐振频率 $$f_0 \approx \frac{1}{2\pi\sqrt{LC}}$$

阻抗 $$Z_0 = \frac{L}{RC} \qquad （阻性）$$

谐振时,电路总电流很小,支路电流很大,电感与电容的无功功率互相补偿,电路呈阻性。

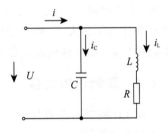

图 4-1　LC 并联谐振回路

2. 调谐放大器

如图 4-2(a)所示,用 LC 并联电路取代放大器中原负载电阻,则放大器即具有选频放大能力。它对于频率等于谐振频率的信号,输出电压最大,即具有最大的电压放大倍数 A_{uo},一旦信号频率偏离较大,则电压放大倍数明显下降,如图 4-2(b)所示。

这种表示调谐放大器的放大倍数与信号频率关系的曲线,称为调谐放大器的谐振曲线,它和 LC 并联电路的频率特性曲线密切相关。图 4-3(a)所示为 LC 并联电路的阻抗频率特性曲线,图 4-3(b)所示为 LC 并联电路的相位频率特性曲线。

电路谐振频率 $$f_0 = \frac{1}{2\pi\sqrt{LC}}$$

当信号频率 $f = f_0$ 时,LC 并联电路呈纯阻性且阻抗最大;

当 $f < f_0$ 时,$\varphi > 0$,LC 并联电路呈感性;

当 $f > f_0$ 时,$\varphi < 0$,LC 并联电路呈容性。

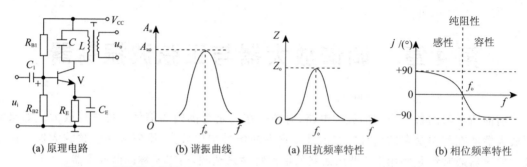

(a) 原理电路　　(b) 谐振曲线　　　(a) 阻抗频率特性　　(b) 相位频率特性

图 4-2　调谐放大器原理　　　　图 4-3　LC 并联电路的频率特性

并联电路的品质因数 Q 定义为谐振时电路中感抗 X_L 或容抗 X_C 与等效损耗电阻 r 之比，即 X_L/r 或 X_C/r。r 越小，则 Q 值越大，阻抗频率特性曲线就越尖锐，LC 并联电路的选频特性也就越强。

4.1.2　单调谐放大器

单调谐放大器即每一级内只含有一个 LC 调谐电路，如图 4-4 所示。图中 LC 并联谐振回路采用电感线圈中间抽头方式接入三极管集电极电路中，目的是实现阻抗匹配以提高信号传输效率。阻抗匹配程度可由电感线圈抽头位置来调节。单调谐放大器结构简单，调整方便，但它的幅频特性曲线呈单峰，与理想的矩形谐振曲线相比差距很大，一般只能用于通频带和选择性要求不高的场合，如一些便携式收音机、收录机等。

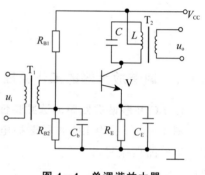

图 4-4　单调谐放大器

4.1.3　双调谐放大器

用 LC 调谐电路取代单调谐放大器的二次侧耦合线圈，这样在一级放大器内便含有两个互相耦合的调谐回路，称为双调谐放大器。图 4-5 所示为典型的互感耦合和电容耦合双调谐放大器。

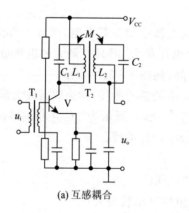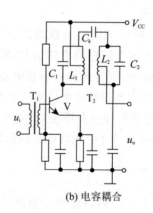

(a) 互感耦合　　　　　　　　(b) 电容耦合

图 4-5　双调谐放大器

互感耦合双调谐放大器仍靠互感来耦合,改变 L_1,L_2 之间的距离或调节磁心的位置即可改变耦合程度,从而改善通频带与选择性的指标。

电容耦合双调谐放大器通过外接电容 C_k 实现两个调谐回路之间的耦合,改变 C_k 的大小可改变耦合程度,同样可改善通频带与选择性的指标。

正确选择两个调谐回路之间的耦合程度,可以使放大器谐振曲线接近于矩形,使双回路调谐放大器在一定频率范围内具有良好的选择性。以电视图像中放调谐曲线为例,当耦合较松时,谐振曲线为单峰;随着耦合变紧,谐振曲线频带增宽,顶部渐平,直至出现对称于中心频率 f_0 的双峰,如图 4-6 所示。如果耦合过紧,双峰间隔加大,中间凹陷也加深,图像信号中各种频率分量放大倍数差异太大,因而影响图像质量。

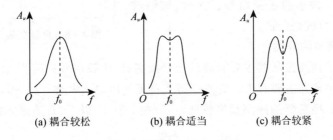

(a) 耦合较松　　　(b) 耦合适当　　　(c) 耦合较紧

图 4-6　双调谐回路谐振曲线

实用的调谐放大器往往是多级调谐放大器的组合。单调谐与双调谐的形式可以混合使用。

4.2　正弦波振荡器基本知识

4.2.1　正弦波振荡器的组成及分类

1. 正弦波振荡器的组成

正弦波振荡器是以调谐放大器为基础再加正反馈网络组成的,也可以看作是由放大电路、选频网络和反馈网络三部分所组成的,如图 4-7 所示。

（1）放大信号

利用三极管的电流放大作用,使电路具有足够大的放大倍数。

（2）选频电路

它仅对某一特定频率的信号产生谐振,从而保证正弦波振荡器能输出具有单一信号频率的正弦波。

调谐放大
器与正弦
波振荡器

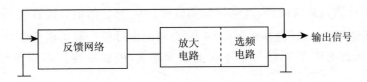

图 4-7　正弦波振荡器组成框图

（3）反馈网络

将输出信号正反馈到放大电路的输入端，作为输入信号，使电路产生自激振荡。

以图4-8所示电路为例，当开关S拨向"1"时，该电路为调谐放大器，当输入信号为正弦波时，放大器输出负载互感耦合变压器L_2上的电压为u_f，调整互感M以及回路参数，可以使$u_i = u_f$。

此时，若将开关S快速拨向"2"点，则集电极电路和基极电路都维持开关S接到"1"点时的状态，即始终维持着与u_i相同频率的正弦信号。这时，调谐放大器就变为自激正弦波振荡器。

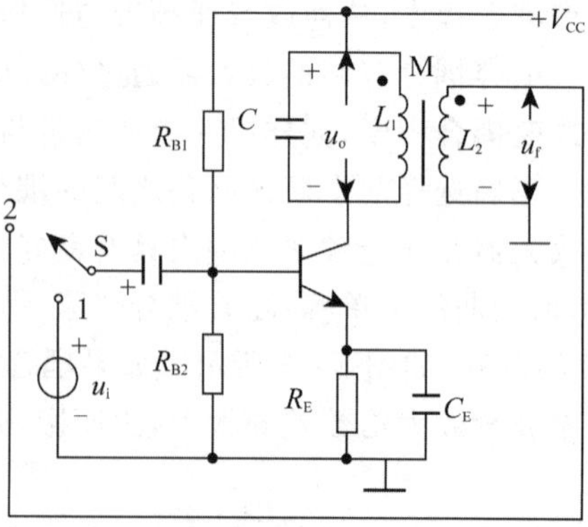

2. 正弦波振荡器的分类

按频率来分，正弦波振荡器主要有高频信号振荡器、中频信号振荡器、低频信号振荡器；按结构来分，正弦波振荡器主要有LC型、RC型及石英晶体型三大类。LC振荡器的振荡频率多在1 MHz以上，RC振荡器的振荡频率较低，一般在1 MHz以下，石英晶体振荡器的特点是振荡频率非常稳定。

4.2.2　自激振荡条件

由于振荡器无需外加信号，而是用反馈信号作为输入信号（见图4-9），要形成等幅振荡，必须保证每次回送的反馈信号与原输入信号完全相同，即$X_d = X_f$，因此振荡电路要产生自激振荡，必须同时满足以下两个条件。

① 相位平衡条件：$\varphi_A + \varphi_F = 2n\pi$（$n$为整数）。

该条件即放大器的相移与反馈网络的相移之和为$2n\pi$，说明反馈信号与原输入信号相位相同，所引入的反馈为正反馈。

② 振幅平衡条件：$|AF| = 1$。

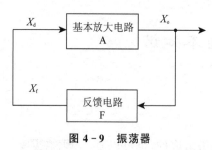

图4-8　自激振荡建立的物理过程

图4-9　振荡器

该条件即反馈电压的幅度与输入电压的幅度相同。假设输入电压u_i通过放大器后放大A倍，则输出电压$u_o = Au_i$，反馈电压$u_f = Fu_o = AFu_i$，为保证$u_f = u_i$，则须满足$|AF| = 1$。

4.2.3　自激振荡的过程

当合上正弦波振荡器电源瞬间，在其输入端接收了含有各种频率分量的电冲击。当其中某一频率f_0分量在集电极LC振荡电路中激起振荡时，回路两端产生正弦波电压U_o，并通过互感耦合变压器反馈到基级回路，这就是激励信号。f_0分量的信号经放大、正反馈，再放大、正反馈……不断地增幅，这就是振荡器的$|\dot A F|$自激起振过程。起始振荡信号十分微弱，如果振荡器的$|\dot A F|$始终为1，输出信号就不可能逐步增大，因此振荡器必须在起振过程中满足$|\dot A F|$的条件。

由于晶体管的非线性特性，振幅会自动稳定到一定的幅度。因此，振荡的幅度不会无限增大。

4.3　LC 振荡器

LC 振荡器分为变压器反馈式 LC 振荡器、电容三点式 LC 振荡器、电感三点式 LC 振荡器,用来产生几兆赫兹以上高、中频信号。它由放大器、LC 选频网络和反馈网络三部分组成。

4.3.1　变压器反馈式 LC 振荡器

变压器反馈式 LC 振荡器的共同点是通过变压器耦合将反馈信号送到放大器的输入端,常见的有以下两种。

1. 共射变压器耦合式 LC 振荡器

电路如图 4-10 所示,由 R_{B1},R_{B2},R_E 组成的偏置电路使三极管工作在放大状态。L_1 是正反馈线圈,L_2 接负载电阻,C_1 是耦合电容,C_E 是射极旁路电容。由图可以看出,晶体管与电路中其他元件组成共射极放大电路,LC 并联网络作为选频电路接在晶体管集电极回路中,反馈信号通过变压器线圈 L_1 送到输入端。

利用瞬时极性法判断电路各点极性:假设三极管输入信号瞬时极性为“+”,由于 LC 回路谐振时为纯阻性,因此,三极管集电极瞬时极性为“−”,反馈线圈 L_1 的同名端瞬时极性为“+”,反馈到输入端,与输入信号极性相同,满足相位平衡条件。只要三极管的电流放大系数 β 合适,L_1 与 L 的匝数比合适,即可满足振幅平衡条件。该电路振荡频率为

$$f_0 = \frac{1}{2\pi\sqrt{LC}}$$

共射变压器耦合式 LC 振荡器功率增益高,容易起振,但由于共射电流放大系数随工作频率的增高而急剧降低,所以当改变频率时振荡幅度将随之变化,因此共射振荡器常用于固定频率的振荡器。

2. 共基变压器耦合式 LC 振荡器

电路如图 4-11 所示。

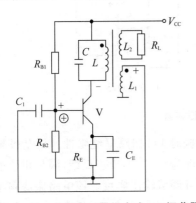

图 4-10　共射变压器耦合式 LC 振荡器

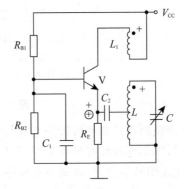

图 4-11　共基变压器耦合式 LC 振荡器

仍用瞬时极性法判断电路能否起振,但应注意,对于共基电路,信号是由发射极输入。假设发射极输入信号瞬时极性为“+”,则三极管集电极瞬时极性为“+”,反馈线圈 L_1 的同名端瞬时极性为“+”,引入正反馈,满足相位平衡条件。正反馈量的大小可通过调节 L_1 的匝数或

L 与 L_1 两个线圈之间的距离来改变。

共基变压器耦合式 LC 振荡器输出波形较好,振荡频率调节方便,一般采用固定电感与可变电容配合调节。

4.3.2　三点式 LC 振荡器

在变压器耦合式 LC 振荡器中,由于反馈电压与输出电压靠磁路耦合,因而耦合不紧密,损耗较大。为了克服这一缺点,加强谐振效果,可采用三点式 LC 振荡器。

LC 振荡器即用 LC 并联谐振回路作为选频和移相网络的振荡器。所谓三点式,指在交流通路中,LC 回路有三个抽头,分别与晶体管三个电极相连,如图 4 - 12 所示。

三点式 LC 振荡器分电感三点式和电容三点式两种。它们的共同点是:与发射极相连的为两个相同性质电抗,与基极相连的为两个相反性质电抗。这一接法俗称"射同基反",凡是按这一法则连接的三点式振荡器,必定满足相位平衡条件,否则不可能起振。

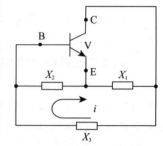

图 4 - 12　三点式 LC 振荡器示意图

1. 电感三点式振荡器

图 4 - 13(a),(b)所示分别为电感三点式振荡器的原理电路和交流通路。由图可见,接法符合"射同基反"法则。

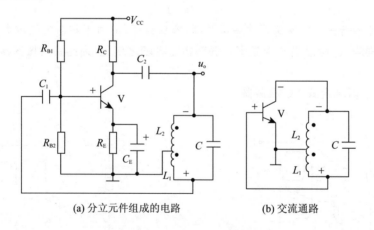

(a) 分立元件组成的电路　　　　(b) 交流通路

图 4 - 13　电感三点式振荡器

LC 谐振回路接在三极管的基极与集电极之间,谐振时 LC 回路呈纯阻性。设基极瞬时极性为"+",则集电极瞬时极性为"-",反馈信号瞬时极性为"+",形成正反馈,满足相位平衡条件。改变线圈抽头位置,可调节正反馈量的大小,从而可调节输出幅度。该电路振荡频率为

$$f_0 = \frac{1}{2\pi\sqrt{(L_1+L_2+2M)C}}$$

式中,M 为 L_1 与 L_2 之间的互感。由于 L_1 与 L_2 之间耦合很紧,故电路容易起振,输出幅度较大。谐振电容通常采用可变电容,以便于调节振荡频率,工作频率可达几十兆赫兹。但因反馈电压取自电感,输出信号中含有高次谐波较多,波形较差,常用于对波形要求不高的振荡器中。

2. 电容三点式振荡器

图 4-14 所示为电容三点式振荡器原理电路。其电路工作原理分析与电感三点式振荡器相似,振荡频率为

$$f_0 = \cfrac{1}{2\pi\sqrt{L\,\cfrac{C_1 C_2}{C_1 + C_2}}}$$

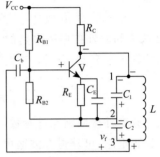

图 4-14　电容三点式振荡器

由于 C_1 和 C_2 的电容量可以取得较小,所以振荡频率可以提高。一般可达 100 MHz 以上。又由于反馈信号取自电容,所以反馈信号中所含高次谐波少,输出波形较好。其缺点是调节频率不便,因为电容量的大小既与振荡频率有关,又与反馈量有关,即与起振条件有关,调节电容有可能造成停振。此外,当振荡频率较高时,三极管的极间电容将成为 C_1,C_2 的一部分。由于三极管的极间电容会随着温度等因素变化,故影响了振荡频率的稳定性。

3. 改进型电容三点式振荡器

为了减小三极管极间电容的影响,提高电容三点式振荡器的频率稳定性,常采用图 4-15 所示的改进电路。

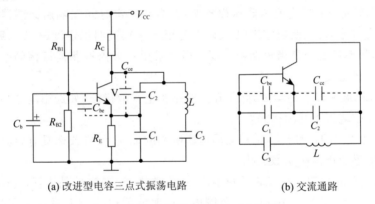

(a) 改进型电容三点式振荡电路　　　　(b) 交流通路

图 4-15　改进型电容三点式振荡器

该电路的振荡频率为

$$f_0 = \cfrac{1}{2\pi\sqrt{L\,\cfrac{1}{\cfrac{1}{C_1} + \cfrac{1}{C_2} + \cfrac{1}{C_3}}}} \tag{4-1}$$

由于 C_3 远远小于 C_1 和 C_2,因此式(4-1)可写成

$$f_0 \approx \cfrac{1}{2\pi\sqrt{LC_3}} \tag{4-2}$$

这时,振荡频率仅由电容 C_3 决定,与三极管的极间电容无关,但是调节 C_3 时,输出信号幅度会随频率的增大而降低。

4.3.3　集成 LC 振荡器

E1648 集成振荡器为采用差分对管的 LC 振荡电路,图 4-16 为其外接电路图。

E1648 输出正弦电压时的典型参数为:最高振荡频率 225 MHz,电源电压 5 V,功耗 150 mW,振荡回路输出峰峰值电压 500 mV。

E1648 单片集成振荡器的振荡频率由 10 脚和 12 脚之间的外接振荡电路的 L,C 值决定,并与两脚之间的输入电容 C_i 有关,其表达式为

$$f = \frac{1}{2\pi \sqrt{L(C+C_i)}}$$

改变外接回路元件参数,可改变工作频率。在 5 脚外加正电压,可获得方波输出。

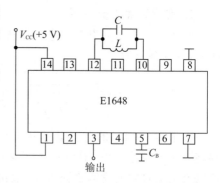

图 4-16 集成 LC 振荡器 E1648 引脚图

4.3.4 振荡器的频率稳定度

振荡器的频率稳定度是振荡器在一定的时间间隔和温度下,振荡器的实际工作频率偏离标称频率的程度,即

$$S_1 = \frac{\Delta f}{f_0} = \frac{|f-f_0|}{f_0}$$

式中,S_1 为频率稳定度;f_0 为振荡器标称频率;f 为经一定时间间隔后振荡器的实际振荡频率。频率稳定度可分为:长期稳定度(1 天以上乃至 1 年)、短期稳定度(1 天)、瞬时稳定度(秒级)。一般说的频率稳定度是指短期稳定度。通常采用一天内振荡器振荡频率的相对变化量来比较振荡频率稳定度。

为了提高 LC 振荡器的稳定度,除了在电路结构上采取措施(如选用改进型电容三点式振荡器)外,还可以采取以下几项措施:

① 提高振荡回路的标准性。采用受温度影响小的 L,C 元件或选具有负温度系数的陶瓷电容器以补偿电感的正温度系数变化。

② 减少晶体管的影响。从稳频的角度出发,应选择 f_T 较高的晶体管,这样晶体管内部相移较小。通常选择 f_T 在 $(3\sim10)f_{I,max}$ 范围内。同时希望电流放大系数 β 大些,这既容易振荡,也便于减小晶体管和回路之间的耦合。

③ 减小电源和负载的影响。电源电压的波动,会使晶体管的工作点、电流发生变化,从而改变晶体管的参数,降低频率稳定度。为了减小其影响,振荡器电源应采取必要的稳压措施。负载电阻并联在回路的两端,会降低回路的品质因数,从而使振荡器的频率稳定度下降。在振荡器与不稳定负载之间插入射随器,以减小负载变化对振荡器的影响。

④ 缩短引线或采用贴片元器件以减小分布电容和分布电感的影响。

⑤ 对谐振元件加以密封屏蔽,以减小周围磁场的影响。

4.4 石英晶体振荡器

在振荡器中,尽管采取了多种稳频措施,其频率稳定度也只能达到 $10^{-3}\sim10^{-5}$ 数量级,如果要求更高的频率稳定度,就必须采用石英晶体振荡器。石英晶体振荡器的频率稳定度可达 $10^{-6}\sim10^{-11}$ 数量级,它的这种优异性能与石英晶体本身的特性有关。

4.4.1　石英晶体的特性

石英晶体是二氧化硅结晶体,具有各向异性的物理特性。从石英晶体上按一定方位切割下来的薄片称为石英晶片,不同切向的晶片其特性是不同的。

按一定方位角将石英晶体切割成固定形状的薄晶片,再将晶片的两个相对表面抛光、镀银,并引出两个电极加以封装,就构成石英晶体谐振器,简称石英晶体。其结构、符号与外形如图 4 - 17 所示。

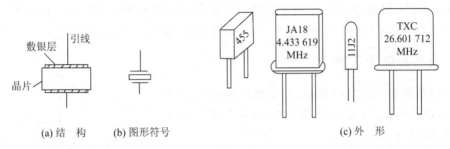

(a) 结　构　　(b) 图形符号　　　　　　　　　　　(c) 外　形

图 4 - 17　石英晶体谐振器

1. 压电效应和压电谐振

石英晶片之所以能做成谐振器是基于它的压电效应。若在晶片两面施加机械力,沿受力方向将产生电场,晶片两面产生异电荷,这种效应称为正向压电效应;若在晶片处加一电场,晶片将产生机械变形,这种效应称为反向压电效应。事实上,正、反向压电效应同时存在,电场产生机械形变,机械形变产生电场,两者相互限制,最后达到平衡态。

在石英谐振器两极板上加交变电压,晶片将随交变电压周期性地机械振动。当交变电压频率与晶片固有谐振频率相等时,振幅骤然增大,这种现象称为压电谐振。产生压电谐振时的频率称为石英晶体的谐振频率。

2. 等效电路和振荡频率

石英晶体的等效电路如图 4 - 18(a)所示。当晶体不振动时,可等效为一个平板电容 C_0,称为静态电容,其值为几 pF 到几十 pF。当晶体振动时,可用 L 和 C 分别等效晶体振动时的惯性和弹性,用 R 等效晶体振动时的摩擦损耗。一般 L 为 $1×10^{-3}～1×10^{-2}$ H,C 为 $1×10^{-2}～1×10^{-1}$pF,R 约为 100 Ω。由于 L 很大,C 和 R 很小,根据

$$Q = \frac{1}{R}\sqrt{\frac{L}{C}}$$

可知,回路的品质因数 Q 值极高,可达 $1×10^4～1×10^6$,这对振荡频率的稳定很有好处。而晶体的固有频率只与晶片的几何尺寸和电极面积有关,所

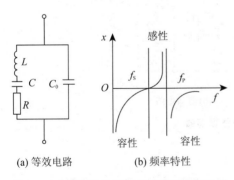

(a) 等效电路　　(b) 频率特性

图 4 - 18　石英晶体的等效电路和频率特性

以可以做得很精确、很稳定。

分析石英晶体的等效电路可知,它有两个谐振频率。

① 当 LCR 支路发生串联谐振时,等效为纯电阻 R,阻抗最小,串联谐振频率为

$$f_0 = \frac{1}{2\pi\sqrt{LC}}$$

② 当外加信号频率高于 f_s 时，LCR 支路呈电感性，与 C_0 支路发生并联谐振，并联谐振频率为

$$f_0 = \frac{1}{2\pi\sqrt{L\dfrac{CC_0}{C+C_0}}} \approx f_s\sqrt{1+\frac{C}{C_0}}$$

由于 $C \ll C_0$，因此，f_s 和 f_p 非常接近。石英晶体的频率特性如图 4-18(b) 所示。石英晶体在频率为 f_s 时呈纯阻性，在 f_s 和 f_p 之间呈感性，在此区域之外均呈容性。

4.4.2 石英晶体振荡器

晶体振荡器的电路类型很多，但根据晶体在电路中的作用，可以将晶体振荡器归为两大类：并联型晶体振荡器和串联型晶体振荡器。

1. 并联型石英晶体振荡器

石英晶体工作在 f_s 与 f_p 之间，相当一个大电感，与 C_1，C_2 组成电容三点式振荡器。

如果用石英晶体取代电容三点式振荡器中的电感，就得到并联型石英晶体振荡器，如图 4-19 所示。由于石英晶体的 Q 值很高，可达到几千以上，因此此电路可以获得很高的振荡频率稳定性。

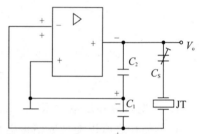

图 4-19　并联型石英晶体振荡器

2. 串联型石英晶体振荡器

在串联型晶体振荡器中，晶体通常接在反馈电路中，在谐振频率上晶体呈低阻抗。图 4-20 所示为串联型晶体振荡器的实际线路和等效电路。

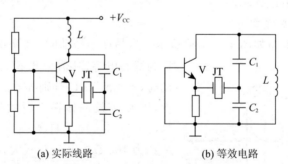

(a) 实际线路　　　　　　　　(b) 等效电路

图 4-20　串联型石英晶体振荡器

3. 石英晶体振荡器使用注意事项

使用石英晶体谐振器时应注意以下几点：

① 石英晶体谐振器的标称频率都是在出厂前，在石英晶体谐振器上并接一定负载电容条件下测定的，实际使用时也必须外加负载电容，并经微调后才能获得标称频率。

② 石英晶体谐振器的激励电平应在规定范围内。

③ 在并联型晶体振荡器中，石英晶体起等效电感的作用。若作为容抗，则在石英晶片失效时，石英谐振器的支架电容还存在，线路仍可能满足振荡条件而振荡，但石英晶体谐振器失

去了稳频作用。

④ 晶体振荡器中一块晶体只能稳定一个频率,当要求在波段中得到可选择的许多频率时,就要采取别的电路措施。如频率合成器,它是用一块晶体得到许多稳定频率。频率合成器的有关内容本书不做介绍。

4.5　RC 振荡器

当需要低频信号时,如果仍采用 LC 振荡器,L 和 C 的取值就相当大,这会带来很多不便。因此,在需要几十 kHz 以下低频信号时,常用 RC 振荡器。RC 振荡器的工作原理和 LC 振荡器一样,区别仅在于用 RC 选频网络代替了 LC 选频网络。常用的 RC 振荡电路有 RC 串并联振荡电路(又称文氏桥式)、移相式和双 T 式三种振荡电路形式。本节重点讨论文氏桥式振荡电路。

4.5.1　RC 文氏桥式振荡电路

1. 电路组成

图 4-21 是 RC 文氏桥振荡电路的原理图。其中集成运放是放大电路,R_F 和 R_3 构成负反馈支路,R_1,C_1 和 R_2,C_2 组成 RC 串并联网络,它构成正反馈支路。上述两个反馈支路正好形成四臂电桥,故称之为文氏桥(Wien bridge)式振荡电路。

由于 R_F 和 R_3 组成的负反馈支路没有选频作用,故只有依靠 R_1,C_1 和 R_2,C_2 组成的串并联网络来实现正反馈和选频作用,才能使电路产生振荡。下面来分析 RC 串并联网络的频率特性。

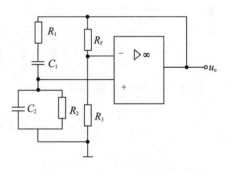

图 4-21　RC 文氏桥振荡电路

2. RC 串并联网络的频率特性

图 4-22(a)是由 R_1,C_1 和 R_2,C_2 组成的串并联网络的电路图。其中 $\dot{U}$ 为输入电压,$\dot{U}_f$ 为输出电压。先来定性分析该网络的频率特性。

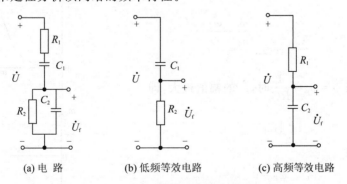

(a) 电　路　　　　(b) 低频等效电路　　　　(c) 高频等效电路

图 4-22　RC 串并联网络及等效电路

当输入信号的频率较低时,由于满足 $1/\omega C_1 \gg R_1$,$1/\omega C_2 \gg R_2$,串并联网络的低频等效电路如图 4-22(b)所示。不难看到,信号频率越低,$1/\omega C_1$ 值越大,输出信号 $\dot{U}_f$ 的幅值越小,

且 U_f 比 $\dot{U}$ 的相位超前。在频率接近零时,$|\dot{U}_f|$ 趋近于零,相移超前接近 $+\dfrac{\pi}{2}$。

当信号频率较高时,由于满足 $1/\omega C_1 \ll R_1$,$1/\omega C_2 \ll R_2$,串并联网络的高频等效电路如图 4−22(c)所示。而且信号频率越高,$1/\omega C_2$ 值越小,输出信号的幅值也越小,且 $\dot{U}_f$ 比 $\dot{U}$ 的相位越滞后。在频率趋近于无穷大时,$|\dot{U}_f|$ 趋近于零,相移滞后接近 $-\dfrac{\pi}{2}$。

综上所述,当信号的频率降低或升高时,输出信号的幅度都要减小,而且信号频率由接近零向无穷大变化时,输出电压的相移由 $+\dfrac{\pi}{2}$ 向 $-\dfrac{\pi}{2}$ 变化。不难发现,在中间某一频率时,输出电压幅度最大,相移为零。

下面定量分析该网络的频率特性。

由图 4−22(a)所示电路可以写出其传输系数的频率特性表示式,即

$$F=\frac{\dot{U}_f}{\dot{U}}=\frac{Z_2}{Z_1+Z_2}=\frac{\dfrac{R_2}{1+j\omega R_2 C_2}}{R_1+\dfrac{1}{j\omega C_1}+\dfrac{R_2}{1+j\omega R_2 C_2}}=$$

$$\frac{1}{\left(1+\dfrac{R_1}{R_2}+\dfrac{C_2}{C_1}\right)+j\left(\omega C_2 R_1-\dfrac{1}{\omega C_1 R_2}\right)} \tag{4−3}$$

假设电路中选取 $R_1=R_2=R$,$C_1=C_2=C$,且令 $\omega_0=\dfrac{1}{RC}$,则式(4−3)可以简化为

$$\dot{F}=\frac{1}{3+j\left(\dfrac{\omega}{\omega_0}-\dfrac{\omega_0}{\omega}\right)}$$

其幅频特性为

$$|\dot{F}|=\frac{1}{\sqrt{3^2+j\left(\dfrac{\omega}{\omega_0}-\dfrac{\omega_0}{\omega}\right)^2}}$$

相频特性为

$$\varphi_F=-\arctan\frac{\dfrac{\omega}{\omega_0}-\dfrac{\omega_0}{\omega}}{3}$$

由此可知,当 $\omega=\omega_0=\dfrac{1}{RC}$ 时,$\dot{F}$ 的幅值最大,即

$$|\dot{F}|_{max}=\frac{1}{3}$$

而且相角为零,即

$$\varphi_F=0$$

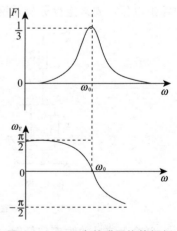

图 4−23　RC 串并联网络的幅频和相频特性

由以上分析可以画出串并联网络传输系数 $\dot{F}$ 的幅频特性和相频特性曲线,如图 4−23 所示。曲线的变化规律和定性分析的结论完全相同。可见该网络在某一频率(ω_0)传输系

数最大(1/3),相移为 0,具有选频特性。

3. 电路的振荡频率和起振条件

(1) 振荡频率

根据相位平衡条件,图 4 - 21 所示电路如果产生振荡,必须满足 $\varphi_A + \varphi_F = \pm 2n\pi$。该电路集成运放接成同相比例放大电路,故在相当宽的中频范围内,$\varphi_A = 0$。因此,只要串并联网络的正反馈支路满足 $\varphi_F = 0$,则电路即满足相位平衡条件,使电路产生振荡。

由前面的分析可知,当 $f = f_0(\omega - \omega_0)$ 时,图 4 - 21 所示电路的输出电压 φ_A,$\dot{U}_o$ 与反馈电压 $\dot{U}_f$ 同相($\varphi_F = 0$),满足相位平衡条件。而在其他任何频率时,$\dot{U}_o$ 与 $\dot{U}_f$ 不同相($\varphi_F \neq 0$),不满足相位平衡条件,不可能产生自激振荡。所以,该电路产生振荡的频率只能是

$$f_0 = \frac{1}{2\pi RC}$$

(2) 起振条件

振荡电路产生正弦波振荡还必须满足起振条件 $|\dot{A}\dot{F}| > 1$。大家已经知道,$f = f_0$ 时,串并联网的反馈系数值最大,即 $|\dot{F}|_{\max} = 1/3$。因此,根据起振条件,可以求出电路的电压放大倍数应满足

$$|\dot{A}| > 3$$

由于同相比例放大电路的电压放大倍数表达式为

$$A_F = 1 + \frac{R_F}{R_3}$$

而且电路中 $|\dot{A}| = A_F$,可以求出电路若满足起振条件,要求反馈电阻 R_F 值和 R_3 的关系为

$$R_F > 2R_3$$

4. 负反馈支路的作用

在文氏桥振荡电路中,只要满足 $|\dot{A}| > 3$,就可以产生振荡。但是,由于集成运放一般放大倍数很大,而且易受环境温度的影响,使得振荡幅度过大,且波形不稳定。尤其是受器件非线性特性的影响,波形会产生严重失真。因此,一般在电路中引入负反馈,以便减小非线性失真,改善输出波形。

图 4 - 21 所示电路中,R_F 和 R_3 构成电压串联负反馈支路。调整 R_F 值可以改变电路的放大倍数,使放大电路工作在线性区,减小波形失真。有时为了克服温度和电源电压等参数变化对振荡幅度的影响,选用具有负温度系数的热敏电阻作 R_F。当输出幅度 $|\dot{U}_o|$ 增大时,R_F 上的功耗加大,温度升高。因 R_F 是负温度系数电阻,故阻值减小,于是放大倍数下降,使 $|\dot{U}_o|$ 减小,从而使输出幅度保持稳定。相反,当 $|\dot{U}_o|$ 减小时,R_F 的负反馈支路会使放大倍数增大,使 $|\dot{U}_o|$ 保持稳定,从而实现稳幅作用。

例 4 - 1　在图 4 - 21 所示文氏桥正弦波振荡电路中,若 $R_1 = R_2 = R$,$C_1 = C_2 = C = 0.22~\mu F$,$R_3 = 10~k\Omega$,又知电路的振荡频率为 5 kHz,试估算电阻 R 和 R_F 的阻值。

解:

$$R = \frac{1}{2\pi f_0 C} = \frac{1}{2 \times 3.14 \times 5 \times 10^3 \times 0.22 \times 10^{-6}}~\Omega \approx 145~\Omega$$

由估算可知,串并联网络中电阻值 R 为 145 Ω,反馈电阻值 R_F 应大于 20 kΩ。

4.5.2 RC 移相式振荡器

图 4-24(a)所示为采用超前移相电路构成的 RC 移相式振荡器。图中集成运放接成反相放大器,产生 180°相移,当移相电路也能产生 180°相移时,便可满足相位平衡条件。由于一级 RC 电路实际能够提供的最大相移小于 90°,因此,至少要有三级 RC 电路才能提供 180°相移。

分析计算可得,该振荡器的振幅平衡条件为

$$\frac{R_F}{R} > 29$$

振荡频率为

$$f_0 \approx \frac{1}{2\pi\sqrt{6}\,RC}$$

图 4-24(b)所示为采用滞后移相电路构成的 RC 移相式振荡器,其工作原理与图 4-24(a)所示电路相似。

RC 移相式振荡器结构简单,但选频特性不理想,输出波形失真大,频率稳定度低,且频率调节不便,只能用于频率固定且性能要求不高的设备中。

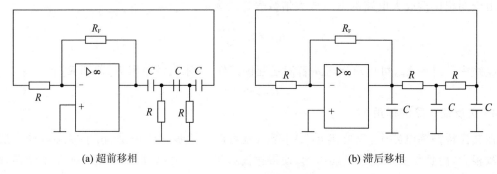

(a) 超前移相　　　　　　　　　　　　　(b) 滞后移相

图 4-24　RC 移相式振荡器

本 章 小 结

1. 振荡器的种类很多,可分为正弦波和非正弦波两大类。各种振荡器都有各自的用途,常用于电子玩具、发声设备及石英电子钟等方面。

2. 具有选频放大性能的放大器称为选频放大器,又称调谐放大器。它利用 LC 并联回路的谐振特性,在频率众多的信号中选出某一频率的信号加以放大。选频放大器是正弦波振荡器的基础。

3. 正弦波振荡器主要由放大电路、选频网络和反馈网络三部分组成。根据选频网络所用元件不同,通常又可分为 LC 振荡器、RC 振荡器、石英晶体振荡器。

4. 电路产生自激振荡必须满足两个条件:振幅条件和相位条件。具体判别时,可分析电路的直流偏置是否能工作在放大状态;交流信号能否产生正反馈,即振荡电路必须是一个具有正反馈的正常的放大电路。

5. LC 振荡器主要用于产生高频信号。它有变压器反馈式、电感三点式和电容三点式三种类型。其相位平衡条件可用瞬时极性法判断,振幅平衡条件与三极管的 β 值和反馈系数 F 值有关。

电感三点式振荡器容易起振,频率调节方便,但波形失真较大。电容三点式振荡器波形失真小,但频率调节不方便。

6. 石英晶体振荡器是一种高稳定度振荡器,它有并联型和串联型两类。并联型石英晶体振荡器的振荡频率在 $f_s \sim f_p$ 范围内,石英晶体等效为一个电感。串联型石英晶体振荡器的振荡频率为 f_s,石英晶体相当于一个小电阻。

7. RC 振荡电路的选频网络由 RC 元件组成,其中文氏桥电路应用最广泛。文氏桥电路的选频网络由 RC 串并联电路组成,当工作频率 $f = f_0 = \dfrac{1}{2\pi RC}$ 时,满足振荡电路的振荡条件。

习　　题

1. 填空题。

① 波形发生电路是_____(a. 需要,b. 不需要)外加_____(a. 输入,b. 输出)信号,能产生各种形状的_____(a. 随机的,b. 周期的)波形的电路。

② 产生 100 Hz 的正弦波一般选用_____振荡器;产生 50 MHz 的正弦波一般选用_____振荡器;产生 100 kHz 的稳定性高的正弦波一般选用_____振荡器(a. RC, b. LC,c. 石英晶体)。

③ 正弦波振荡电路产生振荡的幅度平衡条件为_____,相位平衡条件为_____。

④ LC 振荡器主要用于产生_____信号。它有_____、_____和_____三种类型。

⑤ 石英晶体振荡器的特点是_____,它有_____和_____两类。

⑥ 已知振荡器正反馈网络反馈系数 $F = 0.02$,为保证电路能起振并获得良好的输出波形,放大器的放大倍数是_____。

2. 判断题。

① 放大电路中的反馈网络如果是正反馈就能产生正弦波振荡。　　　　　　　　(　　)

② 振荡电路选频网络决定着振荡器的振荡频率。　　　　　　　　　　　　　　(　　)

③ 正弦波振荡电路与负反馈放大电路产生振荡的基本原理是相同的。　　　　　(　　)

④ 振荡电路只要满足相位平衡条件,且满足 $|AF| = 1$,就会有振荡产生。　　　(　　)

⑤ RC 振荡电路振荡频率较高,一般在几千赫兹(Hz)以上。　　　　　　　　　(　　)

⑥ 采用两级 RC 移项式振荡电路也能满足相位平衡条件。　　　　　　　　　　(　　)

⑦ 石英晶体振荡器主要优点是产生振荡幅度稳定。　　　　　　　　　　　　　(　　)

⑧ 振荡器无需外部输入激励信号。　　　　　　　　　　　　　　　　　　　　(　　)

3. 应用。

① 振荡器和放大器的主要区别是什么?

② 正弦波振荡器主要由哪几部分组成,选频网络的作用是什么?

③ 试标出题图 4 - 1 所示各电路中变压器的同名端,使其满足相位平衡条件。

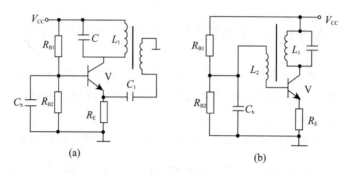

(a)

(b)

题图 4 - 1

④ 题图 4 - 2 所示为某超外差收音机中的本振电路。

1) 说明振荡器类型及各元件的作用。

2) 在图中标出变压器的同名端。

3) 设 $C_4 = 20$ pF,计算振荡频率的调节范围。

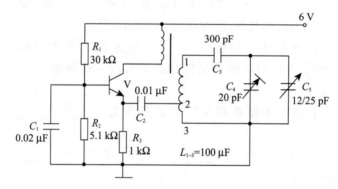

题图 4 - 2

⑤ 试将题图 4 - 3 所示电路连成桥式振荡器(图中 R_t 为负温度系数热敏电阻)。

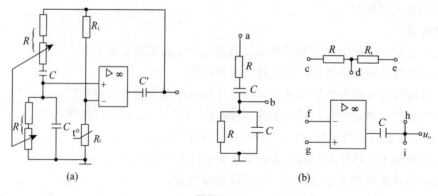

(a)

(b)

题图 4 - 3

⑥ 试判断题图 4-4 所示各振荡电路能否满足相位平衡条件。

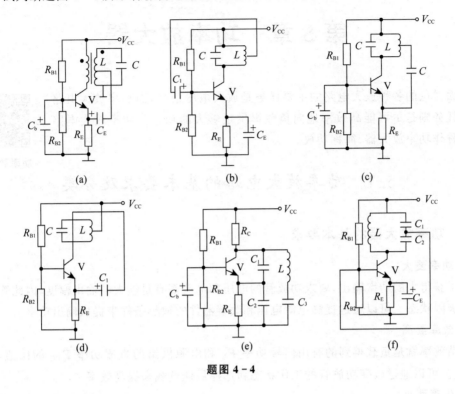

题图 4-4

第5章 功率放大器

前面讨论的各种放大电路的主要任务是放大电压信号,而功率放大电路的主要任务则是尽可能高效率地向负载提供足够大的功率。功率放大电路也常被称作功率放大器,简称功放。

功率放大器

5.1 功率放大电路的基本要求及分类

5.1.1 功率放大器的基本要求

1. 功率要大

为了获得大的功率输出,要求功放管的电压和电流都有足够大的输出幅度,因此管子往往工作在极限状态。可以通过提高电源电压和改善器件的散热条件来提供输出功率。

2. 效率要高

所谓效率就是负载得到的有用信号功率 P_O 和电源供给的直流功率 P_{DC} 的比值,即 $\eta = P_O/P_{DC}$。可以通过改变功放管的工作状态和选择最佳负载来提高效率。

3. 失真要小

功率放大电路是在大信号下工作,所以不可避免地会产生非线性失真,这就使输出功率和非线性失真成为一对主要矛盾。因此,功率放大电路不能用小信号的等效电路进行分析,只能用图解法对其输出功率、效率等性能指标近似估算。

4. 功放管散热要好

在功率放大电路中,有相当大的功率消耗在管子的集电结上,使结温和管壳温度升高。为了充分利用允许的管耗而使管子输出足够大的功率,放大器件的散热就成为一个重要问题。

5.1.2 功率放大电路的分类

根据功率放大电路中三极管在输入正弦信号的一个周期内的导通情况,可将放大电路分为表 5-1 所列三种工作状态。

表 5-1 三种功率放大电路比较

分 类	Q 点位置	波形图	特 点	效率/%
甲类	Q 点在交流负载线中点附近		功放管在输入信号整个周期内都处于放大状态,输出信号无失真	≤50

分　类	Q 点位置	波形图	特　点	效率/%
乙类	Q 点在截止区	i_c … O … ωt	功放管仅在输入信号半个周期内导通。输出信号失真大	≤78
甲乙类	Q 点接近截止区	i_c … I_{CQ} … O … ωt	功放管的导通时间略大于半个周期。输出信号失真较小	介于甲类和乙类之间

　　此外,功率放大电路还可按信号频率分为低频功放、高频功放,前者用于放大音频范围的信号,后者用于放大射频范围的信号。本章只讨论低频功放。

5.2　变压器耦合功率放大器

5.2.1　变压器耦合单管功率放大器

　　变压器耦合单管功率放大电路如图 5 - 1 所示。与前面所讨论过的阻容耦合放大器相比,区别只在于将原来的 R_C 换成了一只变压器,负载 R_L 为 8 Ω 的扬声器。

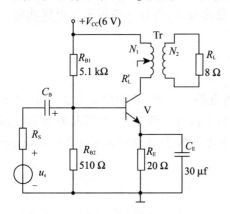

图 5 - 1　变压器耦合单管功率放大器

　　变压器可以耦合交流信号,同时还具有阻抗变换作用。扬声器的阻抗一般都较小,利用变压器的阻抗变换作用,可以使负载得到较大的功率。设变压器初次级的匝数比 $n = \dfrac{N_1}{N_2}$,则耦合到变压器原边的交流负载 R_L' 可按下式估算。

　　对于理想变压器有

$$R_L' = \left(\frac{N_1}{N_2}\right)^2 R_L = n^2 R_L$$

　　若变压器的效率为 η,则有

$$R_L' = \frac{n^2 R_L}{\eta}$$

　　这种电路工作于甲类工作状态,静态电流比较大,因此集电极损耗较大,效率不高,大约只有 35%,一般用在功率不太大的场合。

5.2.2　变压器耦合乙类推挽功率放大器

　　变压器耦合乙类推挽功率放大电路如图 5 - 2 所示。设功放管 V_1 和 V_2 特性完全相同。输入变压器 T_{r1} 将输入信号变换成两个大小相等、相位相反的信号,使 V_1,V_2 两管轮流导通,输出变压器 T_{r2} 完成电流波形的合成。在正弦信号激励下,i_{b1},i_{b2},i_{c1},i_{c2} 均为半个正弦波,i_L

为完整正弦波。

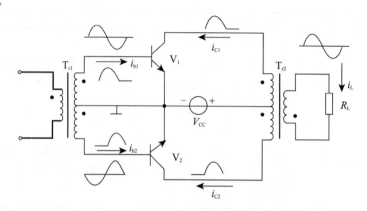

图 5-2　变压器耦合乙类推挽功率放大器

这种电路结构对称,两只功放管轮流导通工作、互相补偿,故称为互补对称电路(或互补推挽电路)。

变压器耦合乙类推挽功率放大器的缺点是:变压器体积大,笨重,损耗大,频率特性差,且不便于集成化。

5.3　互补对称功率放大器

变压器耦合单管功率放大器虽然简单,只需要一个功放管便可以工作,但效率不高,而且为了实现阻抗匹配,需要用变压器。而变压器体积、重量比较大,所以一般不采用单管功率放大器,而采用互补对称功率放大器。

5.3.1　单电源互补对称功率放大器

单电源互补功率放大电路如图 5-3(a)所示。当电路对称时,输出端的静态电位等于 $V_{CC}/2$。电容器 C_L 串联在负载与输出端之间,它不仅用于耦合交流信号,而且起着等效电源的作用。这种功率放大电路称为无输出变压器互补功率放大电路(Output Transformer Less),简称 OTL 电路。

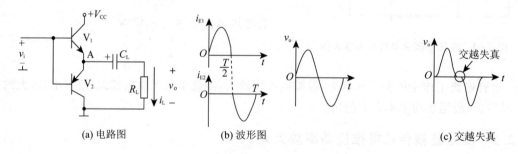

(a) 电路图　　　　　(b) 波形图　　　　　(c) 交越失真

图 5-3　单电源互补功率放大电路

当输入信号处于正半周时,NPN 型三极管 V_1 导通,有电流通过负载 R_L,方向如图 5-3(a)所示。当输入信号处于负半周时,PNP 型三极管 V_2 导通,这时由电容 C_L 供电,i_L 方向与图中箭头方向相反。两个三极管轮流导通,在负载上将正负半周电流合成在一起,就可以得到一个完整的波形,如图 5-3(b)所示。严格讲,当输入信号很小,达不到三极管的开启电压时,三极管不导通。因此在正、负半周交替过零处会出现一些非线性失真,这个失真称为交越失真,如图 5-3(c)所示。

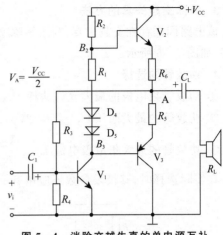

　　为消除交越失真,可给功放三极管稍稍加一点偏置,使之工作在甲乙类。此时的互补功率放大电路如图 5-4 所示。在功放管 V_2,V_3 基极之间加两个正向串联二极管 D_4,D_5,便可以得到适当的正向偏压,从而使 V_2,V_3 在静态时能处于微导通状态。

图 5-4　消除交越失真的单电源互补功率放大电路

5.3.2　双电源互补对称功率放大器

　　双电源互补对称功率放大电路又称无输出电容(Output Capacitorless)的功放电路,简称OCL 电路,其原理电路如图 5-5(a)所示。由 $+V_{CC}$ 和 $-V_{EE}$ 双电源供电。V_1 为 NPN 管,V_2为 PNP 管,要求 V_1 和 V_2 管的特性对称。两管的基极连在一起,作为信号的输入端;发射极也连在一起,作为信号的输出端,直接与负载 R_L 相连。两管都接成射极输出器的形式,具有 $u_o = u_i$,输入电阻高,输出电阻低的特点。

1. 静态分析

　　静态($u_i = 0$)时,两管静态电流为零,由于两管特性对称,所以输出端的静态电压也为零。

2. 动态工作情况

　　当输入信号 u_i 为正半周时,V_1 发射结正偏而导通,V_2 发射结反偏而截止,各极电流如图 5-5(a)中实线所示。当输入信号 u_i 为负半周时,V_1 发射结反偏截止,V_2 发射结正偏而导通,各极电流如图 5-5(a)中虚线所示。V_1,V_2 两管分别在正、负半周轮流工作,负载 R_L 获完整的正弦波信号电压,如图 5-5(c)所示。

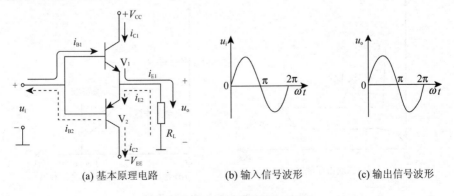

(a) 基本原理电路　　　　　　(b) 输入信号波形　　　　　(c) 输出信号波形

图 5-5　OCL 基本原理电路

3. 消除交越失真的方法

该电路同样存在交越失真,为了消除交越失真,可提供适当的直流偏压使其工作在甲乙类状态,如图 5-6 所示。

4. 功放管的选择

① 功放管集电极的最大允许功耗 $P_{CM} \geqslant 0.2 P_{OM}$;

② 功放管的最大耐压 $U_{(BR)CEO} \geqslant 2 V_{CC}$;

③ 功放管的最大集电极电流 $I_{CM} \geqslant \dfrac{V_{CC}}{R_L}$。

在实际选择时,其极限参数还应留有一定余量,一般提高 50%~100%。

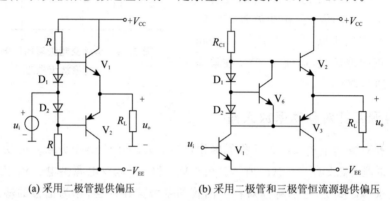

(a) 采用二极管提供偏压　　　　　(b) 采用二极管和三极管恒流源提供偏压

图 5-6　甲乙类互补功率放大电路

5.3.3　功放管的散热和安全使用

在功放电路中,由于功放管集电极电流和电压的变化幅度大,输出功率大,同时功放管本身的耗散功率也大,因此,应采取保护措施以保证功放管的安全运行,主要是应注意二次击穿和散热两方面的问题。

1. 功放管的二次击穿

功放管的二次击穿是指当三极管集电结上的反偏电压过大时,三极管将被击穿。类似二极管的反向击穿也分为"一次击穿"和"二次击穿"。一次击穿是可逆的,二次击穿将使功放管的性能变差或损坏,如图 5-7(a)所示。功放管考虑到二次击穿后的安全工作区如图 5-7(b)所示。

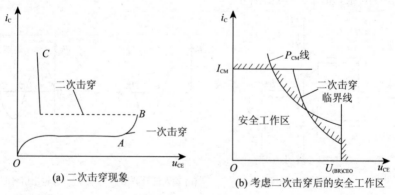

(a) 二次击穿现象　　　　　　　(b) 考虑二次击穿后的安全工作区

图 5-7　二次击穿及安全工作区

防止晶体管二次击穿的措施主要有：使用功率容量大的晶体管，改善管子散热的情况，以确保其工作在安全区之内；使用时应避免电源剧烈波动、输入信号突然大幅度增加、负载开路或短路等，以免出现过压过流；在负载两端并联二极管（或二极管和电容），以防止负载的感性引起功放管过压或过流；在功放管的 c，e 端并联稳压管，以吸收瞬时过电压。

2．功放管的散热

功放管损坏的重要原因是其实际功率超过额定功耗 P_{CM}。三极管的耗散功率取决于内部的 PN 结（主要是集电结）温度 t_j，当 t_j 超过手册中规定的最高允许结温 t_{jM} 时，集电极电流将急剧增大而使管子损坏，这种现象称为"热致击穿"或"热崩"。硅管的允许结温值为 $120\sim180\ ℃$，锗管允许结温为 $85\ ℃$ 左右。

散热条件越好，对于相同结温下所允许的管耗就越大，使功放电路有较大功率输出而不损坏管子。如大功率管 3AD50，手册中规定 $t_{jM}=90\ ℃$，不加散热器时，极限功耗 $P_{CM}=1\ W$，如果采用手册中规定尺寸为 $120\ mm×120\ mm×4\ mm$ 的散热板进行散热，极限功耗可提高到 $P_{CM}=10\ W$。为了在相同散热面积下减小散热器所占空间，可采用如图 5-8 所示的几种常用散热器，分别为齿轮形、指状形和翼形；所加散热器面积大小的要求，可参考大功率管产品手册上规定的尺寸。除上述散热器成品外，还可用铝板自制平板散热器。

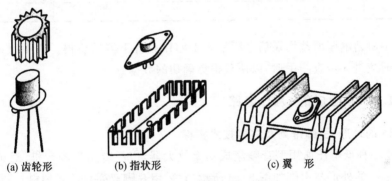

(a) 齿轮形　　　　(b) 指状形　　　　(c) 翼　形

图 5-8　散热器的几种形状

当功率放大电路在工作时，如果功放管的散热器（或无散热器时的管壳）上的温度较高，手感发烫，易引起功率管的损坏，这时应立即分析检查。如果属于原正常使用功放电路，功率管突然发热，应检查和排除电路中的故障；如果属于新设计功放电路，在调试时功率管有发烫现象，这时除了需要调整电路参数或排除故障外，还应检查设计是否合理，管子选型和散热条件是否存在问题。

5.4　集成功率放大器

集成功率放大器简称集成功放，它是在集成运放基础上发展起来的，其内部电路与集成运放相似。但是，由于其安全、高效、大功率和低失真的要求，使得它与集成运放又有很大的不同。集成功放电路内部多采用深度负反馈，使其工作稳定。集成功放广泛应用于收录机、电视机、开关功率电路、伺服放大电路中，输出功率由几百 mW 到几十 W。

除单片集成功放电路外，还有集成功率驱动器，它与外配的大功率管及少量阻容元件构成大功率放大电路，有的集成电路本身包含两个功率放大器，称为双通道功放。

5.4.1 集成功率放大器的主要性能指标

集成功率放大器的主要性能指标除最大输出功率外,还有电源电压范围、电源静态电流、电压增益、频带宽度、输入阻抗、总谐波失真等,如表5-2所列。

表5-2 几种集成功放的主要技术参数表

型 号	LM386-4	LM2877	TDA1514A	TDA1566
电路类型	OTL	OTL(双通道)	OCL	BTL(双通道)
电源电压范围/V	5~18	6~24	$\pm10\sim\pm30$	6~18
静态电流/mA	4	25	56	80
输入阻抗/kΩ	50		1 000	120
输出功率/W	1($V_{CC}=16$ V, $R_L=32$ Ω)	4.5	48($V_{CC}=\pm23$ V, $R_L=4$ Ω)	22($V_{CC}=14.4$ V,$R_L=4$ Ω)
电压增益/dB	26~46	70(开环)	89(开环) 30(闭环)	26(闭环)
频带宽度/kHz	300(1,8引脚开路)	—	0.02~25	0.02~15
谐波失真	0.2 %	0.07 %	—90 dB	0.1%

表5-2中所列电压增益均在信号频率为1 kHz条件下测试所得。表中所列数据均为典型数据,使用时应进一步查阅手册,以便获得更确切的数据。

5.4.2 用LM386组成的OTL电路

1. LM386的外形、引脚排列及主要技术指标

LM386是一种低电压通用型音频集成功率放大器,广泛应用于收音机、对讲机和信号发生器中;LM 386的外形与引脚如图5-9所示,它采用8脚双列直插式塑料封装。

LM386有两个信号输入端,2脚为反相输入端,3脚为同相输入端;每个输入端的输入阻抗均为50 kΩ,而且输入端对地的直流电位接近于零,即使输入端对地短路,输出端直流电平也不会产生大的偏离。LM386的主要技术指标、参数如表5-3所列。

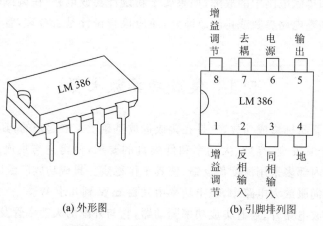

(a) 外形图　　　　　　(b) 引脚排列图

图5-9 LM 386外形与引脚排列

表 5 – 3　LM386 主要技术参数表

参数名称	符号及单位	参考值	测试条件
电源电压	V_{cc}/V	4～12	—
输入阻抗	R_i/kΩ	50	—
静态电流	I_{cc}/mA	4～8	$V_{cc}=6$ V,$v_i=0$
输出功率	P_o/mW	325	$V_{cc}=6$ V,$R_L=8$ Ω,THD=10 %
带宽	BW/kHz	300	$V_{cc}=6$ V,1 脚、8 脚断开
谐波失真	THD/(％)	0.2	$V_{cc}=6$ V,$R_L=8$ Ω,$P_o=125$ mW,$f=1$ kHz,1 脚、8 脚断开
电压增益	A_{uf}/dB	20～46	1 脚、8 脚接不同电阻

2. LM386 应用电路

用 LM 386 组成的 OTL 功放电路如图 5 – 10 所示,信号从 3 脚同相输入端输入,从 5 脚经耦合电容(220 μF)输出。

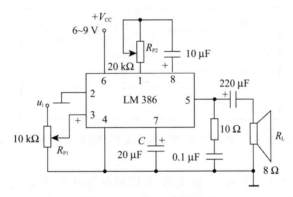

图 5 – 10　LM386 应用电路

图 5 – 10 中,7 脚所接 20 μF 的电容为去耦滤波电容。1 脚与 8 脚所接电容、电阻用于调节电路的闭环电压增益,电容取值为 10 μF,电阻 R_{P2} 在 0～20 kΩ 范围内取值;改变电阻值,可使集成功放的电压放大倍数在 20～200 范围内变化,R_{P2} 值越小,电压增益越大。当需要高增益时,可取 $R_{P2}=0$,只将一只 10 μF 电容接在 1 脚与 8 脚之间即可。输出端 5 脚所接 10 Ω 电阻和 0.1 μF 电容组成阻抗校正网络,抵消负载中的感抗分量,防止电路自激,有时也可省去不用。该电路如用作收音机的功放电路,只须将输入端接收音机检波电路的输出端即可。

5.4.3　用 TDA2030 组成的 OCL 电路

1. TDA2030 外形、引脚排列及主要技术指标

TDA2030 引脚排列如图 5 – 11 所示。它只有 5 只引脚,外接元件少,接线简单。它的电气性能稳定、可靠,适应长时间连续工作,且芯片内部具有过载保护和热切断保护电路。该芯片适用于收录机及高保真立体扩音装置中作音频功率放大器。

TDA2030 的主要技术指标、参数如表 5 – 4 所列。

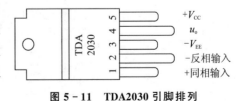

图 5 – 11　TDA2030 引脚排列

表 5 - 4 TDA2030A 主要技术参数表

参 数	符号及单位	数 值	测试条件
电源电压	V_{CC}/V	$\pm 6 \sim \pm 18$	—
静态电流	I_{CC}/mA	$I_{CCO} < 40$	—
输出峰值电流	I_{OM}/A	$I_{OM} = 3.5$	—
输出功率	P_O/W	$P_O = 14$	$V_{CC} = 14$ V,$R_L = 4$ Ω,THD< 0.5 %,$f = 1$ kHz
输入阻抗	R_i/kΩ	140	$A_u = 30$ dB,$R_L = 4$ Ω,$P_O = 14$W
—3 dB 功率带宽	BW/Hz	10 Hz~140 kHz	$R_L = 4$ Ω,$P_O = 14$ W
谐波失真	THD/(%)	< 0.5	$R_L = 4$ Ω,$P_O = 0.1 \sim 14$ W

2. TDA2030 检测方法

(1)电阻法

正常情况下 TDA2030 各脚对 3 脚阻值如表 5 - 5 所列。

表 5 - 5 TDA2030 各脚对 3 脚阻值

引 脚	阻值/kΩ	
	黑表笔接 3 脚	红表笔接 3 脚
1	4	∞
2	4	∞
3	0	0
4	3	18
5	3	3

以上数据是采用 MF - 500 型万用表用 $R \times 1$ k 挡测得,不同表所测阻值会有区别。

(2)电压法

将 TDA2030 接成 OTL 电路,去掉负载,1 脚用电容对地交流短路,然后将电源电压从 0~16 V 逐渐升高。用万用表测电源电压和 4 脚对地电压,若 TDA2030 性能完好,则 4 脚电压应始终为电源电压的一半;否则说明电路内部对称性差,用作功率放大器将产生失真。

3. TDA2030 实用电路

TDA2030 接成的 OCL(双电源)典型应用电路如图 5 - 12 所示。

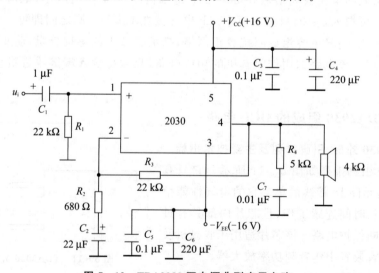

图 5 - 12 TDA2030 双电源典型应用电路

图 5-12 中，R_3，R_2，C_2 使 TDA2030 接成交流电压串联负反馈电路。闭环增益由下式估算，即

$$A_{uf}=1+\frac{R_3}{R_2}$$

C_5，C_6 为电源低频去耦电容，C_3，C_4 为电源高频去耦电容。R_4 与 C_7 组成阻容吸收网络，用以避免电感性负载产生过电压击穿芯片内功率管。为防止输出电压过大，可在输出端4 脚与正、负电源接一反偏二极管组成输出电压限幅电路。

5.4.4 用 LH0101 组成的 BTL 电路

BTL(Bridge Transformer Less)功放电路又称作桥式平衡功放电路。实质上它是两个特性对称的 OTL 放大器(或 OCL 放大器)的组合。在相同的电源电压和负载的条件下，BTL 功放电路的输出功率将是 OTL 电路的 4 倍。用集成功率运放 LH0101 组成的 BTL 电路如图 5-13 所示。

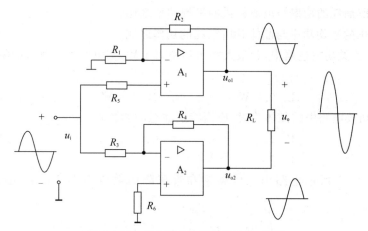

图 5-13　用 LH0101 组成的 BTL 电路

BTL 电路的电流利用率高，可在低电源电压下得到较大的输出功率。电路的输出中点始终保持零电位，因而电冲击比其他无变压器电路要小得多。此外，由于电路的对称性，使得同相输入干扰能基本上互相抵消，电路的交流声和失真度极小。但是工作时流过负载的电流是OTL 电路的 2 倍，所以对电源的要求较高，要求电源的内阻要很小。

本章小结

1. 功率放大器的主要任务是在允许的失真范围内，向负载提供足够大的交流功率，因此功放管常工作于极限应用状态。为了保证功放管安全、可靠和高效地工作，必须尽量减小功放管的管耗，并考虑功放管的散热问题。

2. 甲类单管功放电路简单，最大缺点是效率低；乙类功放采用双管推挽输出，效率高，缺点是产生交越失真。甲乙类功放克服了交越失真，并具有较高的效率。

3. 为了减少输出变压器和输出电容给功放带来的不便和失真，出现了单电源供电的OTL 和双电源供电的 OCL 功放电路。

4. 集成功率放大器具有体积小、工作可靠、调试组装方便的优点。

5. 为保证功率放大电路的安全工作,必须合理选择器件,增强功率管的散热效果,防止二次击穿,并根据需要选择好保护电路。

习　　题

1. 选择题。

① 功率放大电路的最大输出功率是在输入电压为正弦波时,输出基本不失真的情况下,负载上可能获得的最大_____。

A. 交流功率　　　　　B. 直流功率　　　　　C. 平均功率　　　　　D. 瞬时功率

② 功率放大电路的转换效率是指_____。

A. 输出功率与晶体管所消耗的功率之比

B. 最大输出功率与电源提供的平均功率之比

C. 晶体管所消耗的功率与电源提供的平均功率之比

D. 电源提供的平均功率与晶体管所消耗的功率之比

③ 在 OCL 乙类功放电路中,若最大输出功率为 1 W,则电路中功放管的集电极最大功耗约为_____。

A. 1 W　　　　　　B. 0.5 W　　　　　C. 0.2 W　　　　　D. 0.25 W

④ 在选择功放电路中的晶体管时,应当特别注意的参数有_____。

A. β　　　　　　B. I_{CM}　　　　　C. I_{CBO}　　　　　D. $U_{(BR)CEO}$

E. P_{CM}　　　　　F. f_T

⑤ 若题图 5-1 所示电路中晶体管饱和管压降的数值为 $|U_{CES}|$,则最大输出功率 $P_{OM}=$_____。

A. $\dfrac{(V_{CC}-U_{CES})^2}{2R_L}$　　　　B. $\dfrac{\left(\frac{1}{2}V_{CC}-U_{CES}\right)^2}{R_L}$　　　　C. $\dfrac{\left(\frac{1}{2}V_{CC}-U_{CES}\right)^2}{2R_L}$

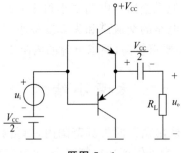

题图 5-1

⑥ 消除交越失真的方法是_____。

A. 使用互补对称电路　　　　　　　B. 使用差动放大电路

C. 提供适当的直流偏压　　　　　　D. 使阻抗匹配

⑦ OTL 指_____的功率放大器。

A. 无输出变压器　　　　　　B. 无输入变压器

C. 无输出电容器　　　　　　D. 无输入电容器

⑧ 下列对于功率放大器的叙述 ＿＿＿＿ 正确？

A. 甲类功放的效率最大可达到 75%

B. 乙类功放的 Q 点（静态工作点）定在截止区，它的效率最大可达到 50%

C. 甲类、乙类功放的 Q 点（静态工作点）比较接近截止区

D. 上述 3 类功放，效率最高的是乙类功放

2. 判断题。

① 在功率放大电路中，输出功率愈大，功放管的功耗愈大。（　　）

② 功率放大电路的最大输出功率是指在基本不失真的情况下，负载上可能获得的最大交流功率。（　　）

③ 当 OCL 电路的最大输出功率为 1W 时，功放管的集电极最大耗散功率应大于 1W。（　　）

④ 功率放大电路与电压放大电路、电流放大电路的共同点是

A. 都使输出电压大于输入电压；（　　）

B. 都使输出电流大于输入电流；（　　）

C. 都使输出功率大于信号源提供的输入功率。（　　）

⑤ 功率放大电路与电压放大电路的区别是

A. 前者比后者电源电压高；（　　）

B. 前者比后者电压放大倍数数值大；（　　）

C. 前者比后者效率高；（　　）

D. 在电源电压相同的情况下，前者比后者的最大不失真输出电压大。（　　）

⑥ 功率放大电路与电流放大电路的区别是

A. 前者比后者电流放大倍数大；（　　）

B. 前者比后者效率高；（　　）

C. 在电源电压相同的情况下，前者比后者的输出功率大。（　　）

第6章 直流稳压电源

电子设备中常采用干电池、蓄电池等供电。但这些电源成本高、容量有限,在有交流电网的地方一般采用直流稳压电源。直流稳压电源是一种当电网电压发生波动或负载改变时,能保持输出直流电压基本不变的电源装置。

直流稳压电源

可调直流稳压电源

常用的小功率直流稳压电源由电源变压器、整流电路、滤波电路、稳压电路四部分组成。图 6-1 是小功率直流稳压电源的结构框图。

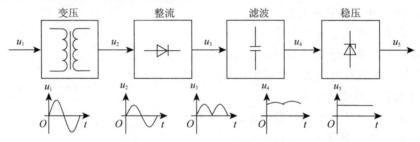

图 6-1 小功率直流稳压电源结构

6.1 整流滤波电路

利用二极管的单向导电性,将交流电变换成单向脉动直流电的电路,称为整流电路。整流电路可分为单相整流电路和三相整流电路;单相整流电路又分为半波整流、全波整流和桥式整流电路。在小功率电路中,一般采用单相桥式整流电路。

下面分析整流电路时,为简单起见,把二极管当作理想元件来处理,即认为它的正向导通电阻为零,反向电阻为无穷大。

6.1.1 单相半波整流电路

单相半波整流电路如图 6-2(a)所示,图中 Tr 为电源变压器,它的作用是将交流电网电压 u_1 变换成符合整流电路要求的交流电压 $u_2 = \sqrt{2} U_2 \sin \omega t$,D 为整流二极管,$R_L$ 是要求直流供电的负载电阻。

在变压器副边电压 u_2 的正半周,二极管 D 导通,输出电压 $u_o = u_2$;在 u_2 的负半周,二极管 D 截止,输出电压 $u_o = 0$。因此,u_o 是单向的脉动电压,波形如图 6-2(b)所示。

单相半波整流电压的平均值为

$$U_o = \frac{1}{2\pi} \int_0^\pi \sqrt{2} U_2 \sin \omega t \, \mathrm{d}\omega t = \frac{\sqrt{2}}{\pi} U_2 = 0.45 U_2 \tag{6-1}$$

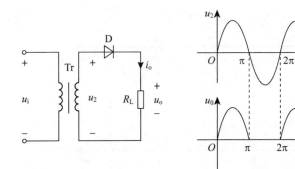

(a) 单相半波整流电路　　　　　　　(b) 电压波形

图 6 - 2　单相半波整流电路图

流过负载电阻 R_L 的电流平均值为

$$I_o = \frac{0.45U_2}{R_L} \tag{6-2}$$

流经二极管的平均电流为

$$I_D = I_o = \frac{0.45U_2}{R_L} \tag{6-3}$$

二极管在截止时所承受的最大反向电压 U_{RM} 可从图 6 - 2(b)中得出,即

$$U_{RM} = \sqrt{2}U_2 \tag{6-4}$$

单相半波整流电路的优点是结构简单,价格便宜;缺点是输出直流成分较低,脉动大。因此,单相半波整流电路只能用于输出电压较小,要求不高的场合。

6.1.2　单相桥式整流电路

单相桥式整流电路如图 6 - 3(a)所示,四只整流二极管 $D_1 \sim D_4$ 接成电桥的形式,故有桥式整流电路之称。图 6 - 3(b)所示是它的简化画法。

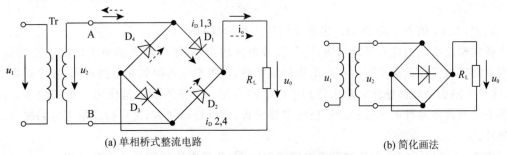

(a) 单相桥式整流电路　　　　　　　　　　　　(b) 简化画法

图 6 - 3　单相桥式整流电路图

在 u_2 的正半周(设 A 端为正、B 端为负时是正半周),二极管 D_1,D_3 导通;D_2,D_4 截止;流过负载的电流 i_o 如图 6 - 3(a)中实线箭头所示。在 u_2 的负半周,二极管 D_2、D_4 导通,D_1、D_3 截止,流过负载的电流 i_o 如图 6 - 3(a)中虚线箭头所示。负载 R_L 上的电压 u_o(电流 i_o 的波形与 u_o 相同)的波形如图 6 - 4 所示,它们都是单方向的全波脉动波形。

单相桥式整流电压的平均值为

$$U_o = \frac{1}{\pi} \int_0^{\pi} \sqrt{2} U_2 \sin \omega t \, \mathrm{d}\omega t = \frac{2\sqrt{2}}{\pi} U_2 = 0.9U_2 \tag{6-5}$$

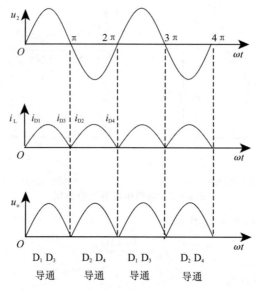

图 6-4 单相桥式整流波形图

流过负载电阻 R_L 的电流平均值为

$$I_o = \frac{0.9U_2}{R_L}$$

在桥式整流电路中,二极管 D_1,D_3 和 D_2,D_4 是两两轮流导通的,所以流经每个二极管的平均电流为

$$I_D = \frac{1}{2}I_L = \frac{0.45U_2}{R_L} \tag{6-6}$$

二极管在截止时管子承受的最大反向电压 U_{RM} 可从图 6-4 得出。在 u_2 正半周时,D_1,D_3 导通,D_2,D_4 截止。此时 D_2,D_4 所承受到的最大反向电压均为 u_2 的最大值,即

$$U_{RM} = \sqrt{2}U_2 \tag{6-7}$$

同理,在 u_2 的负半周 D_1,D_3 也承受同样大小的反向电压。

桥式整流电路的优点是输出电压高,纹波电压较小,管子所承受的最大反向电压较低,同时因电源变压器在正负半周内都有电流供给负载,电源变压器得到充分的利用,效率较高。因此,这种电路在半导体整流电路中得到了广泛的应用。电路的缺点是使用二极管较多。目前市场上已有许多品种的半桥和全桥整流电路出售,而且价格便宜,这对桥式整流电路缺点是一大弥补。

表 6-1 给出了常见的几种整流电路的电路图、整流电压的波形及计算公式。

表 6-1 常见的几种整流电路

类 型	电 路	整流电压的波形	整流电压平均值	每管电流平均值	每管承受最高反压
单相半波			$0.45U_2$	I_o	$\sqrt{2}U_2$

类　型	电　路	整流电压的波形	整流电压平均值	每管电流平均值	每管承受最高反压
单相全波	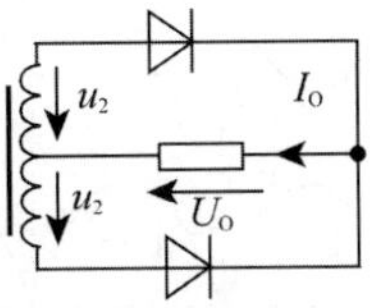	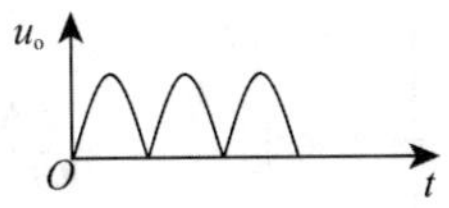	$0.9\,U_2$	$\dfrac{1}{2}I_\text{o}$	$2\sqrt{2}\,U_2$
单相桥式	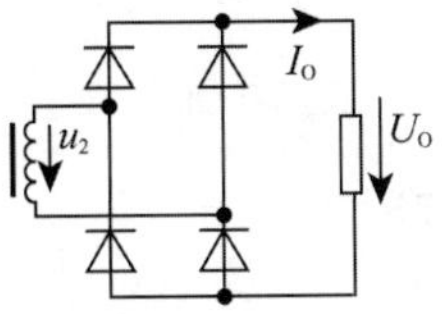	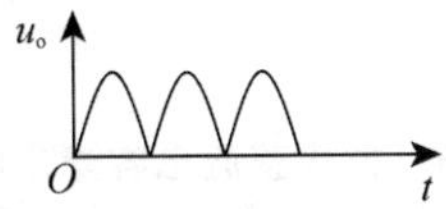	$0.9\,U_2$	$\dfrac{1}{2}I_\text{o}$	$\sqrt{2}\,U_2$
三相半波	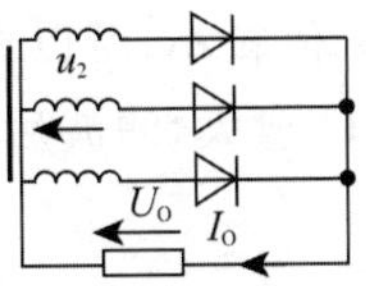	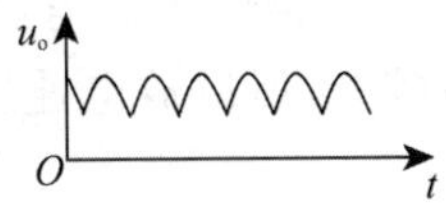	$1.17\,U_2$	$\dfrac{1}{3}I_\text{o}$	$\sqrt{3}\sqrt{2}\,U_2$
三相桥式	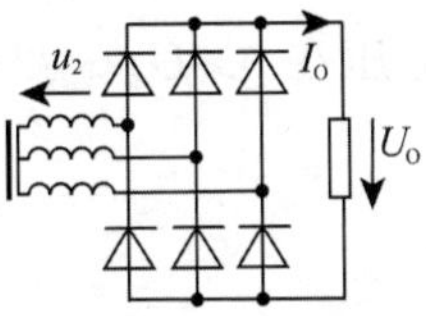	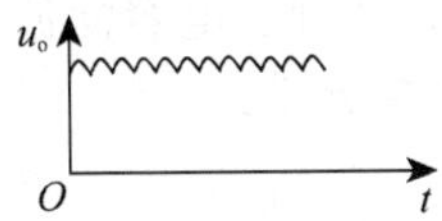	$2.34\,U_2$	$\dfrac{1}{3}I_\text{o}$	$\sqrt{3}\sqrt{2}\,U_2$

6.1.3　滤波电路

整流电路虽然能把交流电转换为直流电,但是输出的都是脉动直流电,其中仍含有很大的交流成分,称为纹波。为了得到平滑的直流电,必须滤除整流电压中的纹波,这一过程称为滤波。常用的滤波电路有电容滤波、电感滤波、复式滤波及有源滤波。这里仅讨论电容滤波和电感滤波。

1. 电容滤波电路

(1) 滤波原理

图 6 - 5(a)所示为桥式整流电容滤波电路,是在整流电路的负载上并联一个电容 C 构成的。电容一般采用带有正、负极性的大容量电容器,如电解电容等。设 u_C 的初始值为 0,在接通电源的瞬间,当 u_2 由 0 开始上升,二极管 D_1,D_3 导通,电源向负载 R_L 供电的同时,也向电容 C 充电,u_C 随 u_2 的增大上升至最大值 $\sqrt{2}U_2$(图 6 - 5(b)中 $0a$ 段);当 u_2 达到最大值后,开始下降,当 $u_C > u_2$ 时,4 只二极管全部反向截止,电容 C 以时间常数 $\tau = R_L C$ 通过 R_L 放电,电容电压 u_C 下降,直至下一个半周 $|u_2| = u_C$ 时(图 6 - 5(b)中 ab 段);当 $|u_2| > u_C$ 时,二极管 D_2,D_4 导通,电容电压 u_C 又随 $|u_2|$ 的增大上升至最大值 $\sqrt{2}U_2$(图 6 - 5(b)中 bc 段);然后 $|u_2|$ 下降,当 $|u_2| < u_C$ 时,二极管全部截止,电容 C 以时间常数 $\tau = R_L \cdot C$ 通过 R_C 放电,直至下一个半周 $u_2 = u_C$ 时(图 6 - 5(b)中 cd 段)。如此周而复始,得到电容电压(即输出电压)u_o 的波形。由波形可见,桥式整流接电容滤波后,输出电压的脉动程度大为减小。

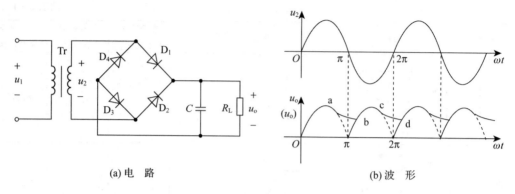

(a) 电　路　　　　　　　　　　　　　(b) 波　形

图 6-5　桥式整流电容滤波电路及波形

(2) U_o 的大小与元件的选择

电容充电时间常数为 $\tau_1 = rC$(r 为二极管正向电阻),由于 r 值较小,所以充电速度快;放电时间常数为 $\tau_2 = R_L C$,由于 R_L 值较大,所以放电速度慢。$R_L C$ 愈大,滤波后输出电压愈平滑,并且其平均值愈大。

当负载 R_L 开路时,τ_2 无穷大,电容 C 无放电回路,U_o 达到最大,即 $U_o = \sqrt{2} U_2$;若 R_L 很小时,输出电压几乎与无滤波时相同。因此,电容滤波器输出电压在 $0.9 U_2 \sim \sqrt{2} U_2$ 范围内波动,在工程上一般采用经验公式估算其大小。

半波整流(有电容滤波)

$$U_o = U_2$$

全波整流(有电容滤波)

$$U_o = 1.2 U_2$$

为了获得比较平滑的输出电压,一般要求 $R_L C \geq (3 \sim 5) T/2$,其中 T 为交流电源的周期。

对于单相桥式整流电路而言,无论有无滤波电容,二极管的最高反向工作电压都是 $\sqrt{2} U_2$。

关于滤波电容值的选取应视负载电流的大小而定。一般在几十 μF 到几千 μF,电容器耐压考虑电网电压 10% 波动应大于 $1.1 \sqrt{2} U_2$。

例 6-1　单相桥式整流电容滤波电路如图 6-6 所示。交流电源频率 $f = 50$ Hz,负载电阻 $R_L = 120$ Ω,要求直流电压 $U_o = 30$ V,试选择整流元件及滤波电容。

解:　(1) 选择整流二极管

① 流过二极管的平均电流为

$$I_D = \frac{1}{2} I_o = \frac{1}{2} \frac{U_o}{R_L} = \frac{1}{2} \times \frac{30}{120} \text{ A} = 125 \text{ mA}$$

由 $U_o = 1.2 U_2$,所以交流电压有效值

$$U_2 = \frac{U_o}{1.2} = \frac{30}{1.2} \text{ V} = 25 \text{ V}$$

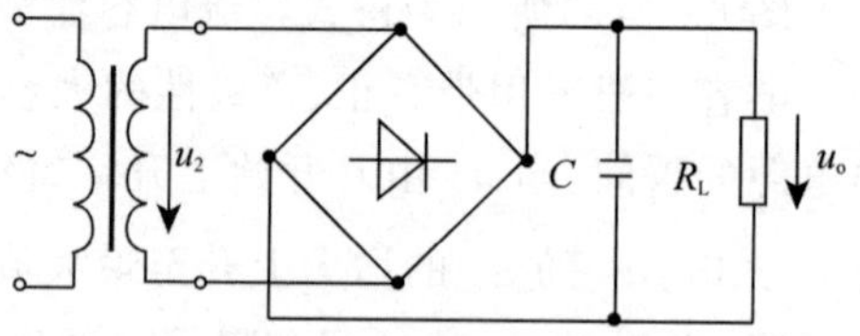

图 6-6　例 6-1 用图

② 二极管承受的最高反向工作电压

$$U_{RM} = \sqrt{2} U_2 = \sqrt{2} \times 25 \text{ V} \approx 35 \text{ V}$$

可以选用 2CZ11A($I_{RM} = 1\,000$ mA,$U_{RM} = 100$ V)整流二极管 4 个。

（2）选择滤波电容 C

取 $R_{L}C=5\times\dfrac{T}{2}$，而 $T=\dfrac{1}{f}=\dfrac{1}{50}$ Hz$=0.02$ s，所以 $C=\dfrac{1}{R_{L}}\times5\times\dfrac{T}{2}=\dfrac{1}{120}\times5\times\dfrac{0.02}{2}$ F$=417$ μF；耐压值 $U_{C}=1.1\sqrt{2}U_{2}=1.1\times\sqrt{2}\times25$ V$=38.85$ V，可以选用 $C=500$ μF，耐压值为 50 V 的电解电容器。

电容滤波电路结构简单，输出电压较高，脉动较小，但电路的带负载能力不强，因此，电容滤波通常适合在小电流，且变动不大的电子设备中使用。

2. 电感滤波电路

电感滤波电路利用电感器两端的电流不能突变的特点，把电感器与负载串联起来，以达到使输出电流平滑的目的，如图 6－7 所示。从能量的观点看，当电源提供的电流增大（由电源电压增加引起）时，电感器 L 把能量存储起来；而当电流减小时，又把能量释放出来，使负载电流平滑，所以电感 L 有平波作用。电感滤波适用于负载电流较大的场合。它的缺点是制作复杂，体积大，笨重，且存在电磁干扰。

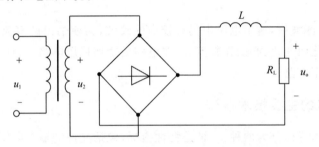

图 6－7　桥式整流电感滤波电路

3. 复合滤波电路

若单独使用电容或电感进行滤波时，效果仍不理想，可采用复合滤波电路，如图 6－8 所示。

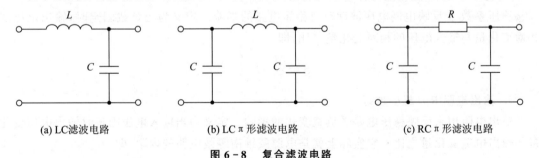

(a) LC滤波电路　　　(b) LC π 形滤波电路　　　(c) RC π 形滤波电路

图 6－8　复合滤波电路

6.1.4　倍压整流电路

倍压整流电路由电源变压器、整流二极管、倍压电容和负载电阻组成。它可以输出高于变压器次级电压 2 倍、3 倍或 n 倍的电压，一般用于高电压、小电流的场合。

2 倍压整流电路如图 6－9(a)所示。其工作原理是：在 u_{2} 的正半周，D_{1} 导通，D_{2} 截止，电容 C_{1} 被充电到接近 u_{2} 的峰值 U_{2m}；在 u_{2} 的负半周，D_{1} 截止，D_{2} 导通，这时变压器次级电压 u_{2} 与 C_{1} 所充电压极性一致，二者串联，且通过 D_{2} 向 C_{2} 充电，使 C_{2} 上充电电压可接近 $2U_{2m}$。当负载 R_{L} 并接在 C_{2} 两端时（R_{L} 一般较大），则 R_{L} 上的电压 U_{L} 也可接近 $2U_{2m}$。图 6－9(b)

所示为 n 倍压整流电路,整流原理相同。可见,只要增加整流二极管和电容的数目,便可得到所需要的 n 倍压(n 个二极管和 n 个电容)电路。

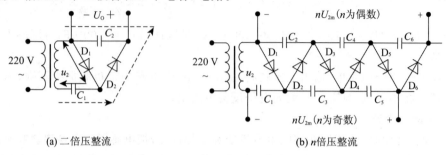

(a) 二倍压整流　　　　　　　　　(b) n 倍压整流

图 6 - 9　桥式整流电容滤波电路及波形

6.2　线性稳压电路

交流电经整流、滤波后,输出电压中仍有较小的纹波,为使输出的直流电压不随电网电压的波动和负载的变化而变化,必须在整流、滤波电路后增加稳压电路。稳压电路分为稳压管稳压电路和串联型稳压电路。

6.2.1　稳压电路的主要技术指标

稳压电源的技术指标分为两种:一种是特性指标,包括允许的输入电压、输出电压、输出电流及输出电压调节范围等;另一种是质量指标,用来衡量输出直流电压的稳定程度,包括稳压系数、输出电阻、温度系数及纹波电压等。应用中最主要考虑的有以下两点。

1. 稳压系数 S(越小越好)

稳压系数 S 反映电网电压波动时对稳压电路的影响。定义为当负载固定时,输出电压的相对变化量与输入电压的相对变化量之比,即

$$S = \frac{\Delta U_o}{U_o} \bigg/ \frac{\Delta U_i}{U_i}$$

2. 输出电阻 R_o(越小越好)

输出电阻用来反映稳压电路受负载变化的影响。定义为当输入电压固定时输出电压变化量与输出电流变化量之比。它实际上就是电源戴维南等效电路的内阻,即

$$R_o = \frac{\Delta U_o}{\Delta I_o}$$

6.2.2　稳压管稳压电路

稳压管稳压电路是最简单的一种稳压电路,如图 6 - 10 所示,R 是限流电阻,因其稳压管 D_z 与负载电阻 R_L 并联,又称为并联型稳压电路。这种电路主要用于对稳压要求不高的场合,有时也作为基准电压或辅助电源使用。

引起电压不稳定的原因是交流电源电压的波动和负载的变化。设负载 R_L 不变,U_i 因交流电源电压增加而增加,则负载电压 U_o 也要增加,稳压调节过程如图 6 - 11(a)所示。当 U_i

因交流电源电压降低而降低时,稳压过程与上述过程相反。

如果保持电源电压不变,负载电阻 R_L 减小,负载电流 I_o 增大时,电阻 R 上的压降也增大,负载电压 U_o 因此下降,稳压调节过程如图 6－11(b)所示。当负载电阻 R_L 增大时,稳压过程相反。

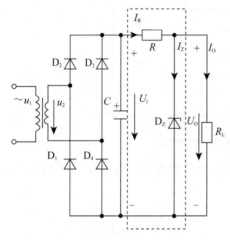

图 6－10　稳压管稳压电路

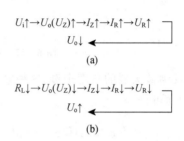

$$U_i\uparrow\to U_o(U_Z)\uparrow\to I_Z\uparrow\to I_R\uparrow\to U_R\uparrow$$
$$U_o\downarrow$$
(a)

$$R_L\downarrow\to U_o(U_Z)\downarrow\to I_Z\downarrow\to I_R\downarrow\to U_R\downarrow$$
$$U_o\uparrow$$
(b)

图 6－11　稳压调节过程

选择稳压管时,一般取

$$U_z = U_o$$
$$I_{z,max} = (1.5\sim3)I_{o,max}$$
$$U_i = (2\sim3)U_o$$

例 6－2　有一稳压管稳压电路,如图 6－10 所示。负载电阻 R_L 由开路变到 3 kΩ,交流电压经整流滤波后得出 $U_i = 45$ V。今要求输出直流电压 $U_o = 15$ V,试选择稳压管 D_z。

解:根据输出直流电压 $U_o = 15$ V 的要求,有

$$U_z = U_o = 15 \text{ V}$$

由输出电压 $U_o = 15$ V 及最小负载电阻 $R_L = 3$ kΩ 的要求,负载电流最大值

$$I_{o,max} = \frac{U_o}{R_L} = \frac{15}{3} \text{ mA} = 5 \text{ mA}$$

$$I_{z,max} = 3I_{o,max} = 15 \text{ mA}$$

查半导体器件手册,选择稳压管 2CW20,其稳定电压 $U_z = 13.5\sim17$ V,稳定电流 $I_z = 5$ mA,$I_{z,max} = 15$ mA。

6.2.3　串联型稳压电路

串联型稳压电路的一般结构图如图 6－12 所示,由采样环节(R_1、R_2)、基准环节(基准电压源 U_{REF})、放大环节(A)、调整环节(V)四部分组成。由于主回路由调整管 V 与负载 R_L 串联构成,故称为串联型稳压电路。稳压原理可简述如下:当输入电压 U_i 增加(或负载电流 I_o 减小)时,导致输出电压 U_o 增加,随之反馈电压 $U_F = U_o R_2/(R_1+R_2) = F_U U_o$ 也增加(F_U 为反馈系数)。U_F 与基准电压 U_{REF} 相比较,其差值电压经比较放大器 A 放大后使 U_B 和 I_C 减小,调整管 V 的 C－E 极间的电压 U_{CE} 增大,使 U_o 下降,从而维持 U_o 基本恒定。

同理,当输入电压 U_i 减小(或负载电流 I_o 增加)时,也能使输出电压 U_o 基本保持不变。

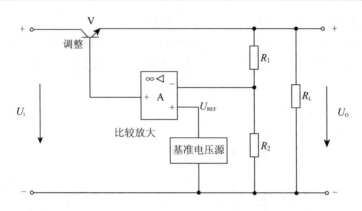

图 6 - 12　串联型稳压电路的一般结构图

从反馈放大器的角度来看,这种电路属于电压串联负反馈电路。调整管 V 连接成射极跟随器,因而可得

$$U_B = A_u(U_{REF} - F_U U_o) \approx U_o \qquad \text{或} \qquad U_o = U_{REF}\frac{A_u}{1 + A_u F_U}$$

式中,A_u 是比较放大器的电压放大倍数,是考虑了所带负载的影响的,与开环放大倍数 A_{uo} 不同。在深度负反馈条件下,$|1 + A_u F_U| \gg 1$ 时,可得

$$U_o = \frac{U_{REF}}{F_U} \tag{6-8}$$

式(6-8)表明,输出电压 U_o 与基准电压 U_{REF} 近似成正比,与反馈系数 F_U 成反比。当 U_{REF} 及 F_U 已定时,U_o 也就确定了。因此它是设计稳压电路的基本关系式。当反馈越深时,调整作用越强,输出电压 U_o 也越稳定,电路的稳压系数和输出电阻 R_o 也越小。

值得注意的是,调整管 V 的调整作用是依靠 F_U 和 U_{REF} 之间的偏差来实现的,必须有偏差才能调整。如果 U_o 绝对不变,调整管的 U_{CE} 也绝对不变,那么电路也就不能起调整作用了,所以 U_o 不可能达到绝对稳定,只能是基本稳定。因此,图 6 - 12 所示的系统是一个闭环有差调整系统。

由以上分析可知,当反馈越深时,调整作用越强,输出电压 U_o 也越稳定,电路的稳压系数和输出电阻 R_o 也越小。

分立元件组成的串联稳压电源电路如图 6 - 13 所示。工作原理是:变压器将 220 V 市电降成需要的电压,经过桥式整流和滤波,将交流电变成直流电并滤去纹波,最后经过简单的串联稳压电路,输出端得到稳定的直流电压。

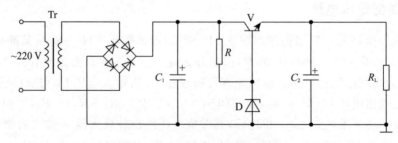

图 6 - 13　简单的串联稳压电源

6.2.4　三端集成稳压器

三端集成
稳压器

随着半导体工艺的发展而制成的稳压电路集成器件,具有体积小、精度高、可靠性好、使用灵活、价格低廉等优点,特别是三端集成稳压器,只有三个端子:输入端、输出端和公共端,基本上不需要外接元件,而且芯片内部有过流保护、过热保护及短路保护电路,使用方便、安全。三端集成稳压器分固定输出和可调输出两大类。

1. 三端固定输出集成稳压器

三端集成
稳压器基本
应用电路

三端固定集成稳压电路的输出电压是固定的,常用的是 CW7800/CW7900 系列。W7800 系列输出正电压,其输出电压有 5 V,6 V,7 V,8 V,9 V,10 V,12 V,15 V,18 V,20 V 和 24 V 共 11 个挡。该系列的输出电流分 5 挡,7800 系列是 1.5 A,78M00 是 0.5 A,78L00 是 0.1 A,78T00 是 3 A,78H00 是 5 A。W7900 系列与 W7800 系列所不同的是输出电压为负值。

三端固定输出集成稳压器的外形及典型应用电路如图 6-14 所示。输入端接整流滤波电路,输出端接负载;公共端接输入、输出端的公共连接点。为使它工作稳定,在输入、输出端与公共端之间分别并接一个电容。正常工作时,输入、输出电压差 2~3 V。电容 C_1 用来实现频率补偿,C_2 用来抑制稳压电路的自激振荡;C_1 一般为 0.33 μF,C_2 一般为 1 μF。使用三端稳压器时注意一定要加散热器,否则不能工作到额定电流。

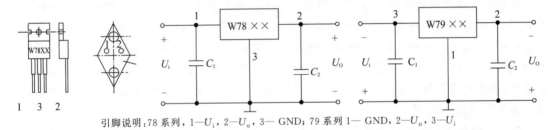

引脚说明:78 系列, 1—U_i, 2—U_o, 3— GND；79 系列 1— GND, 2—U_o, 3—U_i

图 6-14　三端稳压器外形及典型应用电路

2. 三端可调输出集成稳压器

三端可调
输出集成
稳压器

三端可调输出集成稳压器是在三端固定输出集成稳压器基础上发展起来的生产量大、应用面广的产品,它也有正电压输出 LM117,LM217 和 LM317 系列,负电压输出 LM137,LM237 和 LM337 系列两种类型。它既保留了三端稳压器的简单结构形式,又克服了固定式输出电压不可调的缺点,从内部电路设计上及集成化工艺方面采用了先进的技术,输出电压在 1.25~37 V 范围内连续可调。稳压精度高,价格便宜。

LM317 是三端可调稳压器的一种,它具有输出 1.5 A 电流的能力,典型应用的电路如图 6-15 所示。该电路的输出电压范围为 1.25~37 V。输出电压的近似表达式是

$$V_o = V_{REF}\left(1 + \frac{R_2}{R_1}\right)$$

式中,$V_{REF} = 1.25$ V。如果 $R_1 = 240$ Ω,$R_2 = 2.4$ kΩ,则输出电压近似为 13.75 V。调整 R_2,即可得到不同的输出电压。

3. 其他集成稳压器

前述三端稳压器的缺点是输入/输出之间必须维持 2～3 V 的电压差才能正常工作,在电池供电的装置中不能使用,例如,7805 在输出 1.5 A 时自身的功耗达到 4.5 W,不仅浪费能源,还需要散热器散热。Micrel 公司生产的三端稳压电路 MIC29150,具有 3.3 V,5 V 和 12 V 三种电压,输出电流 1.5 A,具

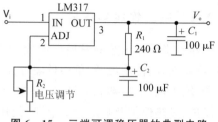

图 6 - 15   三端可调稳压器的典型电路

有和 7800 系列相同的封装,与 7805 可以互换使用。该器件的特点是:压差低,在 1.5 A 输出时的典型值为 350 mV,最大值为 600 mV;输出电压精度±2 %;最大输入电压可达 26 V,输出电压的温度系数为 20 mV /℃,工作温度－40～125 ℃;有过流保护、过热保护、电源极性接反及瞬态过压保护(－20～60 V)功能。该稳压器输入电压为 5.6 V,输出电压为 5.0 V,功耗仅为 0.9 W,比 7805 的 4.5 W 小得多,可以不用散热片。如果采用市电供电,则变压器功率可以相应减小。

6.3   开关电源电路

6.3.1   开关电源的特点及类型

当稳压电源中的调整管 V 在控制脉冲作用下工作于开关状态,通过适当调整开通和关断的时间,可使输出电压稳定的稳压电源称为开关稳压电源。调整管开通和关断时间的控制方式有两种:一种是固定开关频率,控制脉冲宽度(PWM——脉冲宽度调制);一种是固定脉冲宽度,控制开关频率(PFM——脉冲频率调制)。开关型稳压电源具有体积小、质量轻、功耗小、效率高、稳压范围宽和可靠性高等优点;但同时也存在电路复杂、维修麻烦和高次谐波辐射易对电路构成干扰等缺点。

按开关管与负载的连接方式可将开关型稳压电源分为串联开关式稳压电源和并联开关式稳压电源两种类型。本章只介绍串联开关型稳压电源。

6.3.2   开关电源基本结构与工作原理

1. 基本结构

图 6 - 16 为串联开关型稳压电路的组成框图,开关调整管 V 与负载 R_L 串联。它包括调整管 V 及其开关驱动电路(电压比较器)、取样电路(电阻 R_1 和 R_2)、三角波发生电路、基准电压电路、比较放大电路、滤波电路(电感 L、电容 C 和续流二极管 D)等几个部分。

2. 工作原理

基准电压电路提供稳定的基准电压 U_{REF},比较放大器 A_1 对取样电压 U_F 与基准电压 U_{REF} 的差值进行放大,其输出电压 U_A 送到电压比较器 A_2 的同相输入端。振荡器产生一个频率固定的三角波 U_T,它决定了电源的开关频率。U_T 送到电压比较器 A_2 的反相输入端,与 U_A 进行比较。当 $U_A > U_T$ 时,A_2 输出电压 U_B 为高电平,调整管 V 饱和导通;当 $U_A < U_T$ 时,输出电压 U_B 为低电平,调整管 V_1 截止。U_A,U_T 和 U_B 波形如图 6 - 17(a)、(b)所示。

设开关调整管的导通时间为 t_{on},截止时间为 t_{off}(见图 6 - 17(c)),脉冲波形的占空比定义为

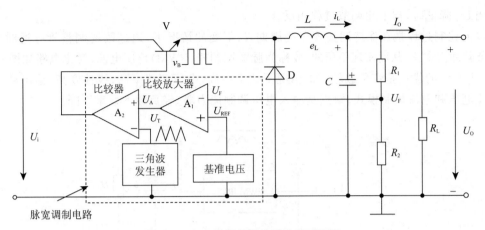

图 6 - 16　串联开关型稳压电路原理图

$$q = \frac{t_{on}}{T} = \frac{t_{on}}{t_{on} + t_{off}}$$

当开关调整管饱和导通时,忽略饱和压降,$U_E \approx U_i$,则输出电压平均值为

$$U_o = qU_i$$

电路采用 LC 滤波,D 为续流二极管。当调整管 V 导通时,二极管 D 截止;当 V 截止时,电感 L 的自感电动势 e_L 极性如图 6 - 16 所示。自感电动势 e_L 加在 R_L 和 D 的回路上,二极管 D 导通(电容 C 同时放电),负载 R_L 中继续保持原方向电流。续流滤波波形如图 6 - 17(d) 所示。

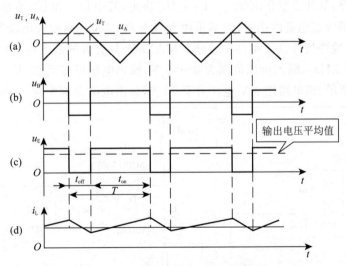

图 6 - 17　串联开关型稳压电路波形图

假设输出电压 U_o 升高,取样电压 U_F 同时增大,比较放大器 A_1 输出电压 U_A 下降,调整管 V 导通时间 t_{on} 减小,占空比 q 减小,输出电压 U_o 随之减小,结果使 U_o 基本不变。调节过程如下:

$$U_o \uparrow \longrightarrow U_F \uparrow \longrightarrow U_A \downarrow \longrightarrow U_B \downarrow \longrightarrow q \downarrow$$
$$U_o \downarrow \longleftarrow \hspace{10cm}$$

当 U_o 降低时,与上述调节过程相反。

以上控制过程是在保持调整管开关周期 T 不变的情况下,通过改变调整管导通时间 t_{on} 来调节脉冲占空比,从而实现稳压的,故称为脉宽调制式(PWM)稳压电源,简化电路如图 6-18 所示。PWM 的优点是在负载较重的情况下效率很高,电压调整率高,线性度高,输出纹波小,适用于电压和电流控制模式;缺点是输入电压调制能力弱,轻负载下效率下降。

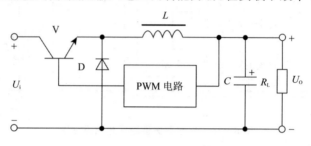

图 6-18　开关型稳压电路简化电路

开关型稳压电源的最低开关频率 f_T 一般在 10 Hz～100 kHz 范围内。f_T 越高,需要使用的 L,C 值越小。这样,系统的尺寸和质量将会减小,成本将随之降低。另一方面,开关频率的增加将使开关调整管单位时间转换的次数增加,使开关调整管的管耗增加,而效率将降低。

6.3.3　实际开关电源电路

MAX668 是 MAXIM 公司的产品,被广泛用于便携产品中。该电路采用固定频率、电流反馈型 PWM 电路,脉冲占空比由 $(U_{out} - U_{in})/U_{in}$ 决定,其中 U_{out} 和 U_{in} 是输出输入电压。输出误差信号是电感峰值电流的函数,内部采用双极性和 CMOS 多输入比较器,可同时处理输出误差信号、电流检测信号及斜率补偿纹波。MAX668 具有低的静态电流($220\ \mu A$),工作频率可调($100～500$ kHz),输入电压范围为 $3～28$ V,输出电压可高至 28 V。用于升压的典型电路如图 6-19 所示,该电路把 5 V 电压升至 12 V,输出电流为 1 A 时,转换效率高于 92%。

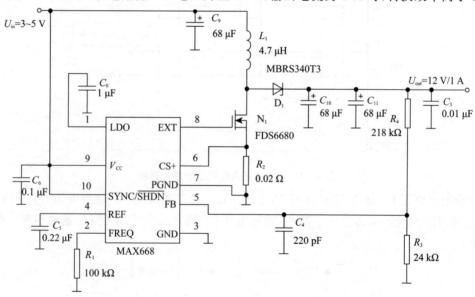

图 6-19　由 MAX668 组成的升压电源

MAX668 的引脚说明：

引脚 1，LDO，该引脚是内置 5 V 线性稳压器输出，应该连接 1 μF 的陶瓷电容。

引脚 2，FREQ，工作频率设置。

引脚 3，GND，模拟地。

引脚 4，REF，1.25 V 基准输出，可提供 50 μA 电流。

引脚 5，FB，反馈输入端，FB 的门限为 1.25 V。

引脚 6，CS＋，电流检测输入正极，检测电阻接到 CS＋与 PGND 之间。

引脚 7，PGND，电源地。

引脚 8，EXT，外部 MOSFET 门极驱动器输出。

引脚 9，V_{cc}，电源输入端，旁路电容选用 0.1 μF 电容。

引脚 10，SYNC/$\overline{\text{SHDN}}$，停机控制与同步输入。它有两种控制状态：低电平输入，DC－DC 关断；高电平输入，DC－DC 工作频率由 FREG 端的外接电阻 R_{osc} 确定。

本章小结

1. 直流稳压电源由整流电路、滤波电路和稳压电路组成。整流电路将交流电压变为脉动的直流电压，滤波电路可减小脉动使直流电压平滑，稳压电路的作用是在电网电压波动或负载发生变化时保持输出电压基本不变。

2. 按交流电类型不同可分为单相整流和三相整流；按输出波形不同可分半波整流和全波整流。最常见的整流电路是单相桥式整流电路，其输出电压约为 $0.9U_2$（U_2 为变压器副边电压有效值）。

3. 滤波电路可分电容滤波、电感滤波、复合滤波。当 R_LC 足够大时，桥式（全波）整流电容滤波电路的输出电压约为 $1.2U_2$。负载电流较小时，可采用电容滤波；负载电流较大时，应采用电感滤波；对滤波效果要求较高时，可采用复合滤波。

4. 稳压管稳压电路依靠稳压管的电流调节作用和限流电阻的电压调节作用，使输出电压稳定。其电路结构简单，但输出电压不可调，只适用于负载电流较小且其变化范围也较小的场合。

5. 串联型稳压电路主要由基准电压电路、取样电路、比较放大电路和调整管四部分组成。调整管接成射极输出形式，引入深度电压负反馈，从而使输出电压稳定。由于调整管始终工作在线性放大状态，功耗较大，效率较低。

6. 三端式集成稳压器只有三个引出端：输入端、输出端和公共端（或调整端）。使用时要注意不同型号集成稳压器引脚排列及其功能的差异，同时要注意电压、电流及耗散功率等参数不能高于其极限值。

7. 开关型稳压电路中的调整管工作于饱和导通与截止两种状态，本身功耗小，效率高，但一般输出纹波电压较大，电压调节范围较小。脉宽调制式（PWM）开关型稳压电路是在控制脉冲频率不变的情况下，通过电压反馈调节其占空比，进而改变调整管饱和导通的时间来稳定输出电压的。

习　题

1. 判断如下说法是否正确。

① 直流电源是一种将正弦信号转换为直流信号的波形变化电路。（　）

② 直流电源是一种能量转换电路,它将交流能量转换成直流能量。（　）

③ 在变压器副边电压和负载电阻相同的情况下,桥式整流电路的输出电流是半波整流电路输出电流的 2 倍。（　）

④ 若 U_2 为变压器副边电压的有效值,则半波整流电容滤波电路和全波整流电容滤波电路在空载时的输出电压均为 $\sqrt{2}U_2$。（　）

⑤ 一般情况下,开关型稳压电路比线性稳压电路的效率高。（　）

⑥ 整流电路可将正弦电压变为脉动的直流电压。（　）

⑦ 整流的目的是将高频电流变为低频电流。（　）

⑧ 在单相桥式整流电容滤波电路中,若有一只整流管断开,则输出电压平均值变为原来的一半。（　）

⑨ 直流稳压电源中滤波电路的目的是将交流变为直流。（　）

⑩ 开关型直流电源比线性直流电源效率高的原因是调整管工作在开关状态。（　）

2. 在括号内选择合适的内容填空。

① 在直流电源中变压器次级电压相同的条件下,若希望二极管承受的反向电压较小,而输出直流电压较高,则应采用_____整流电路;若负载电流为 200 mA,则宜采用_____滤波电路;若负载电流较小的电子设备中,为了得到稳定的但不需要调节的直流输出电压,则可采用_____稳压电路或集成稳压器电路;为了适应电网电压和负载电流变化较大的情况,且要求输出电压可调,则可采用_____晶体管稳压电路或可调的集成稳压器电路。(半波、桥式、电容型、电感型、稳压管、串联型)

② 具有放大环节的串联型稳压电路在正常工作时,调整管处于_____工作状态。若要求输出电压为 18 V,调整管压降为 6 V,整流电路采用电容滤波,则电源变压器次级电压有效值应选_____V。(放大、开关、饱和、18、20、24)

3. 在题图 6-1 所示的整流滤波电路中,已知 $u_2=20$ V,现用直流电压表测得 A、B 两点间的电压如下:① $U_o=28$ V,② $U_o=24$ V,③ $U_o=18$ V,④ $U_o=9$ V,试指出哪种情况下电路工作正常,哪些情况下电路出了故障,并指出故障原因。

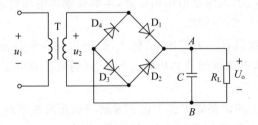

题图 6-1

4. 串联型稳压电路如题图 6-2 所示,稳压管 D_z 的稳定电压为 5.3 V,电阻 $R_1=R_2=$

$200\ \Omega$，晶体管 $U_{BE}=0.7\ V$。

　　① 试说明电路如下四个部分分别由哪些元器件构成（填空）：

　　a. 调整管 _____；

　　b. 放大环节 _____；

　　c. 基准环节 _____；

　　d. 取样环节 _____。

　　② 当 R_P 的滑动端在最下端时 $U_o=15\ V$，求 R_P 的值。

　　③ 当 R_P 的滑动端移至最上端时，$U_o=$？

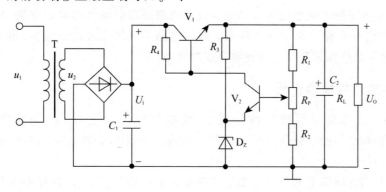

题图 6 - 2

　　5. 试将题 4 中的串联型晶体管稳压电路用 W7800 代替，并画出电路图；若有一个具有中心抽头的变压器、一块全桥、一块 W7815、一块 W7915，以及一些电容、电阻，试组成一个可输出 ±15 V 的直流稳压电路。

第7章 数字电路基础知识

7.1 概 述

数字电路是电子技术的重要组成部分。数字电路处理的信号都是数字量,在采用二进制的数字电路中,信号只有0和1两种状态。数字电路不仅能完成数值运算,还能进行逻辑运算,因而也把数字电路称为逻辑电路或数字逻辑电路。

7.1.1 数字信号与模拟信号

电子电路的工作信号可分为两种类型:模拟信号(analog signal)和数字信号(digital signal)。处理模拟信号的电路称为模拟电路(analog circuit),处理数字信号的电路称为数字电路(digital circuit)。

模拟信号是指在时间上和数值上都是连续变化的电信号,如生产过程中由传感器检测的由某种物理量(声音、温度或压力等)转化成的电信号、模拟电视的图像和伴音信号等。

数字信号是指在时间上和数值上都是断续变化的离散信号,如电子表的秒信号、自动生产线上记录产品或零件数量的信号等。

图 7-1(a),(b)所示分别为模拟电压信号和数字电压信号。

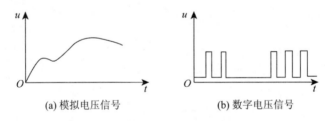

(a) 模拟电压信号   (b) 数字电压信号

图 7-1 模拟电压信号和数字电压信号

7.1.2 数字电路的特点及应用

数字电路处理的信号包括反映数值大小的数字量信号和反映事物因果关系的逻辑量信号(见图 7-1(b)),与模拟电路相比,它具有如下特点:

① 数字电路中的半导体器件(如二极管、三极管、场效应管)多数处于开关状态,可利用管子的导通和截止两种工作状态代表二进制的 0 和 1,完成信号的传输和处理任务。

② 数字电路的基本单元电路只要能可靠地区分开 1 和 0 两种状态即可,因此数字电路结构比较简单,而且具有工作可靠、精度高、成本低、使用方便、抗干扰能力强和便于集成等优点。

③ 由于数字电路的工作状态、研究内容与模拟电路不同,所以分析方法也不同。数字电路的分析常采用逻辑代数和卡诺图法。

由于数字电路具有许多特殊的优点,因而广泛应用于通信、自动控制、计算机、智能仪器、家用电器(如 VCD、DVD、电视机)等领域。

7.1.3　常见的脉冲波形

脉冲信号(pulse signal)是指在短暂时间间隔内作用于电路的电压或电流信号。

脉冲信号有多种形式,图 7－2 所示为几种常见的脉冲波形,它可以是偶尔出现的单脉冲,也可以是周期性出现的重复脉冲序列。

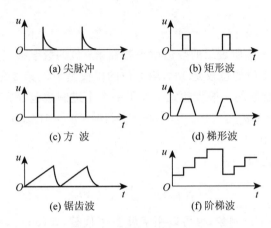

(a) 尖脉冲　　　　(b) 矩形波

(c) 方　波　　　　(d) 梯形波

(e) 锯齿波　　　　(f) 阶梯波

图 7－2　常见的脉冲波形

数字电路中的输入、输出电压值一般有两种取值:高电平或低电平,因此常用矩形脉冲作为电路的工作信号,如图 7－2(b)所示。

7.1.4　数字电路的分类

数字电路按组成结构不同,可分为分立组件电路(discrete circuit)和集成电路(integrated circuit)两大类。其中集成电路按集成度(在一块硅片上包含组件数量的多少)可分为小规模、中规模、大规模和超大规模集成电路。

按电路所使用的器件不同,可分为双极型电路(如 DTL,TTL,ECL,IIL,HTL 等)和单极型电路(如 NMOS,PMOS,CMOS,HCMOS 等)。

按电路的逻辑功能不同可分为组合逻辑电路(combinational logic circuit)和时序逻辑电路(sequential logic circuit)两大类。

7.2　常用的数制与码制

7.2.1　数　制

表示数值大小的各种计数方法称为计数体制,简称数制。"逢十进一""借一当十"的十进制是人们日常生活中常用的一种计数体制,而数字电路中常用的则是二进制、八进制、十六进制。下面对这几种进制及它们之间的转换逐一进行介绍。

1. 十进制数

十进制数(Decimal number)是人们在日常生活中最常用的一种数制,它有 0,1,2,3,4,5,6,7,8,9 十个数码,基数(base)为 10。计数规则是"逢十进一"或"借一当十"。

每一位数码根据它在数中的位置不同,代表不同的值。在数列中每个位置数符所表示的数值称为位权或权(weight)。例如十进制正整数 3 658 可写为 $3\ 658 = 3 \times 10^3 + 6 \times 10^2 + 5 \times 10^1 + 8 \times 10^0$

第 3 位	第 2 位	第 1 位	第 0 位
3	6	5	8
千位	百位	十位	个位

n 位十进制数中,第 i 位所表示的数值就是处在第 i 位的数字乘上 10^i——基数的 i 次幂。第 0 位的位权是 10^0,第 1 位的位权是 10^1,第 2 位的位权是 10^2,第 3 位的位权是 10^3。

由此可以得出十进制数的一般表达式。如果一个十进制数包含 n 位整数和 m 位小数,则
$(N)_{10} = a_{n-1} \times 10^{n-1} + a_{n-2} \times 10^{n-2} + \cdots + a_1 \times 10^1 + a_0 \times 10^0 + a_{-1} \times 10^{-1} + a_{-2} \times 10^{-2} + \cdots + a_{-m} \times 10^{-m}$

用数学式表示的通式为

$$(N)_{10} = \sum_{i=-m}^{n-1} a_i \times 10^i$$

式中,下标 10 表示 N 是十进制数,也可以用字母 D 来代替,如 $(35)_{10}$,或 $(35)_D$。

2. 二进制数

二进制数(Binary number)只有 0,1 两个数码,基数为 2,计数规则是"逢二进一"或"借一当二"。其位权为 2 的整数幂,按权展开式的规律与十进制相同。如

$$(1101)_2 = 1 \times 2^3 + 1 \times 2^2 + 0 \times 2^1 + 1 \times 2^0$$

用数学式表示的通式为

$$(N)_2 = \sum_{i=-m}^{n-1} a_i \times 2^i$$

式中,下标 2 表示 N 是二进制数,也可以用字母 B 来代替,如 $(11000)_2$ 或 $(11000)_B$。

二进制数的优缺点:

优点:首先,二进制数只有 0 和 1 两个数,因此很容易用电路元件的两种状态来表示(如开关的接通和断开、晶体管的导通与截止、电容器的充电与放电等);其次,二进制数运算简单,便于实现逻辑运算。

缺点:书写冗长,不便阅读。

3. 八进制数和十六进制数

二进制数在使用时位数通常较多,不便于书写和记忆,在数字系统中常采用八进制和十六进制来表示二进制数。

(1)八进制数

八进制数(Octal number)有 0,1,2,3,4,5,6,7 八个数码,基数为 8,各位的位权是 8 的整数幂,其计数规划是"逢八进一"或"借一当八",用数学式表示的通式为

$$(N)_8 = \sum_{i=-m}^{n-1} a_i \times 8^i$$

式中,下标 8 表示 N 是八进制数,也可以用字母 O 来代替,如

$$(1234)_8 = (1234)_O = 1 \times 8^3 + 2 \times 8^2 + 3 \times 8^1 + 4 \times 8^0$$

（2）十六进制数

十六进制数（Hex number）有 0,1,2,3,4,5,6,7,8,9,A,B,C,D,E,F 十六个数码,符号 A～F 分别代表十进制的 10～15,基数为 16,其计数规则是"逢十六进一"或"借一当十六",用数学式表示的通式为

$$(N)_{16} = \sum_{i=-m}^{n-1} a_i \times 16^i$$

式中,下标 16 表示 N 是十六进制数,也可以用字母 H 来代替,如

$$(27BC)_{16} = (27BC)_H = 2 \times 16^3 + 7 \times 16^2 + B \times 16^1 + C \times 16^0$$

7.2.2　几种数制之间的转换

1. 非十进制数转换为十进制数

就是将非十进制数转换为等值的十进制数。转换时只须将非十进制数按权展开,然后相加,就可以得出结果。

例 7 - 1　将 $(1101.11)_2$ 转换成十进制数。

解:

$$(1101.11)_2 = 1 \times 2^3 + 1 \times 2^2 + 0 \times 2^1 + 1 \times 2^0 + 1 \times 2^{-1} + 1 \times 2^{-2} =$$
$$2^3 + 2^2 + 2^0 + 2^{-1} + 2^{-2} = (13.75)_{10}$$

例 7 - 2　将 $(32A)_{16}$ 转换成十进制数。

解:

$$(32A)_{16} = 3 \times 16^2 + 2 \times 16^1 + 10 \times 16^0 =$$
$$768 + 32 + 10 = (810)_{10}$$

2. 十进制数转换为非十进制数

就是将十进制数转换为等值的非十进制数。将十进制数转换为非十进制数,需要将十进制的整数部分和小数部分分别进行转换,然后再将它们合并起来。

（1）整数部分的转换

十进制整数转换成二进制整数的方法为"除 2 取余逆排法"。具体做法是将十进制数逐次地用 2 除,取余数,一直除到商数为零。每次除完所得余数就作为要转换数的系数,取最后一位余数为最高位,依次按从低位到高位顺序排列。这种方法可概括为"除 2 取余,从低位到高位书写"。

例 7 - 3　将 $(38)_{10}$ 分别转换成二进制、八进制、十六进制数。

解:

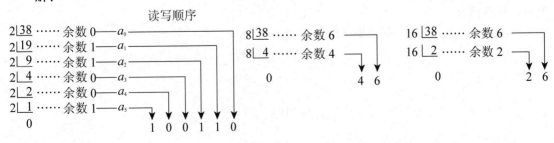

所以 $(38)_{10}=(100110)_2=(46)_8=(26)_{16}$。

由于八进制数和十六进制数与二进制数之间的转换关系非常简单，故可以利用二进制数直接转化为八进制数和十六进制数。

二进制数转换成八进制数，只要把二进制数从低位到高位，每 3 位分成一组，高位不足 3 位时补 0，写出相应的八进制数，就可以得到二进制数的八进制转换值。反之，将八进制数中每一位都写成相应的 3 位二进制数，所得到的就是八进制数的二进制转换值，如

$$(1010001)_2 = (001 \quad 010 \quad 001)_2 = (121)_8 \qquad (27)_8 = (\quad 2 \qquad 7\quad) = (10111)_2$$
$$\qquad\qquad\qquad\downarrow\qquad\downarrow\qquad\downarrow\qquad\qquad\qquad\qquad\qquad\qquad\downarrow\qquad\downarrow$$
$$\qquad\qquad\qquad 1\qquad 2\qquad 1\qquad\qquad\qquad\qquad\qquad\qquad 010\quad 111$$

同理，二进制数转换成十六进制数，只需要把二进制数从低位到高位，每 4 位分成一组，高位不足 4 位时补 0，写出相应的十六进制数，所得到的就是二进制数的十六进制转换值。反之，将十六进制数中的每一位都写成相应的 4 位二进制数，便可得到十六进制数的二进制转换值，如

$$(7A)_{16} = (\quad 7 \qquad A\quad) = (1111010)_2$$
$$\qquad\qquad\quad\downarrow\qquad\downarrow$$
$$\qquad\qquad 0111\quad 1010$$

（2）小数部分的转换

十进制小数转换成二进制小数可以采用"乘 2 取整法"，具体做法是将十进制数不断乘 2，取出整数，一直乘到积为 0 止（有时乘积永远不会为零，则按精度要求，只取有限位即可）。最先取出的数作高位，后得到的作低位，依次排列。这种方法可概括为"乘 2 取整，从高位到低位书写"。

例 7 - 4 将 $(0.6825)_{10}$ 转换为二进制数。

解：

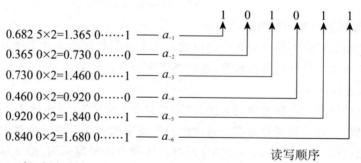

所以 $(0.6825)_{10}=(0.101011)_2$。

如精度不够，还可继续求 $a_{-7}, a_{-8}, \cdots$。

如要求转换为八进制数和十六进制数，可利用八进制数和十六进制数与二进制数的对应关系。对本例有

$$(0.6825)_{10} = (0.101011)_2 =$$
$$(0.101 \quad 011)_2 = (0.53)_8 =$$
$$\quad\downarrow\qquad\downarrow$$
$$\quad 5\qquad 3$$
$$(0.1010 \quad 1100)_2 = (0.AC)_{16}$$
$$\quad\downarrow\qquad\quad\downarrow$$
$$\quad A\qquad\quad C$$

7.2.3　码　制

在数字系统中,由 0 和 1 组成的二进制数码不仅可以表示数值的大小,而且还可以表示数值的信息。这种具有特定含义的数码称为二进制代码。编码是给二进制数组定义特定含义的过程,例如用二进制数来描述电梯动作,可以用二进制数 $D = D_1 D_0$ 来表示,$D = 00$ 表示停止,$D = 01$ 表示上升,$D = 10$ 表示下降。这些关系的定义可以有多种方法,一旦定义后,D 的不同值就代表了不同的含义。在日常生活中编码的种类很多,如运动员的编号、学生的学号和住房门牌号等。

由于十进制数码(0~9)不能在数字电路中运行,所以需要转换为二进制数。常用 4 位二进制数进行编码来表示 1 位十进制数。这种用二进制代码表示十进制数的方法称为二-十进制编码,简称 BCD(Binary Coded Decimal system)码。

由于 4 位二进制代码可以有 16 种不同的组合形式,用来表示 0~9 十个数字,只用到其中 10 种组合,因而编码的方式很多,其中一些比较常用,如 8421 码、5421 码、2421 码、余 3 码等。常用的 BCD 编码如表 7-1 所列。

表 7-1　常用的 BCD 编码

十进制数码	BBCD 码				
	8421 码	5421 码	2421 码	余 3 码(无权码)	格雷码(无权码)
0	0000	0000	0000	0011	0000
1	0001	0001	0001	0100	0001
2	0010	0010	0010	0101	0011
3	0011	0011	0011	0110	0010
4	0100	0100	0100	0111	0110
5	0101	1000	1011	1000	0111
6	0110	1001	1100	1001	0101
7	0111	1010	1101	1010	0100
8	1000	1011	1110	1011	1100
9	1001	1100	1111	1100	1000

1. 8421 码

8421 码是最简单、最自然、使用最多的一种编码,它用四位二进制数码表示一位十进制数,该四位二进制数码从左至右各位的权值分别为 8,4,2,1,故称为 8421 码。它是一种有权码。

2. 5421 码和 2421 码

这两种编码也是有权码,由高到低权值依次为 5,4,2,1 和 2,4,2,1。在 2421 码中,0 和 9,1 和 8,2 和 7,3 和 6,4 和 5,两两之间互为反码,将其中一个数的各位代码取反,便可以得到另一个数的代码。

3. 余 3 码

这种代码所组成的 4 位二进制数恰好比它表示的十进制数多 3,因此称为余 3 码。余 3 码不能由各位二进制的权来决定其代表的十进制数,故属于无权码。在余 3 码中,0 和 9,1 和 8,2 和 7,3 和 6,4 和 5 也互为反码。

4. 格雷码

如果任意相邻的两组代码仅仅只有一位不同,则这种编码叫作格雷码。格雷码是无权码。

格雷码并不唯一,表7-1中所列是一种典型的格雷码。计数电路按格雷码计数时,每次状态更新仅有一位代码变化,减少了出错的可能性,格雷码也有利于提高电路的可靠性和速度。

另外,为了提高数字电路传递代码的可靠性,还采用其他一些编码方法。常用的有余3循环码、步进码、奇偶校验码等。

7.3 逻辑代数的基本概念

7.3.1 逻辑函数和逻辑变量

所谓逻辑,就是因果关系的规律性。一般人们称决定事物的因素(原因)为逻辑变量(logic variables),而称被决定事物的结果为由逻辑变量表示的逻辑函数(logic function)。

逻辑代数是描述客观事物逻辑关系的数学方法。它是英国数学家乔治·布尔在1847年首先提出来的,所以又称布尔代数。在逻辑代数中,逻辑变量一般用字母 $A,B,C,D,\cdots,X,Y,Z$ 等来表示,取值只有两个:1和0。这里的1和0不表示数量的大小,只表示变量(事物)的两种对立状态,称为逻辑状态。如在用开关控制灯的逻辑事件中,可以用1和0表示开关的闭合和断开、灯的亮和灭。因此,通常把1称为逻辑1(1状态),把0称为逻辑0(0状态)。

7.3.2 三种基本逻辑运算

用逻辑变量表示输入,逻辑函数表示输出,结果与条件之间的关系称为逻辑关系。基本的逻辑关系有三种:与、或、非。与之相应,逻辑代数中有三种基本运算:与、或、非运算。

1. 与逻辑(与运算)

当决定一件事情的所有条件全部具备之后,这件事才会发生,这种因果关系称为与逻辑。

例如在图7-3所示的电路中,只有开关 A 与 B 全部闭合时,灯 Y 才会亮。显然对灯亮来说,开关 A 与开关 B 闭合是"灯亮"的全部条件。所以,Y 与 A 和 B 的关系就是与逻辑的关系。

功能表(function table):把开关 A、开关 B 和灯 Y 的状态对应关系列在一起,所得到的就是反映电路基本逻辑关系的功能表(见表7-2)。

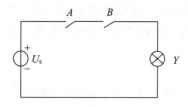

图7-3 与逻辑电路实例

表7-2 与逻辑功能表

开关 A	开关 B	灯 Y
断	断	灭
断	合	灭
合	断	灭
合	合	亮

真值表(truth table):用逻辑1和逻辑0分别表示开关和电灯有关状态的过程,称为状态赋值。通常把结果发生和条件具备用逻辑1表示,结果不发生和条件不具备用逻辑0表示。如果用1表示开关 A、开关 B 闭合,0表示开关断开,1表示灯 Y 亮,0表示灯 Y 灭,则根据表7-2就可列出反映与逻辑关系的真值表,见表7-3。

上述逻辑变量的与逻辑关系可以表示为

$$Y = A \cdot B \tag{7-1}$$

读作 Y 等于 A 与 B。式(7-1)中,"·"是与逻辑的运算符号,在不致混淆的情况下,常常可省去不写。与逻辑又称为逻辑乘。

表 7-3　与逻辑真值表、逻辑符号及逻辑规律

真值表			逻辑符号	逻辑规律
A	B	Y		
0	0	0		有 0 出 0
0	1	0		
1	0	0		全 1 出 1
1	1	1		

2. 或逻辑(或运算)

在决定一件事情的所有条件中,只要有一个条件具备,这件事就会发生,这样的因果关系称为或逻辑。

例如在图 7-4 所示的电路中,只要开关 A 或开关 B 有一个合上,灯 Y 就会亮。或逻辑的真值表、逻辑符号及逻辑规律如表 7-4 所列。

上述两个变量的或逻辑可以表示为

$$Y = A + B \qquad\qquad (7-2)$$

读作 Y 等于 A 或 B。式(7-2)中,"+"表示或运算,即逻辑加法运算。因此或逻辑又称为逻辑加。

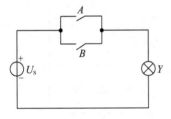

图 7-4　与逻辑电路实例

表 7-4　或逻辑真值表、逻辑符号及逻辑规律

真值表			逻辑符号	逻辑规律
A	B	Y		
0	0	0		有 1 出 1
0	1	1		
1	0	1		全 0 出 0
1	1	1		

3. 非逻辑

非就是反,就是否定。只要决定一事件的条件具备了,这件事便不会发生;而当此条件不具备时,事件一定发生,这样的因果关系称为逻辑非,也就是非逻辑。

在图 7-5 所示的电路中,开关 A 闭合($A=1$)时,灯 Y 灭($Y=0$);开关 A 断开($A=0$)时,灯 Y 亮($Y=1$)。非逻辑的真值表、逻辑符号及逻辑规律如表 7-5 所列。

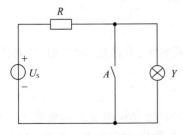

图 7-5　非逻辑电路实例

表 7-5　非逻辑真值表、逻辑符号及逻辑规律

真值表		逻辑符号	逻辑规律
A	Y		
0	1		进 0 出 1
1	0		进 1 出 0

上述关系可表示为

$$Y = \overline{A} \tag{7-3}$$

读作 Y 等于 A 非,或者 Y 等于 A 反。A 上面的一横就表示非或反。这种运算称为逻辑非运算,或者称逻辑反运算。

上面介绍的三种基本逻辑关系可以用一些电子电路来实现,这些电路统称为门电路。能够实现与逻辑运算的电路称为与门(AND gate),能够实现或逻辑运算的电路称为或门(OR gate),能够实现非逻辑运算的电路称为非门(NOT gate)。

7.3.3 常用的复合逻辑函数

在工程实际应用中,逻辑问题比较复杂,因此在数字逻辑电路中常常命名一些具有复合逻辑函数功能的门电路。含有两种或两种以上逻辑运算的逻辑函数称为复合逻辑函数。

表 7-6 列出了常用的复合逻辑门的名称、逻辑功能、逻辑符号及逻辑函数表达式。工程技术人员要熟悉这些常用的复合逻辑函数的逻辑符号以及它们的逻辑函数表达式。

表 7-6 常用的复合逻辑函数

逻辑门名称	逻辑功能	逻辑符号	逻辑函数表达式
与非门	与非		$Y = \overline{AB}$
或非门	或非		$Y = \overline{A+B}$
与或非门	与或非		$Y = \overline{AB+CD}$
异或门	异或		$Y = A \oplus B = \overline{A}B + A\overline{B}$
同或门	同或		$Y = A \odot B = AB + \overline{A}\,\overline{B}$

表 7-6 中,与非逻辑是由与运算和非运算组合而成的,运算顺序是先与后非;或非逻辑是由或运算和非运算组合而成,运算顺序是先或后非;与或非逻辑是由与运算、或运算、非运算组合而成,运算顺序为"先与再或最后非"。

7.3.4 逻辑函数的表示方法及相互转换

1. 逻辑函数的表示方法

逻辑函数可以有多种表示方法,如真值表、逻辑表达式、逻辑图、卡诺图、时序图(波形图)等,它们各有特点,在实际工作中需要根据具体情况选用。

(1)真值表

N 个输入变量可组合成 2^N 种不同取值,把变量的全部取值组合和相应的函数值一一对应地列在表格中即为真值表。它具有直观明了的优点。在许多数字集成电路手册中,常常以真值表的形式给出器件逻辑功能。

（2）逻辑表达式

逻辑表达式是由三种基本运算把各个变量联系起来表示逻辑关系的数学表达式,书写简洁方便,便于通过逻辑代数进行化简或变换。

（3）逻辑图

将逻辑函数的对应关系用对应的逻辑符号表示,就可以得到逻辑图。由于逻辑符号通常有相对应的逻辑器件,因此,逻辑图也称逻辑电路图。

逻辑函数表达式和逻辑图都不是唯一的,可以有不同的形式。逻辑函数的其他表示方法,如卡诺图、时序图、波形图等,将在后面章节介绍。

2. 各种表示方法间的相互转换

（1）真值表与逻辑函数表达式的相互转换

1）由真值表写出逻辑函数表达式

由真值表写出逻辑函数表达式的方法是:将真值表中每一组函数值 Y 为 1 的输入变量都写成一个乘积项。在这些乘积项中,输入变量取值为 1,用原变量表示;取值为 0,用反变量表示。将这些乘积项相加,就得到了逻辑函数表达式。

2）由逻辑函数表达式列出真值表

由逻辑函数表达式列出真值表的方法是:将输入变量的各种可能取值代入逻辑函数表达式中运算,求出函数的值,并对应地填入表中,即可得到真值表。

例 7-5　已知真值如表 7-7 所列,试写出对应的逻辑函数表达式。

解:由真值表可知,只有当输入变量 A,B 取值不同时,输出变量 Y 才为 1。按上述转换方法,可写出逻辑函数表达式为

$$Y = \overline{A}B + A\overline{B}$$

（2）逻辑函数表达式与逻辑图的相互转换

1）根据逻辑函数表达式画出逻辑图

由逻辑函数表达式画出逻辑图的方法是:用逻辑符号代替逻辑函数表达式中的逻辑运算符号,并正确连接起来,所得到的电路图即为逻辑图。

2）由逻辑图写出逻辑函数表达式

由逻辑图写出逻辑函数表达式的方法是:从输入到输出逐级写出逻辑图中每个逻辑符号所表示的逻辑函数式,就可以得到对应的逻辑函数表达式。

例 7-6　已知逻辑函数表达式为 $Y = \overline{A}B + A\overline{B}$,画出对应的逻辑图。

解:将式中所有与、或、非的运算符号用逻辑符号代替,按照运算优先顺序正确连接起来,就可以画出图 7-6 所示的逻辑图。

表 7-7　例 7-5 的真值表

A	B	Y
0	0	0
0	1	1
1	0	1
1	1	0

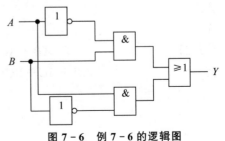

图 7-6　例 7-6 的逻辑图

7.3.5 逻辑代数的基本公式和定律

逻辑代数是研究逻辑电路的数学工具,它为分析和设计逻辑电路提供了方便。根据三种基本逻辑运算,可推导一些基本公式和定律,形成一些运算规则。掌握并熟练运用这些规则,对于逻辑电路的分析和设计十分重要。

1. 逻辑代数的基本公式

(1) 常量和常量之间的关系

$$0 \cdot 0 = 0, \quad 0 \cdot 1 = 0, \quad 1 \cdot 1 = 1$$
$$0 + 0 = 0, \quad 0 + 1 = 1, \quad 1 + 1 = 1$$
$$\overline{0} = 1, \quad \overline{1} = 0$$

(2) 变量和常量之间的关系

$$A + 0 = A, \quad A \cdot 1 = A$$
$$A + 1 = 1, \quad A \cdot 0 = 0$$
$$A + \overline{A} = 1, \quad A \cdot \overline{A} = 0$$

(3) 与普通代数相似的定律

交换律
$$A + B = B + A, \quad A \cdot B = B \cdot A$$

结合律
$$(A + B) + C = A + (B + C) = (A + C) + B, \quad (A \cdot B) \cdot C = A \cdot (B \cdot C) = (A \cdot C) \cdot B$$

分配律
$$A \cdot (B + C) = AB + AC, \quad A + B \cdot C = (A + B) \cdot (A + C)$$

(4) 逻辑代数的一些特殊定理

重叠律
$$A + A = A, \quad A \cdot A = A$$

反演律[德·摩根(DeMorgan)定理]
$$\overline{A + B} = \overline{A} \cdot \overline{B}, \quad \overline{A \cdot B} = \overline{A} + \overline{B}$$

还原律
$$\overline{\overline{A}} = A$$

(5) 一些常用公式

公式一 $\qquad AB + A\overline{B} = A$

公式二 $\qquad AB + A\overline{B} = A$

公式三 $\qquad A + \overline{A}B = A + B$

证: $\qquad A + \overline{A}B = (A + \overline{A})(A + B) = 1(A + B) = A + B$

公式四 $\qquad AB + \overline{A}C + BC = AB + \overline{A}C$

证: $\qquad AB + \overline{A}C + BC = AB + \overline{A}C + (A + \overline{A})BC =$
$$AB + \overline{A}C + (AB)C + (\overline{A}C)B =$$
$$AB(1 + C) + \overline{A}C(1 + B) =$$
$$AB + \overline{A}C$$

公式五
$$AB+\overline{A}C+BCD=AB+\overline{A}C$$

证：
$$AB+\overline{A}C+BCD=AB+\overline{A}C+BC+BCD=$$
$$AB+\overline{A}C+BC=$$
$$AB+\overline{A}C$$

公式四和公式五说明，若两个乘积项中一项包含了原变量 A，另一项包含了反变量 $\overline{A}$，而这两项的其余因子又构成了第三个乘积项，或者构成了第三个乘积项的因子，则第三个乘积项可消去。

2. 逻辑代数的三个法则

(1) 代入法则

在任何一个逻辑等式中，如果将等式两边的某一变量都代入相同逻辑函数，则等式仍然成立，这个规律称为代入规则。

例如，已知等式 $\overline{A+B}=\overline{A}\,\overline{B}$，若用 $Y=A+C$ 代替等式中的 A，根据代入规则等式仍然成立，即

$$\overline{A+C+B}=\overline{(A+C)}\cdot\overline{B}=\overline{A}\cdot\overline{B}\cdot\overline{C}$$

可见，利用代入规则可以扩大上述公式的应用范围。

(2) 反演规则

对任何一个逻辑函数 Y，只要把式中所有的"·"换为"＋"、"＋"换为"·"、0 换为 1、1 换为 0、原变量换为反变量、反变量换为原变量，所得到的新函数即为原函数的反函数，这个规则称为反演规则。

例 7 - 7　求 Y_1 和 Y_2 的反函数。

① $Y_1=\overline{A}B+A\overline{B}C+CD$；

② $Y_2=(A+\overline{B}\cdot\overline{C}\cdot\overline{D})\cdot E$。

解：按反演规则可直接写出 Y_1 和 Y_2 的反函数

$$\overline{Y_1}=(A+\overline{B})\cdot(\overline{A}+B+\overline{C})\cdot(\overline{C}+\overline{D})$$

$$\overline{Y_2}=\overline{A}\cdot(B+\overline{\overline{C}+D})+E$$

在反演过程中，注意遵守两个原则：① 对不是一个变量的非号应保持不变。② 运算先后次序不变。

(3) 对偶规则

对任何一个逻辑函数表达式，如将式中的"·"换为"＋"，"＋"换为"·"，"0"换为"1"，"1"换为"0"，所得到的逻辑函数式是原来逻辑函数式的对偶式，记作 F'。

对偶规则：若两个逻辑函数式相等，则它们的对偶式也相等。

例 7 - 8　求 $Y=A\cdot(B+\overline{C})$ 的对偶式。

解：
$$Y'=A+B\cdot\overline{C}$$

利用对偶规则可以减少公式的证明。例如，分配律为 $A(B+C)=AB+AC$，求这一公式两边的对偶式，则有分配律 $A+BC=(A+B)(A+C)$ 也成立。

由此可见，利用对偶定理，可以使证明和记忆的公式数目减少一半。

7.4　逻辑函数的化简

　　用数字电路实现逻辑函数时,希望表达式越简单越好,因为简单的表达式可以使逻辑图也简单,从而节省元器件,降低成本。因此,设计逻辑电路时,逻辑函数的化简成为必不可少的重要环节。

7.4.1　逻辑函数表达式的类型和最简式的含义

1. 表达式的类型

　　一个逻辑函数,其表达式的类型是多种多样的。人们常按照逻辑电路的结构不同,把表达式分成 5 类:与-或、或-与、与非-与非、或非-或非、与-或-非。

$$例如:Y = AB + \overline{A}C \qquad\qquad 与-或$$

$$= \overline{\overline{AB + \overline{A}C}} = \overline{\overline{AB} \cdot \overline{\overline{A}C}} \qquad 与非-与非$$

$$= (\overline{A} + \overline{B}) \cdot (A + \overline{C}) = \overline{A\overline{B} + \overline{A}\,\overline{C}} \qquad 与-或-非$$

$$= \overline{A\overline{B} + \overline{A}\,\overline{C}} = \overline{A\overline{B} \cdot \overline{A}\,\overline{C}}(\overline{A} + B)(A + C) \qquad 或-与$$

$$= \overline{(\overline{A} + B)(A + C)} = \overline{\overline{(\overline{A} + B)} + \overline{(A + C)}} \qquad 或非-或非$$

　　上述 5 种表达式彼此之间是相通的,可以利用逻辑代数的公式和法则进行转换。其中与-或表达式比较常见,逻辑代数的基本公式大都以与-或形式给出,而且与-或式比较容易转换为其他表达式形式。

2. 最简与-或表达式

　　所谓最简与-或表达式,是指乘积项的个数是最少的,而且每个乘积项中变量的个数也是最少的与-或表达式。这样的表达式逻辑关系更明显,而且便于用最简的电路加以实现(因为乘积项最少,则所用的与门最少;而每个乘积项中变量的个数最少,则每个与门的输入端数也最少),所以化简有其实用意义。

7.4.2　逻辑函数的公式化简法

　　公式化简法,其实质就是反复使用逻辑代数的基本公式和定理,消去多余的乘积项和每个乘积项中的多余因子,从而得到最简表达式。公式化简法没有固定的方法可循,与掌握公式的熟练程度和运用技巧有关。

　　化简时常采用的方法有以下几种。

1. 并项法

　　利用公式 $AB + A\overline{B} = A$,将两项合并为一项,消去一个因子。

例 7-9　化简 $\qquad\qquad Y = A\overline{\overline{B}\overline{C}} + A\overline{B}C$

解: $\qquad\qquad\qquad Y = A(\overline{\overline{B}\overline{C}} + \overline{B}C) = A$

2. 吸收法

　　利用公式 $A + AB = A$,将多余的乘积项 AB 吸收掉。

例 7 - 10 化简 $Y = ABC + ABC(D + EF)$

解： $Y = ABC[1 + (D + EF)] = ABC$

3. 消去法

利用公式 $A + \overline{A}B = A + B$，消去乘积项中的多余因子 $\overline{A}$；

利用公式 $AB + \overline{A}C + BC = AB + \overline{A}C$，消去多余项 BC。

例 7 - 11 化简函数

$$Y_1 = AB + \overline{A}C + \overline{B}C, \qquad Y_2 = AB\overline{C} + \overline{A}D + CD + BD + BDE$$

解：

$$Y_1 = AB + (\overline{A} + \overline{B})C$$
$$= AB + \overline{AB}C$$
$$= AB + C$$
$$Y_2 = AB\overline{C} + (\overline{\overline{A} + C})D + BD(1 + E)$$
$$= AB\overline{C} + \overline{A}\overline{C}D + BD$$
$$= AB\overline{C} + \overline{A}\overline{C}D$$
$$= AB\overline{C} + (\overline{A} + C)D$$
$$= AB\overline{C} + \overline{A}D + CD$$

4. 配项法

利用将某些乘积项变成两项，然后再与其他项合并化简。

利用 $A = A(B + \overline{B})$ 或 $A \cdot A = 0$，在原函数表达式中将某些乘积变成两项重复乘积项，或互补项，然后同其他项合并化简。

例 7 - 12 化简 $Y = ABC + \overline{A}BC + A\overline{B}C$

解： $Y = ABC + \overline{A}BC + ABC + A\overline{B}C =$
$$BC(A + \overline{A}) + AC(B + \overline{B}) =$$
$$AC + BC$$

例 7 - 13 化简 $Y = AD + A\overline{D} + AB + \overline{A}C + BD + ACEF + \overline{B}EF + DEFG$

解：① 将 $AD + A\overline{D}$ 合并成 A，得

$$Y = A + AB + \overline{A}C + BD + ACEF + \overline{B}EF + DEFG$$

② 由 A 将 AB，$ACEF$ 两项吸收，得

$$Y = A + \overline{A}C + BD + \overline{B}EF + DEFG$$

③ 由 A 消去 $\overline{A}C$ 中的因子 $\overline{A}$，得

$$Y = A + C + BD + \overline{B}EF + DEFG$$

④ 由上式可以看出，$DEFG$ 是多余项，故

$$F = A + C + BD + \overline{B}EF$$

7.4.3 逻辑函数的卡诺图化简法

用公式法化简逻辑函数要求熟练地掌握公式，并具备一定的化简技巧，而且，有时化简的结果是否为最简形式也不好确定。下面介绍另一种化简方法，即卡诺图化简法。它是由美国

工程师卡诺(Karnaugh)首先提出来的,所以把这种图形叫作卡诺图。卡诺图比较直观简捷,利用它可以方便地化简逻辑函数。

1. 逻辑函数的最小项

(1) 最小项的定义

在逻辑函数表达式中,如果一个乘积项包含了所有的输入变量,而且每个变量都是以原变量或反变量的形式出现一次,且仅出现一次,该乘积项就称为最小项。

例如,ABC 三变量的最小项共有 8 个,分别是 $\overline{A}\,\overline{B}\,\overline{C}$,$\overline{A}\,\overline{B}C$,$\overline{A}B\overline{C}$,$\overline{A}BC$,$A\overline{B}\,\overline{C}$,$A\overline{B}C$,$AB\overline{C}$,$ABC$。它们都含三个变量,而每个变量都以原变量或反变量形式在一个乘积项中出现一次,故共有 $2^3=8$ 个。同理,四变量的最小项有 $2^4=16$ 个;n 变量的最小项有 2^n 个。

(2) 最小项的编号

为了表示方便,常常对最小项进行编号。例如三变量最小项 $\overline{A}\,\overline{B}\,\overline{C}$,把它的值为 1 所对应的变量取值组合 000 看作二进制数,相当于十进制数 0,作为该最小项的编号,记作 m_0。以此类推,$\overline{A}\,\overline{B}C=m_1$,$\overline{A}B\overline{C}=m_2\cdots$。表 7-8 列出了各最小项的编号。

表 7-8　三变量逻辑函数的最小项及其相应编号

变量			对应的最小项	最小项编号
A	B	C		
0	0	0	$\overline{A}\,\overline{B}\,\overline{C}$	m_0
0	0	1	$\overline{A}\,\overline{B}C$	m_1
0	1	0	$\overline{A}B\overline{C}$	m_2
0	1	1	$\overline{A}BC$	m_3
1	0	0	$A\overline{B}\,\overline{C}$	m_4
1	0	1	$A\overline{B}C$	m_5
1	1	0	$AB\overline{C}$	m_6
1	1	1	ABC	m_7

(3) 最小项的性质

根据最小项的定义,不难证明最小项具有以下性质:

① 每一个最小项都对应了一组变量取值,只有该组取值出现时其值才会为 1。

② 任意两个不同的最小项乘积恒为 0。

③ 全部最小项之和恒为 1。

(4) 最小项表达式

任何一个逻辑函数均可以表示成若干个最小项之和的形式,这样的逻辑函数表达式称为最小项表达式。

例 7-14　将逻辑函数 $Y=(A,B,C)=A\overline{B}+AC$ 展开成最小项之和的形式。

解: 在 $A\overline{B}$ 和 AC 中分别乘以 $(C+\overline{C})$ 和 $(B+\overline{B})$ 可得到

$$Y=A\overline{B}+AC=A\overline{B}(C+\overline{C})+AC(B+\overline{B})$$
$$=A\overline{B}C+A\overline{B}\,\overline{C}+ABC+A\overline{B}C$$
$$=A\overline{B}C+A\overline{B}\,\overline{C}+ABC$$
$$=m_5+m_4+m_7$$
$$=\sum m(4,5,7)$$

式中,求和符号 $\sum$ 表示括号中指定最小项的或运算。

例 7 - 15　将 $Y=(A,B,C)=\overline{\overline{AB}+\overline{\overline{A}\ \overline{B}}+C}+AB$ 化为最小项表达式。

解：
$$Y=\overline{\overline{AB}+\overline{\overline{A}\ \overline{B}}+C}+AB=$$
$$\overline{\overline{AB}}\cdot\overline{\overline{\overline{A}\ \overline{B}}}\ \overline{C}+AB=$$
$$(\overline{A}+\overline{B})(A+B)\overline{C}+AB=$$
$$(\overline{A}B+A\overline{B})\overline{C}+AB(C+\overline{C})=$$
$$\overline{A}B\overline{C}+A\overline{B}\ \overline{C}+ABC+AB\overline{C}=$$
$$m_2+m_4+m_7+m_6=$$
$$\sum m(2,4,6,7)$$

2. 逻辑函数的卡诺图

（1）卡诺图的画法规则

n 个逻辑变量可以组成 2^n 个最小项。在这些最小项中,如果两个最小项仅有一个因子不同,而其余因子均相同,则称这两个最小项为逻辑相邻项。为表示最小项之间的逻辑相邻关系,美国工程师卡诺设计了一种最小项方格图。他把逻辑相邻项安排在相邻的方格中,按此规律排列起来的最小项方格图称为卡诺图。

n 个变量的逻辑函数由 2^n 个小方格组成。图 7 - 7 所示为二变量、三变量和四变量卡诺图的画法。

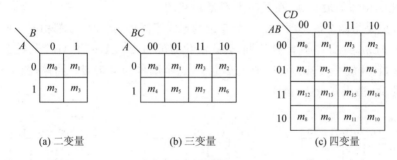

(a) 二变量　　　　　　(b) 三变量　　　　　　(c) 四变量

图 7 - 7　卡诺图画法

在画卡诺图时,应遵循如下规定:

① 将 n 变量函数填入一个分割成 2^n 个小方格的矩形图中,每个最小项占一格,方格的序号和最小项的序号一致,由方格左边和上边二进制代码的数值确定。

② 卡诺图要求上下、左右相对的边界、四角等相邻格只允许一个变量发生变化（即相邻最小项只有一个变量取值不同）。

（2）用卡诺图表示逻辑函数

既然任何一个逻辑函数都可以表示为若干个最小项之和的形式,那么也就可以用卡诺图来表示逻辑函数。实现用卡诺图来表示逻辑函数的一般步骤是:

① 先将逻辑函数化成最小项表达式;

② 在相应变量卡诺图中标出最小项,把式中所包含的最小项在卡诺图相应小方格中填 1,其余的方格填上 0（或不填）。

例 7 - 16 画出函数 $Y = AB + CA$ 的卡诺图。

解:首先将 Y 化成最小项表达式,即

$$Y = AB(C + \overline{C}) + CA(B + \overline{B}) =$$
$$ABC + AB\overline{C} + ABC + A\overline{B}C =$$
$$ABC + AB\overline{C} + A\overline{B}C =$$
$$m_7 + m_6 + m_5 =$$
$$\sum m(5,6,7)$$

把 Y 的最小项用 1 填入三变量卡诺图中,其余填 0(或不填)便可得如图 7 - 8 所示的卡诺图。

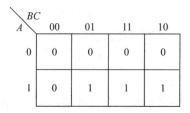

图 7 - 8 例 7 - 16 函数的卡诺图

3. 用卡诺图化简逻辑函数

(1) 最小项的几何相邻和逻辑相邻

卡诺图的最大特点是用几何相邻形象地表示了变量各个最小项之间在逻辑上的相邻性。凡是在图中几何相邻的最小项,在逻辑上都是相邻的。

逻辑相邻就是指两个最小项中除一个变量的形式不同外,其他变量都相同。例如图 7 - 9(a) 中,$m_0 = \overline{A}\overline{B}\overline{C}$ 与 $m_1 = \overline{A}\overline{B}C$ 只有 B 不同,公式法化简可知,$Y = A\overline{B}C + ABC = AC$。把 m_0,m_1 用一个圈圈起来,合并成一项 AC,可以消去变量 B,这个圈称为卡诺圈。同样,图 7 - 9(b),(c)也可进行相应化简,消去变量 B 和 A。

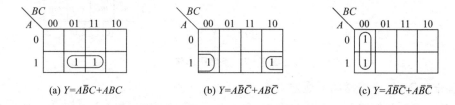

(a) $Y = A\overline{B}C + ABC$　　(b) $Y = A\overline{B}\overline{C} + AB\overline{C}$　　(c) $Y = \overline{A}\overline{B}\overline{C} + A\overline{B}\overline{C}$

图 7 - 9 两个相邻最小项的合并举例

图 7 - 10 所示为三变量和四变量函数中,4 个相邻项用卡诺圈合并为一项,消去两个变量的例子。

由图 7 - 10 可知,用卡诺圈圈起来的 4 个方格能组成一个方格群(见图 7 - 10(a),(c),(e),(f))(如把卡诺图"绕卷"成圆柱面,可以看出两侧或者是四角实际上也是逻辑相邻的),或者组成一行(见图 7 - 10(b),(d))。

图 7 - 11 所示为 8 个相邻项的合并举例。它们可以是两个相邻行、相邻列,或者对称的两行或两列。

由上述可知,卡诺圈所圈方格的个数为 2^n,即 2 个、4 个、8 个……所圈图形构成方形(或

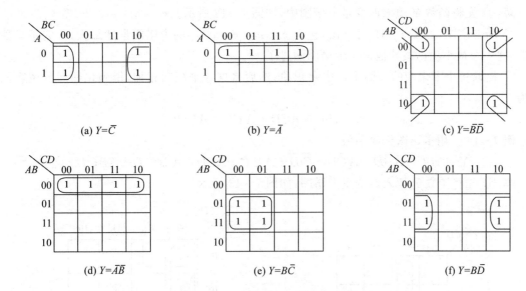

图 7 - 10　4 个相邻最小项的合并举例

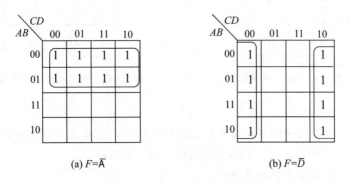

图 7 - 11　8 个相邻项合并举例

矩形）。2^n 个最小项合并成一项时可以消去 n 个变量。如 $2^2 = 4$ 个小方格合并时可消去 2 个变量；$2^3 = 8$ 个小方格合并成一项时可消去 3 个变量；若将卡诺图中所有的小方格都用卡诺圈圈起来，化简结果为 1。

（2）用卡诺图化简逻辑函数的步骤

① 画（逻辑函数的）卡诺图。

② 画卡诺圈，即用卡诺圈包围 2^n 个为 1 的方格群，合并最小项，写出乘积项。

③ 写表达式。先按照留同去异原则写出每个卡诺圈的乘积项，再将所有卡诺圈的乘积项加起来，即为化简后的与或表达式。

利用卡诺图进行逻辑函数化简时，应遵循以下原则：

① 卡诺圈越大越好。合并最小项时，包围的最小项越多，消去的变量就越多，化简结果就越简单。

② 卡诺圈的个数越少越好，这样化简后的乘积项就少。

③ 不能漏项。必须把组成函数的全部最小项都圈完。

例 7 - 17　用卡诺图化简函数 $Y(A,B,C,D) = \sum m(1,5,6,7,11,12,13,15)$。

解:① 先将函数 Y 填入四变量卡诺图中,如图 7-12 所示。

② 画卡诺圈,由图 7-12 可看出,包含 m_5,m_7,m_{13},m_{15} 的卡诺圈虽然最大,但它不是独立的,这 4 个最小项已被其他 4 个卡诺圈圈过了。

③ 提取每个卡诺圈的公因子构成乘积项,然后将这些乘积项相加,得到化简后的逻辑函数为

$$Y=\overline{A}BC+ACD+\overline{A}\,\overline{C}D+AB\overline{C}$$

例 7-18 用卡诺图化简函数

$$Y=ABC+ABD+A\overline{C}D+\overline{C}\,\overline{D}+A\overline{B}C+AC\overline{D}+\overline{A}\,\overline{B}\,\overline{C}\,\overline{D}+\overline{A}BCD$$

解:① 先将函数 Y 填入四变量卡诺图,如图 7-13 所示。

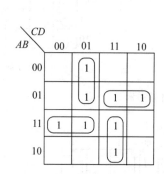

图 7-12 例 7-17 的卡诺图化简

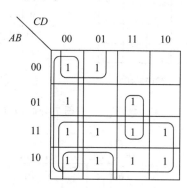

图 7-13 例 7-18 的卡诺图化简

② 画卡诺圈。

③ 提取每个卡诺圈的公因子作乘积项,将这些乘积项相加,就可得到化简后的逻辑函数为

$$Y=\overline{C}\,\overline{D}+\overline{B}\,\overline{C}+A+BCD$$

4. 具有无关项的逻辑函数的化简

实际的数字系统中,有的输出逻辑函数只和一部分有对应关系,而和余下的最小项无关。余下的最小项无论写入函数式还是不写入函数式,都无关紧要,不影响系统的逻辑功能。把这些最小项称为无关项。

无关项包含两种情况:一种是由于逻辑变量之间具有一定的约束关系,使有些变量的取值不可能出现,它所对应的最小项恒等于 0,通常称为约束项;另一种是某些变量取值下,函数值是 1 还是 0 皆可,并不影响电路的功能,这些变量取值下所对应的最小项称为任意项。本节重点讨论由于约束关系而形成的无关项,即约束项。

例 7-19 一个计算机操作码形成电路,三个输入信号为 A,B,C,输出操作码为 Y_1,Y_0。当 $A=1$ 时,输出加法操作码 01;$B=1$ 时,输出减法操作码 10;$C=1$ 时,输出乘法操作码 11;$A=B=C=0$,输出停机码 00。要求电路在任何时刻只产生一种操作码,所以不允许输入信号 A,B,C 中有两个或两个以上同时为 1,即 ABC 取值只可能是 000,001,010,100 中的一种,不能出现其他取值。可见,A,B,C 是一组具有约束的变量,后面四种最小项不允许出现,因此约束条件可以写为

$$\overline{A}BC=0, \qquad AB\overline{C}=0, \qquad A\overline{B}C=0, \qquad ABC=0$$

或写为

$$\overline{A}BC+AB\,\overline{C}+A\,\overline{B}C+ABC=0$$

这些恒等于 0 的最小项即为约束项。

　　既然约束项的值恒等于 0,所以在输出函数表达式中,既可以写入约束项,也可以不写入约束项,都不影响函数值。如果用卡诺图表示该逻辑函数,在约束项对应的方格中,既可填入 1,也可填入 0。为此,通常填入"×"来表示约束项。

　　为简化逻辑函数最小项表达式,最小项可用编号来表示,因此约束项也可用相应的编号来表示。如例 7－19,约束项可写为 $\sum d(3,5,6,7)=0$。

　　化简具有约束项的函数,关键是如何利用约束项。约束项对应的函数值既可视为 1,也可视为 0,可根据需要将"×"看作 0 或 1,力求使卡诺圈最大,从而结果最简。

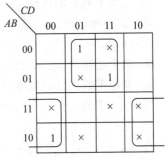

图 7－14　例 7－20 的卡诺图

例 7－20　化简逻辑函数

$$Y=\sum m(1,7,8)+\sum d(3,5,9,10,12,14,15)$$

解:① 画出函数 Y 的卡诺图,如图 7－14 所示。

② 画卡诺圈。画卡诺圈时可以把"×"包括在里面,但并不需要把所有的"×"全部用卡诺圈圈起来。

③ 提取公因子,写出最简与或表达式为

$$Y=\overline{A}D+A\overline{D}$$

由此例可以看出,利用无关项以后,可以使逻辑函数得到进一步的化简。

本章小结

　　本章介绍了数字电路的有关基础知识,主要内容有数制和码制、基本逻辑运算、逻辑代数的基本公式和定律、逻辑函数的表示方法及相互转换、逻辑函数的化简方法。

　　1. 数字信号是指时间上和数值上都是断续变化的离散信号。处理数字信号的电路称为数字电路。

　　2. 数的常用进制有十进制、二进制、八进制和十六进制。在数字电路中主要采用二进制数。

　　3. 逻辑变量是一种二值量,反映的是两种不同状态,常用 0 和 1 表示。与、或、非、与-非、或-非、与-或-非、异或等是基本的逻辑运算和逻辑函数。逻辑代数的基本公式和定律是化简逻辑函数的依据,必须掌握并能熟练运用。

　　4. 逻辑函数可有多种表达形式:真值表、逻辑表达式、逻辑图、卡诺图等。它们的本质是相通的,可以互相转换。应用中要根据不同需要合理选用。尤其是从真值表到逻辑图和从逻辑图到真值表的转换必须熟练掌握。逻辑表达式和逻辑图都不是唯一的,可以有不同的形式。

　　5.逻辑函数化简方法是本章的重点。本章介绍了两种化简方法——公式化简法和卡诺图化简法。

　　公式法化简的优点是不受条件的限制,适用于任何复杂的逻辑函数,特别是变量多的逻辑函数化简。但是,其技巧性较高,难度较大。

　　卡诺图化简的优点是简单,直观,且有一定的化简方法可循,故使用较多。但当变量增多时显得复杂,所以一般多用于五变量以下的逻辑函数化简。

习　　题

1. 将下列各式写成按位权展开式。

$(2010)_{10}$，　　$(110110)_{2}$，　　$(56B)_{16}$

2. 完成下列数制转换：

① $(25)_{8}=($　　　　　$)_{2}$

② $(37)_{10}=($　　　　$)_{2}=($　　　　$)_{8}=($　　　　　$)_{16}$

3. 把十进制数 345,3 132,5 988 编成 8421BCD 码。

4. 利用逻辑代数的基本公式、定理证明下列等式：

① $(A+B)(B+C)(C+A)=AB+BC+CA$

② $AB+\overline{A}C+\overline{B}C=AB+C$

③ $(A+B+C)(\overline{A}+\overline{B}+\overline{C})=A\overline{B}+B\overline{C}+C\overline{A}$

④ $AB+A\overline{B}+\overline{A}B+\overline{A}\,\overline{B}=1$

⑤ $A\overline{B}+BD+CDE+\overline{B}D=A\overline{B}+D$

5. 用代数法化简下列函数：

① $Y=\overline{A}\,\overline{B}\,\overline{C}+A+B+C$

② $Y=\overline{A}+AB+\overline{\overline{B}}$

③ $Y=\overline{A+B+C+D+E+F}\cdot C$

④ $Y=A(\overline{A}C+BD)+B(C+DE)+B\overline{C}$

6. 用卡诺图化简下列函数：

① $Y=A+AB+ABC$

② $Y=A+ACD+B\overline{C}+CD$

③ $Y=AB+\overline{A}C+\overline{B}C$

④ $Y=AD+B(C+D)+B\overline{C}$

⑤ $Y=\sum m(4,5,7,8,10,12,14,15)$

⑥ $Y=\sum m(0,1,2,3,8,9,10,11)$

⑦ $Y(A,B,C,D)=\sum m(3,4,5,6,7,8,9,13,14,15)$

⑧ $Y(A,B,C,D)=\sum m(0,1,4,7,9,10,13)+\sum d(2,5,8,12,15)$

⑨ $Y=\sum m(2,4,5)+\sum d(3,10,12,15)$

⑩ $Y=\sum m(0,1,5,7,8,11,14)+\sum d(3,9,15)$

第8章 逻辑门与组合逻辑电路

根据数字电路的特点，按照逻辑功能的不同，数字电路可分为两种类型：一类是组合逻辑电路，简称组合电路；另一类是时序逻辑电路，简称时序电路。

前面学习了基本逻辑门，而在实际应用时，大多是这些逻辑门的组合形式。例如，计算机系统中使用的编码器、译码器、数据分配器等就是较复杂的组合逻辑电路。而组合逻辑电路通常使用集成电路产品。无论是简单的还是复杂的组合门电路，它们都遵循各组合门电路的逻辑函数因果关系。本章主要讨论分立元件门电路、TTL 集成门电路、MOS 门电路，并在此基础上介绍组合逻辑电路的分析与设计方法、常用组合逻辑电路芯片及应用。

8.1 逻辑门电路

8.1.1 分立元件门电路

1. 正逻辑与负逻辑

在逻辑电路中，用 1 表示高电平 H，而用 0 表示低电平 L，则称之为正逻辑；与此相反，用 0 表示高电平 H，而用 1 表示低电平 L，则称之为负逻辑。

对于同一电路，可以采用正逻辑，也可以采用负逻辑。由于数字逻辑电路中大量使用正电源，用正逻辑较方便；若采用负电源，则使用负逻辑较方便。本书如无特殊说明，一律采用正逻辑体制。

设某一逻辑元件，它的输入变量为 A、B，输出变量为 Y，高电平用 H 表示，低电平用 L 表示，工作状态如表 8-1 所列。

在正逻辑中，设 H 为 1，L 为 0，可得表 8-2。由表 8-2 可以看出，这是一个与逻辑关系，即

$$Y = A \cdot B$$

在负逻辑中，设 H 为 0，L 为 1，可得表 8-3。由表 8-3 可以看出，这是一个或逻辑关系，即

$$Y = A + B$$

从上例可以看出，对于同一个电路，由于采用不同的逻辑，其功能是不同的。正逻辑是与门，而负逻辑则是或门。

表 8-1 工作状态 1

A	B	Y
L	L	L
L	H	L
H	L	L
H	H	H

表 8-2 工作状态 2

A	B	Y
0	0	0
0	1	0
1	0	0
1	1	1

表 8-3 工作状态 3

A	B	Y
1	1	1
1	0	1
0	1	1
0	0	0

要把一种逻辑变换为另一种逻辑的方法是 0 和 1 对换。常用的逻辑门在正、负逻辑中的对应关系如表 8-4 所列。

表 8-4　常用的逻辑门在正、负逻辑中的对应关系

正逻辑	与	或	与非	或非	异或	同或	非
负逻辑	或	与	或非	与非	同或	异或	非

2. 二极管与门电路

实现"与"逻辑关系的电路叫作与门电路。由二极管组成的与门电路如图 8-1(a)所示，图 8-1(b)所示为其逻辑符号。图中 A、B 为信号的输入端，Y 为信号的输出端。当输入 A、B 中有一个或全部为低电平时，则输入为低电平支路中的二极管导通，输入为高电平支路中的二极管反偏而截止，输出 Y 为低电平。当输入 A、B 全为高电平时，输出 Y 才为高电平。

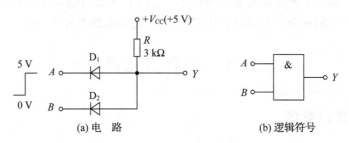

(a) 电　路　　　　　　　　　　(b) 逻辑符号

图 8-1　二极管与门电路

当 $A=0$ $B=0$ 时，D_1，D_2 均导通，$Y=0$；

当 $A=0$ $B=1$ 时，D_1 先导通，使 D_2 截止，$Y=0$；

当 $A=1$ $B=0$ 时，D_2 先导通，使 D_1 截止，$Y=0$；

当 $A=1$ $B=1$ 时，D_1，D_2 均截止，$Y=1$。

由上述分析可知，该电路实现的是与逻辑关系，即"输入有低，输出为低；输入全高，输出为高"，所以它是一种与门，即 $Y=A \cdot B$。

3. 二极管或门电路

实现或逻辑关系的电路叫作或门电路。由二极管组成的或门电路如图 8-2 所示，其功能分析如下。当输入 A、B 中只要有一个以上为高电平时，则接高电平支路中的二极管导通，接低电平支路中的二极管反偏而截止，输出 Y 为高电平。只有当输入 A、B 全为低电平时，输出 Y 才为低电平。

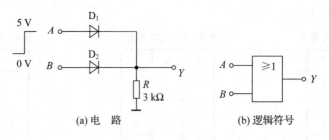

(a) 电　路　　　　　　　　　　(b) 逻辑符号

图 8-2　二极管或门

当 $A=0$ $B=0$ 时，D_1，D_2 均截止，$Y=0$；

当 $A=0\ B=1$ 时，D_2 先导通，使 D_1 截止，$Y=1$；

当 $A=1\ B=0$ 时，D_1 先导通，使 D_2 截止，$Y=1$；

当 $A=1\ B=1$ 时，D_1，D_2 均导通，$Y=1$。

通过上述分析，该电路实现的是或逻辑关系，即"输入有高，输出为高；输入全低，输出为低"，所以它是一种或门，即 $Y=A+B$。

4. 三极管非门电路

(1) 电路组成

实现非逻辑关系的电路叫作非门电路。因为它的输入与输出之间是反相关系，故又称为反相器，三极管非门电路如图 8-3 所示。加负电源 V_{BB} 是为了保证 A 为低电平时，三极管 V 能够可靠地截止，加 V_Q 和二极管 D 的作用主要是使输出高电平为规定值。

(2) 工作原理

当输入 A 为高电平时，如适当选择 R_1，R_2 的数值，使三极管有足够大的基极电流而饱和，则输出电位等于三极管的饱和压降，约 0.3 V。当输入为低电平时，负电源 V_{BB} 通过 R_1，R_2 分压，使基极处于负电位，三极管因发射结反偏而可靠截止，由于 $V_{CC} > V_Q$ 使 V_2 导通，所以输出电位被钳制在 V_Q。

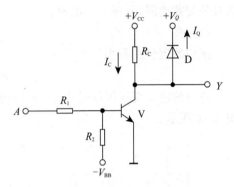

图 8-3　三极管非门电路

当 $A=0$ 时，三极管截止，$Y=1$；

当 $A=1$ 时，三极管饱和，$Y=0$；

逻辑关系：$Y=\overline{A}$。

(3) 动态特性

晶体管从饱和到截止和从截止到饱和都是需要时间的，称为开关时间。由于晶体管本身的开关时间和负载电容的存在，即使输入矩形波，输出信号也要滞后且边沿会变坏，如图 8-4 所示。增加钳位电路和在 R_1 两端并联电容有利于改善输出波形。

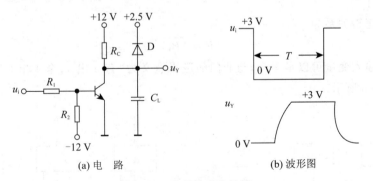

(a) 电　路　　　　　　　　　　　(b) 波形图

图 8-4　非门的动态特性

5. 常用基本逻辑门电路及其符号

常用基本逻辑门电路输入/输出关系及其符号如下。

（1）与　门

与门的逻辑关系为

$$F = ABC$$

与门的输入变量可以是多个，实现的逻辑为"有 0 为 0，全 1 为 1"。

与门的符号如图 8-5 所示。

图 8-5(a)所示为新国家标准(GB 4728.12-1996)符号；图 8-5(b)所示为国内曾用的符号(SJ 1223-77 标准)；图 8-5(c)所示为国外常用符号(MIL-STD-806 标准)，其他门电路的符号与此类同，不再一一说明。

（2）或　门

或门的逻辑关系为

$$F = A + B + C$$

或门的输入变量可以是多个，或门的逻辑意义为"有 1 为 1，全 0 为 0"。或门的符号如图 8-6 所示。

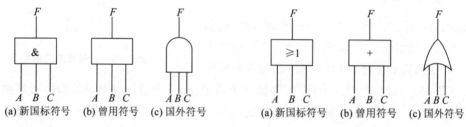

(a) 新国标符号 (b) 曾用符号 (c) 国外符号	(a) 新国标符号 (b) 曾用符号 (c) 国外符号
图 8-5　与门逻辑符号	图 8-6　或门逻辑符号

（3）非　门

非门的逻辑关系为

$$F = \overline{A}$$

非门的输入变量只有一个，非门的逻辑意义为"有 1 出 0，有 0 出 1"。

非门的逻辑符号如图 8-7 所示。

（4）与非门

与非门的逻辑关系为

$$F = \overline{ABC}$$

与非门的输入变量可以是多个，与非门的逻辑意义为"有 0 出 1，全 1 出 0"。与非门的逻辑符号如图 8-8 所示。

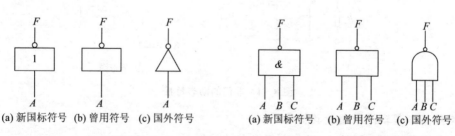

(a) 新国标符号　(b) 曾用符号　(c) 国外符号	(a) 新国标符号　(b) 曾用符号　(c) 国外符号
图 8-7　非门逻辑符号	图 8-8　与非门逻辑符号

（5）或非门

或非门的逻辑关系为

$$F = \overline{A + B + C}$$

或非门的输入变量可以是多个,或非门的逻辑意义为"有 1 出 0,全 0 出 1"。

或非门的逻辑符号如图 8-9 所示。

（6）异或门

异或门的逻辑关系为

$$F = A \oplus B$$

异或门的输入变量是两个,异或门的逻辑功能为"相异为 1,相同为 0"。

异或门的逻辑符号如图 8-10 所示。

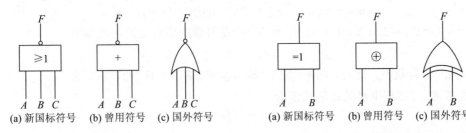

(a) 新国标符号 (b) 曾用符号 (c) 国外符号	(a) 新国标符号 (b) 曾用符号 (c) 国外符号
图 8-9 或非门逻辑符号	**图 8-10 异或门逻辑符号**

8.1.2 TTL 集成逻辑门

集成逻辑门电路是把逻辑电路的元件和连线都集成在一块半导体基片上。如果是以三极管为主要元件,输入端和输出端都是三极管结构,则称为三极管–三极管逻辑门电路,简称 TTL 门电路。

1. TTL 与非门

（1）电路组成

图 8-11 所示为典型的 TTL 与非门电路。其中,V_1 和 R_1 组成输入级;V_2,R_2 和 R_3 组成中间级;V_3,V_4,V_5 和 R_4,R_5 构成输出级。

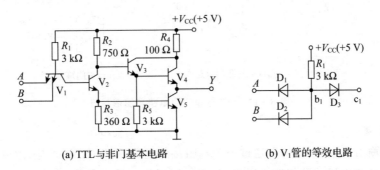

(a) TTL 与非门基本电路   (b) V_1 管的等效电路

图 8-11 基本 TTL 与非门电路及 V_1 管的等效电路

（2）工作原理

① 当 A、B 两端有一个输入为低电平 0.3 V 时,V_1 的发射结导通,其基极电压等于输入

低电压加上发射结正向压降,即

$$U_{B1} = (0.3+0.7)V = 1\ V$$

所以 V_2,V_5 都截止,由于 V_2 截止,V_{CC} 通过 R_2 向 V_3 提供基极电流而使 V_3,V_4 导通,所以输出电压为

$$U_Y = V_{CC} - I_{B3}R_2 - U_{BE3} - U_{BE4}$$

由于 I_{B3} 很小,可以忽略不计,所以 $U_Y = (5-0.7-0.7)V = 3.6\ V$,输出电压为 3.6 V,即输出 Y 为高电平,实现了"输入有低,输出为高"的逻辑关系。

② 当 A、B 两端均输入高电平 3.6 V 时,V_2、V_5 饱和导通,输出为低电平,即

$$u_o \approx U_{CES} \approx 0.3\ V$$

V_1 处于发射结和集电结倒置使用的放大状态。

$$u_{C2} = U_{CES2} + u_{B5} = (0.3+0.7)\ V = 1.0\ V$$

由于 $u_{B4} = u_{C2} = 1.0\ V$,作用于 V_3 和 V_4 的发射结的串联支路的电压为

$$u_{C2} - u_o = (1.0-0.3)\ V = 0.7\ V$$

所以,V_3 和 V_4 均截止。此时,电路实现了"输入全高,输出为低"的逻辑关系。

综上所述,可知该电路的逻辑功能为

$$F = \overline{ABC}$$

2. 集电极开路门和三态门

(1) 集电极开路门(OC 门)

1) 电路组成及符号

电路组成及符号如图 8-12 所示。集电极开路与非门是将推拉式输出级改为集电极开路的三极管结构,做成集电极开路输出的门电路,简称为 OC 门。在实际应用中,有时希望门电路输出的高电平大于 3.6 V,也有时希望门电路的输出端并联使用,实现逻辑与的功能,称为线与。这时,就要采用集电极开路与非门,如图 8-12(a)所示。

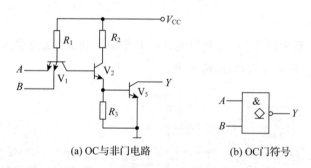

(a) OC 与非门电路   (b) OC 门符号

图 8-12   OC 与非门的电路和图形符号

2) 工作原理

将 OC 门输出连在一起时,再通过一个电阻接外电源,可以实现"线与"逻辑关系。只要电阻的阻值和外电源电压的数值选择得当,就能做到既保证输出的高、低电平符合要求,而且输出三极管的负载电流又不至于过大。两个 OC 门并联时的连接方式如图 8-13 所示。

3) 应 用

OC 门除了可以实现多门的线与逻辑关系外,还可用于直接驱动较大电流的负载,如继电

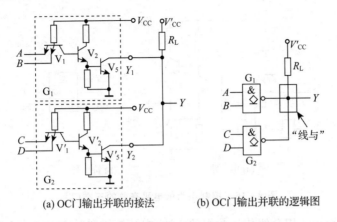

(a) OC门输出并联的接法　　　(b) OC门输出并联的逻辑图

图 8 - 13　OC 门输出并联的接法及逻辑图

器、脉冲变压器、指示灯等,也可以用来改变 TTL 电路输出的逻辑电平,以便与逻辑电平不同的其他逻辑电路相连接。

（2）三态门

1）电路组成及符号

电路组成及符号如图 8 - 14 所示。

三态门是在普通门的基础上加控制端 EN,它的输出端 Y 除了能输出高电平和低电平外,还可以输出第三种状态,即高阻抗状态,所以称为三态门,也称 TS 门。

一个简单的三态门的电路如图 8 - 14(a)所示,图 8 - 14(b)所示为它的逻辑符号,它是由一个与非门和一个二极管构成的,EN 为控制端,A、B 为数据输入端。

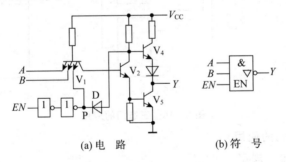

(a) 电　路　　　　　　(b) 符　号

图 8 - 14　三态与非门电路

2）工作原理

图 8 - 14 所示电路中,当 $EN=1$ 时电路为工作状态,所以称为控制端高电平有效。三态门的控制端也可以是低电平有效,即 EN 为低电平时,三态门为工作状态;EN 为高电平时,三态门为高阻状态。其电路图及逻辑符号如图 8 - 15 所示。

3）应　用

三态门的应用比较广泛,下面举例说明三态门的 3 种应用。电路如图 8 - 16 所示。

① 构成数据总线。将多路信号按顺序分时轮流传送,即用一根导线轮流传送多个不同的数据,这根导线称为数据总线。在图 8 - 16(a)中,只要让各个三态门的控制端分时轮流为低电平,即任何时刻只有一个三态门处于工作状态,其余的处于高阻态,这时数据总线就会分时

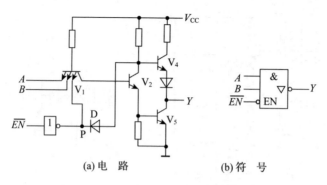

(a) 电　路　　　　　　　(b) 符　号

图 8 - 15　控制端为低电平有效的三态门

接受各个三态门的输出。用总线传送数据的方法,在计算机和数字电路中得到广泛的应用。

② 用作多路开关。图 8 - 16(b)中,两个 TS 反相器,当 $E = 0$ 时,门 G_2 工作,门 G_1 禁止,$Y = \overline{B}$;当 $E = 1$ 时,门 G_1 工作,门 G_2 禁止,$Y = \overline{A}$。G_1,G_2 构成两个开关,可以根据需要决定将 A 或 B 反相后传送到输出端。

③ 用于双向传输。图 8 - 16(c)中,两个 TS 反相器反并联,构成双向开关,用于信号双向传输。当 $E = 0$ 时,门 G_2 工作,门 G_1 禁止,信号向左传输,$A = \overline{B}$;当 $E = 1$ 时,门 G_1 工作,门 G_2 禁止,信号向右传输,$B = \overline{A}$。

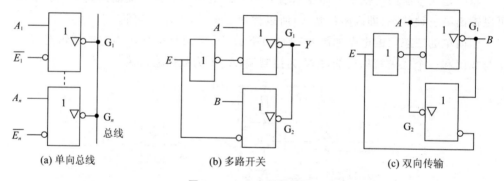

(a) 单向总线　　　　　　(b) 多路开关　　　　　　(c) 双向传输

图 8 - 16　三态门的应用

3. TTL 集成逻辑门的使用

（1）TTL 组件的统一规定

因为各种 TTL 组件都遵循电源为 +5 V,采用正逻辑,高电平为 2.4～5 V,低电平为 0～0.4 V 等统一规定,所以不管它们的集成规模是否一样,系列是否相同,都可以直接连接,在一个系统中工作,称它们是相容的。但当 TTL 组件和其他形式的电路连接时,情况就不同了。例如 TTL 和 MOS 电路或分立元件电路连接时,由于它们是不相容的,就不能直接连接,中间需要经过电平转换电路,即接口电路。

（2）焊接与安装知识

TTL 组件的焊接虽和分立元件没有多大差别,但由于其体积小,引线距离近,因此在焊接时要严防焊点过大而把相邻的引线短连。TTL 电路外引线一般已经镀金,切勿刮去金属。不要使用焊油,一般使用松香酒精溶液当助焊剂即可。焊接时使用 25 W 以下的烙铁为宜,最好将烙铁头锉成小斜面。焊接时间不宜过长,否则容易把引线金属层破坏,造成焊接不良。

（3）调试方面的知识

正常使用时的电源电压应在 4.75～5.25 V 范围内；注意不要超过 7 V，否则电路易损坏。输入高电平不要高于 6 V，输入低电平不要低于－0.7 V。输出高电平时，输出端不能碰地；输出为低电平时，输出端不能碰＋5 V 电源。

（4）多余输入端的处理方法

集成与非门在使用时，对多余的输入端一般不采用悬空的办法，以防止干扰信号从悬空的输入端引入。对多余输入端的处理以不改变电路工作状态及稳定可靠为原则，常用的有两种方法。一是接到电源正端，好处是不增加信号的驱动电流；不足之处是工作容易受电源波动的影响。二是并联使用，好处是即使并联的输入端有一个损坏，也不会影响输入/输出间的逻辑关系，从而提高了组件的工作可靠性；不足之处是增加了信号的驱动电流。

（5）输入端不足的处理方法

一般与非门的输入端不超过 5 个，当电路实际需要超过 5 个时，可采用下述办法解决：选用多输入端组件；利用扩展器扩展；由组合门电路来扩展输入端。实用中许多类型集成与非门均有扩展端，除与扩展器外，还有或扩展器。要注意的是，并不是任意与非门组件都可以带与扩展器和或扩展器。因为与非门也有不带扩展器的，而且各引出线的部位也不相同，所以必须弄清与非门的型号才能使用。另外，在实际工作中，由于受各种条件限制，上述这些办法并不是都能采用的。例如在维修中，当选用已损坏组件的代用品时，就必须选用输入端数充足的组件；若用后两种办法，就必须增加组件的块数，一般来说原设备是无法安置的。

（6）输出端使用的注意事项

输出端不允许与电源或地直接短路，而且输出电流也应小于产品中介绍的最大推荐值。除三态输出或集电极开路输出外，其他门电路输出端不允许并联使用，以免输出高电平的器件对输出低电平的器件产生过大的负载电流。

（7）关于 TTL 器件的产品

TTL 器件的典型产品为 54 族（军用品）和 74 族（民用品）两大类。根据器件性能的不同又分为以下几类：

通用系列	54/74XX
高速系列	54/74FXX
低功耗肖特基系列	54/74LSXX
肖特基系列	54/74SXX
先进肖特基系列	54/74ASXX
先进低功耗肖特基系列	54/74ALSXX

上述系列中 XX 表示产品型号，各种产品系列只要型号相同，则其逻辑功能和引脚排列也就完全相同。

（8）其他注意事项

电源端与接地端的引脚不能颠倒使用；不可在电源接通时插入、拔出器件，以免造成电流冲击而损坏器件。

8.1.3 CMOS 集成门电路

用 P 沟道增强型 MOS 管和 N 沟道增强型 MOS 管按照互补对称形式连接构成的集成电路,称为互补型 MOS 集成电路,简称 CMOS 电路。

TTL 电路以三极管为基础,属于双极型电路。MOS 电路以 MOS 管为基础,属于单极型电路。CMOS 电路的工作速度可与 TTL 电路相比较,而它的功耗和抗干扰能力则远优于 TTL 电路。几乎所有的超大规模存储器件以及 PLD 器件都采用 CMOS 工艺制造,且费用较低。下面介绍几种 CMOS 门电路。

1. CMOS 非门电路

(1) 电路组成

CMOS 非门电路及逻辑符号如图 8 - 17 所示,其中 V_N 为增强型 NMOS 管,作为驱动管;V_P 为增强型 PMOS 管,作为负载管。两管栅极相连作为输入端,漏极相连作为输出端。V_N 管源极接地,V_P 管源极接电源正极。

(2) 工作原理

当输入为低电平时,V_N 管截止,V_P 管导通,输出为高电平,其值近似为电源电压。当输入为高电平时,V_N 管导通,V_P 管截止,输出为低电平。可见,该电路实现了非逻辑关系,即 $Y = \overline{A}$。

由分析可知,无论电路处于哪一种工作状态,总是一个管子导通,另一个管子截止。因此,静态电流近似为零,电路的功耗很小。

图 8 - 17 CMOS 非门电路及逻辑符号

2. CMOS 与非门电路

(1) 电路组成

CMOS 与非门电路及逻辑符号如图 8 - 18 所示,其中 NMOS 管 V_{N1},V_{N2} 串联作为驱动管;PMOS 管 V_{P1},V_{P2} 并联作为负载管。

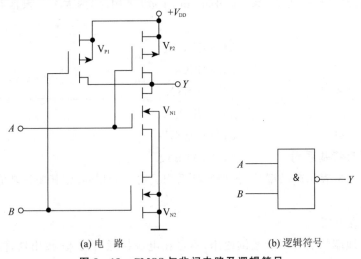

(a) 电 路   (b) 逻辑符号

图 8 - 18 CMOS 与非门电路及逻辑符号

（2）工作原理

只有当输入 A,B 全为高电平，V_1,V_2 都导通时，输出为低电平。若 A,B 当中有一个为低电平，V_1,V_2 有一个截止时，输出为高电平。

当 $A=0,B=0$ 时，V_{N1},V_{N2} 截止。

当 $A=0,B=1$ 时，V_{N1} 截止，V_{P2} 饱和导通，输出 Y 为高电平。

当 $A=1,B=0$ 时，V_{N2} 截止，V_{P1} 饱和导通，输出 Y 为高电平。

当 $A=1,B=1$ 时，V_{N1},V_{N2} 饱和导通。

可见，该电路实现了与非逻辑关系，即 $Y=\overline{AB}$。

如果把多只 NMOS 管串联，再把数量相同的 PMOS 管并联，并按图 8-18 所示那样加以连接，就可以构成多输入端 CMOS 与非门。

3. CMOS 或非门电路

（1）电路组成

CMOS 或非门电路及逻辑符号如图 8-19 所示，其中 V_{N1},V_{N2} 为 NMOS 驱动管；V_{P1}，V_{P2} 为 PMOS 负载管。

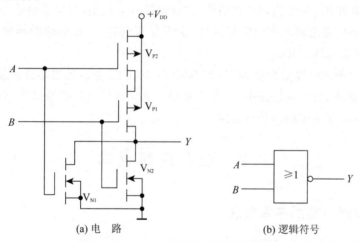

(a) 电　路　　　　　　(b) 逻辑符号

图 8-19　CMOS 或非门电路及逻辑符号

（2）工作原理

当 $A=0,B=0$ 时，V_{N1},V_{N2} 截止，V_{P1},V_{P2} 导通，输出 $Y=1$。

当 $A=0,B=1$ 时，V_{N2} 截止，V_{P1} 导通，输出 $Y=0$。

当 $A=1,B=0$ 时，V_{N1} 截止，V_{P2} 导通，输出 $Y=0$。

当 $A=1,B=1$ 时，V_{N1},V_{N2} 导通，V_{P1},V_{P2} 截止，输出 $Y=0$。

可见，该电路实现了或非逻辑关系，即 $Y=\overline{A+B}$。

4. CMOS 三态门电路

（1）电路组成

图 8-20 所示为 CMOS 三态门的电路图和逻辑符号。A 为信号输入端，EN 为三态控制端。图中 V_{N1},V_{P1} 构成反向器，V_{N2},V_{P2} 作为控制开关。

（2）工作原理

当 EN 输入端为低电平时，V_{N2},V_{P2} 均导通，输入/输出之间实现非门功能，即当 $A=0$

时,$Y=1$;$A=1$ 时,$Y=0$。

当 EN 输入端为高电平时,V_{N2},V_{P2} 均截止,无论 $A=1$ 或 0,输出 Y 均为高阻状态。

5. MOS 集成电路使用注意事项

① MOS 集成电路在存放和运输时,为了防止栅极感应高电压而击穿栅极,必须将组件用铝箔包好,放于屏蔽盒内。

② 对 MOS 集成电路进行测试时,一切测试仪表和被测电路本身必须有良好的接地,以免由于漏电造成组件的栅极击穿。

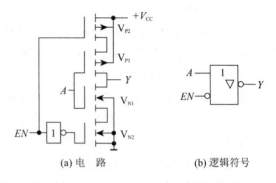

(a) 电路   (b) 逻辑符号

图 8 - 20   CMOS 三态门电路及逻辑符号

③ 多余输入端不应悬空,因为这样做会招致不必要的干扰,破坏组件的正常功能;严重的还会在栅极感应出很高的电压,造成栅极击穿,损坏组件。多余输入端的处理方法,一是按逻辑功能的要求将多余的输入端接到适当的逻辑电平上去;二是将多余输入端并联使用。

④ 输出端一般不允许并联使用,不允许直接接电源,否则将导致器件损坏。

⑤ 焊接时,最好用 25 W 内热式电烙铁,并将烙铁外壳接地,以防止烙铁带电而损坏芯片。

⑥ MOS 集成电路之间的连线应尽量短,由于分布电容、分布电感的影响,过长可能产生寄生振荡,严重时会损坏芯片。

⑦ MOS 数字集成电路的种类很多,有 NMOS,CMOS 等。各类芯片所使用的电源及表达 0 和 1 的电平各不相同,在电路中,常常需要和分立元件、TTL 电路以及其他类型 MOS 电路混合使用,这时应使用正确的接口电路。

8.2   组合逻辑电路

8.2.1   组合逻辑电路的基本概念

1. 组合逻辑电路的定义

组合逻辑电路是指在任一时刻,电路的输出状态仅取决于该时刻各输入状态的组合,而与电路的原状态无关的逻辑电路。其特点是输出状态与输入状态呈即时性,电路无记忆功能。

2. 组合逻辑电路的结构

图 8 - 21 是组合逻辑电路的结构方框图。

图中输入变量设为 I_0,I_1,$\cdots$,I_{n-1},共有 n 个;输出函数 Y_0,Y_1,$\cdots$,Y_{m-1},共有 m 个。每个输出函数与输入变量之间有着一定的逻辑关系,可表示为

$$\begin{cases} Y_0 = f_0(I_0,I_1,\cdots,I_{n-1}) \\ Y_1 = f_1(I_0,I_1,\cdots,I_{n-1}) \\ \qquad \vdots \\ Y_{m-1} = f_{m-1}(I_0,I_1,\cdots,I_{n-1}) \end{cases}$$

组合逻辑电路的形式多种多样,可以是一些通用的电路结构,如加法器、比较器、编码器、译码器、数据选择器和分配器等,也可以根据需要而设计具有某种特殊功能的电路形式。

图 8-21 组合逻辑电路方框图

8.2.2 组合逻辑电路的分析与设计

1. 组合逻辑电路的分析

组合逻辑电路的分析就是根据给定的逻辑电路图,确定其逻辑功能的步骤,即求出描述该电路的逻辑功能的函数表达式或者真值表的过程。现将组合电路分析方法归纳为以下两种:

第一种适用于比较简单的电路,分析步骤为:

① 根据给定电路图写出逻辑函数表达式;

② 简化逻辑函数或者列真值表;

③ 根据最简逻辑函数或真值表描述电路逻辑功能。

第二种适用于较复杂或无法得到逻辑图的电路,分析步骤为:

① 根据给定的逻辑图搭接实验电路;

② 测试输出与输入变量各种变化组合之间的电平变化关系,并将其列成表格,得出真值表(或功能表);

③ 根据真值表或功能表描述电路逻辑功能。

下面将对一些实际组合电路进行分析,进一步加深对分析方法的理解和运用。

例 8-1 已知逻辑电路如图 8-22 所示,分析其功能。

解:

第一步:写出逻辑表达式。

$$P = \overline{AB} \qquad\qquad N = \overline{BC}$$

$$Q = \overline{AC} \qquad Y = \overline{P \cdot N \cdot Q} = \overline{\overline{AB} \cdot \overline{BC} \cdot \overline{AC}}$$

$$Y = AB + BC + AC$$

第二步:化成最简表达式。

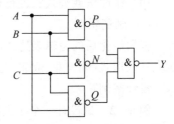

图 8-22 例 8-1 逻辑电路图

第三步:列真值表,见表 8-5。

表 8-5 例 8-1 的真值表

ABC	AB	AC	BC	Y
000	0	0	0	0
001	0	0	0	0
010	0	0	0	0
011	0	0	1	1
100	0	0	0	0
101	0	1	0	1
110	1	0	0	1
111	1	1	1	1

第四步:逻辑功能的描述。本例从真值表可看出,在三个输入变量中,只要有两个以上变量为 1 则输出为 1,故该电路可概括为:三变量多数表决器。

2. 组合逻辑电路的设计

组合逻辑的设计,就是根据给定的逻辑关系,求出实现这一逻辑关系的最简逻辑电路图,组合电路的一般设计过程粗略地归纳为四个基本步骤,如图 8 - 23 所示。

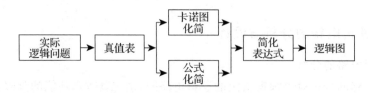

图 8 - 23　组合电路的设计框图

设计组合逻辑电路步骤如下:

(1) 分析要求

首先,根据给定的设计要求(设计要求可以是一段文字说明,或者是一个具体的逻辑问题,也可能是一张功能表等),分析其逻辑关系,确定哪些是输入变量,哪些是输出函数,以及它们之间的相互关系。然后,用 0、1 表示输入变量和输出函数的响应状态,称为状态赋值。

(2) 列真值表

根据上述分析和赋值情况,将输入变量的所有取值组合和与之相对应的输出函数值列表,即得真值表。注意,不会出现或不允许出现的输入变量取值组合可以不列出,如果列出,可在相应的输出函数处记上"×"号,化简时可作约束项处理。

(3) 化　简

用卡诺图法或公式法进行化简,得到最简逻辑函数表达式。

(4) 画逻辑图

根据简化后的逻辑表达式画出逻辑电路图。如果对采用的门电路类型有要求,可适当变换表达式形式(如与非、或非、与或非表达式等),然后用对应的门电路构成逻辑图。

设计举例:

例 8 - 2　试设计一个 3 人投票表决器,即 3 人中有 2 人或 3 人表示同意,则表决通过;否则为不通过。

解:首先,进行逻辑抽象。关键:

① 弄清楚哪些是输入变量,哪些是输出变量;

② 弄清楚输入变量与输出变量间的因果关系;

③ 对输入、输出变量进行状态赋值。

A、B、C 是否同意为输入信号,决议是否通过为输出信号。设输入 A(或 B、C)为 1 表示同意,为 0 表示不同意;输出 Y 为 1 表示决议通过,为 0 表示决议不通过。

第一步:确定输入、输出变量。

设 A,B,C 分别代表三人表决的逻辑变量。Y 代表表决的结果。

第二步:定义逻辑状态的含义。

设 A,B,C 为 1 表示赞成;0 表示反对(反之亦然)。

$Y=1$ 表示通过,$Y=0$ 表示被否决。

第三步:列真值表,见表 8-6。

表 8-6　例 8-2 真值表

A	B	C	Y
0	0	0	0
0	0	1	0
0	1	0	0
0	1	1	1
1	0	0	0
1	0	1	1
1	1	0	1
1	1	1	1

第四步:由真值表得出逻辑表达式。

$$Y=\overline{A}BC+A\,\overline{B}C+AB\,\overline{C}+ABC$$

第五步:化简逻辑表达式。

$$Y=BC+AB+AC$$

第六步:画出逻辑电路(用与非门电路实现)。

本例卡诺图如图 8-24 所示,逻辑电路如图 8-25 所示。

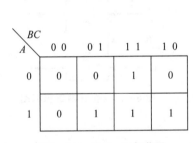

图 8-24　例 8-2 卡诺图

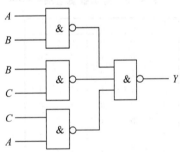

图 8-25　例 8-2 逻辑电路图

8.2.3　加法器和数值比较器

计算机基本的任务之一是算术运算。四则运算的加、减、乘、除可以变换为加法运算。因此,加法器是算术运算的基本单元。加法器分为半加器和全加器两类。

1. 半加器与全加器

(1) 半加器

不考虑低位来的进位时两个一位二进制数相加,称为半加;具有半加功能的电路称为半加器。半加器有两个输入端,分别为加数 A_i 和被加数 B_i,输出也是两个,分别为和数 S_i 和高位进位位 C_{i+1}。其方框图见图 8-26,真值表见表 8-7。

表 8-7　半加器真值表

A	B	S	C_{i+1}
0	0	0	0
0	1	1	0
1	0	1	0
1	1	0	1

从真值表可得函数表达式:

$$S_i = \overline{A}_i B_i + A_i \overline{B}_i = A_i \oplus B_i$$
$$C_{i+1} = A_i B_i$$

从函数表达式可画出逻辑电路,如图 8-27 所示。

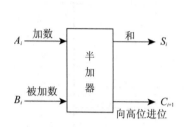

图 8-26 半加器逻辑框图

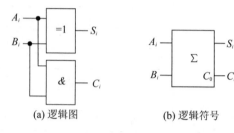

(a) 逻辑图   (b) 逻辑符号

图 8-27 半加器的逻辑框图和逻辑符号

(2) 全加器

两个本位的数 A_i 和 B_i 相加时,若还要考虑从低位来的进位位的加法,则称为全加;实现全加功能的电路称为全加器。其框图见图 8-28。

① 列真值表。首先从全加器的功能分析,确定输入变量有三个分别为 A_i, B_i, C_{i-1}。其中 C_{i-1} 为低位送来的进位位。输出变量有两个,分别为 S_i, C_i,按二进制加法规则可得出真值表(见表 8-8)。

表 8-8 全加器真值表

A_i	B_i	C_{i-1}	S_i	C_{i+1}
0	0	0	0	0
0	0	1	1	0
0	1	0	1	0
0	1	1	0	1
1	0	0	1	0
1	0	1	0	1
1	1	0	0	1
1	1	1	1	1

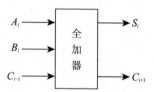

图 8-28 全加器逻辑框图

② 进行函数化简。由真值表写出逻辑表达式为

$$S_i = \overline{A}_i \overline{B}_i C_{i-1} + \overline{A}_i B_i \overline{C}_{i-1} + A_i \overline{B}_i \overline{C}_{i-1} + A_i B_i C_{i-1}$$
$$C_i = \overline{A}_i B_i C_{i-1} + A_i \overline{B}_i C_{i-1} + A_i B_i \overline{C}_{i-1} + A_i B_i C_{i-1}$$

经逻辑推演,可得

$$S_i = A_i \oplus B_i \oplus C_{i-1}$$
$$C_i = (A_i \oplus B_i) C_{i-1} + A_i B_i$$

③ 选定逻辑门,画出逻辑电路,如图 8-29 所示。

当要实现两个四位二进制数相加时,可采用四位全加器。其进位的方式有两种:一种是串行进位,即每位的进位送给下一位的进位输入端;另一种为并行进位,即每位的进位位由最低位同时产生,可见串行进位中因高位的运算要等待低位的运算完成之后才能进行,因此,速度较慢,但结构简单。并行进位速度提高了,电路结构较为复杂。

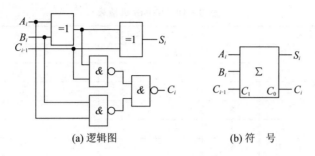

(a) 逻辑图　　　　　　(b) 符　号

图 8 - 29　全加器的逻辑图和符号

2. 比较器

用来将两个同样位数的二进制数 A、B 进行比较,并能判别其大小关系的逻辑器件,叫作数码比较器。比较有 $A>B$、$A<B$、$A=B$ 三种结果。参与比较的两个数码可以是二进制数,也可以是 BCD 码表示的十进制数或其他类数码。

(1) 一位比较器

设 A,B 是两个 1 位二进制数,比较结果为 E,H,L。E 表示 $A=B$,H 表示 $A>B$,L 表示 $A<B$,E,H,L 三者同时只能有一个为 1,即 E 为 1 时,H 和 L 为 0;H 为 1 时,E 和 L 为 0;L 为 1 时,H 和 E 为 0。一位比较器的真值表见表 8 - 9。从真值表可以看出其逻辑关系为

$$E = \overline{A}\,\overline{B} + AB = \overline{\overline{\overline{A}\,\overline{B}} \cdot \overline{AB}} = \overline{(A+B)(\overline{A}+\overline{B})} = \overline{A\,\overline{B} + \overline{A}\,B} = \overline{A \oplus B}$$

$$H = A\,\overline{B}$$

$$L = \overline{A}\,B$$

图 8 - 30 所示为一位比较器电路。

表 8 - 9　一位比较器真值表

输　入	输　　出		
AB	E	H	L
00	1	0	0
01	0	0	1
10	0	1	0
11	1	0	0

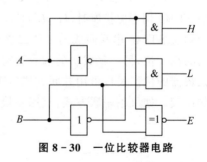

图 8 - 30　一位比较器电路

(2) 多位比较器

多位比较的规则是从高位到低位逐位比较。若最高位 $A_n > B_n$,则可判定 $A>B$,$H=1$;若 $A_n < B_n$,则 $A<B$,$L=1$;若 $A_n = B_n$,则比较次高位 A_{n-1} 和 B_{n-1},若 $A_{n-1} > B_{n-1}$,则 $A \gg B$,$H=1$;若 $A_{n-1} < B_{n-1}$,则 $A<B$,$L=1$;若 $A_{n-1} = B_{n-1}$,则比较下一位……

现以中规模集成四位比较器 ST046 为例。ST046 可以对 4 位二进制数 $A_4 A_3 A_2 A_1$ 和 $B_4 B_3 B_2 B_1$ 进行比较,比较结果为 $H(A>B)$,$L(A<B)$,$E(A=B)$。为了能用于更多位数的比较,ST046 还增加了 H',L',E' 三个控制输入端,称为比较器扩展端。

当 ST046 用于四位数码比较时,要将 H',L' 接地,E' 接 +5 V,即 $H'=L'=0$,$E'=1$。

ST046 的真值表见表 8 - 10。

表 8 – 10　ST046 真值表

比较输入				串联输入			输　出		
A_4B_4	A_3B_3	A_2B_2	A_1B_1	H'	L'	E'	H	L	E
$A_4>B_4$	×	×	×	×	×	×	1	0	0
$A_4<B_4$	×	×	×	×	×	×	0	1	0
$A_4=B_4$	$A_3>B_3$	×	×	×	×	×	1	0	0
	$A_3<B_3$	×	×	×	×	×	0	1	0
	$A_3=B_3$	$A_2>B_2$	×	×	×	×	1	0	0
		$A_2<B_2$	×	×	×	×	0	1	0
		$A_2=B_2$	$A_1>B_1$	×	×	×	1	0	0
			$A_1<B_1$	×	×	×	0	1	0
			$A_1=B_1$	1	0	0	1	0	0
				0	1	0	0	1	0
				0	0	1	0	0	1
				×	×	1	0	0	1
				1	1	0	0	0	0
				0	0	0	1	1	0

由真值表可以看出其逻辑表达式为

$$H=A_4\overline{B_4}+A_3\overline{B_3}C_4+A_2\overline{B_2}C_4C_3+A_1\overline{B_1}C_4C_3C_2+C_4C_3C_2C_1H'$$

$$L=\overline{A_4}B_4+\overline{A_3}B_3C_4+\overline{A_2}B_2C_4C_3+\overline{A_1}B_1C_4C_3+C_4C_3C_2C_1L'$$

$$E=C_4C_3C_2C_1E'$$

式中

$$C_4=\overline{A_4\oplus B_4},\qquad C_3=\overline{A_3\oplus B_3},\qquad C_2=\overline{A_2\oplus B_2},\qquad C_1=\overline{A_1\oplus B_1}$$

当 ST046 用于位扩展时，H',L',E' 三个输入端分别接另一 4 位比较器的输出端 H,L,E。

用两块 ST046 串联而成的 8 位二进制比较器如图 8 – 31 所示。本集成块的输入为待比较数码的高 4 位，另一集成块的输入为待比较数码的低 4 位。

比较器的位扩展也可用并联方式实现，图 8 – 32 所示为用 5 块 4 位比较器实现 16 位二进制数的比较。如果用串联方式，只用 4 块 4 位比较器即可，但并联方式比串联方式速度快。

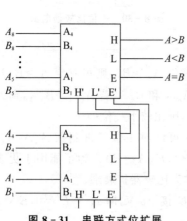

图 8 – 31　串联方式位扩展

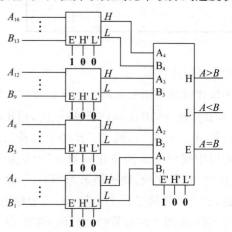

图 8 – 32　并联方式位扩展

8.2.4 编码器和译码器

1. 编码器

在数字系统中,用二进制代码表示有某种特定含义信号的过程称为编码。例如十进制数 9 在数字电路中可用二进制编码 $(1001)_B$ 来表示,也可用 8421BCD 码 $(00001001)_{8421BCD}$ 来表示。编码器就是实现编码操作的电路。

(1) 二进制编码器

二进制编码器是用 n 位二进制数表示 2^n 个信号的编码电路。以图 8-33 所示的由与非门构成的 8-3 编码器为例,来说明二进制编码器的工作原理,其功能表见表 8-11。

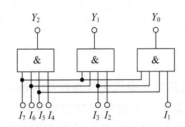

图 8-33 3 位二进制编码器逻辑图

表 8-11 3 位二进制编码表

输 入								输 出		
I_0	I_1	I_2	I_3	I_4	I_5	I_6	I_7	Y_2	Y_1	Y_0
0	1	1	1	1	1	1	1	0	0	0
1	0	1	1	1	1	1	1	0	0	1
1	1	0	1	1	1	1	1	0	1	0
1	1	1	0	1	1	1	1	0	1	1
1	1	1	1	0	1	1	1	1	0	0
1	1	1	1	1	0	1	1	1	0	1
1	1	1	1	1	1	0	1	1	1	0
1	1	1	1	1	1	1	0	1	1	1

8 个输入信号中,在某个时刻,只能允许一个输入信号为低电平 0,输出的三位二进制代码即代表该输入信号的状态。例如,输出为 011 时,表示 I_3 输入为 0,其余输入全为 1。

其逻辑表达式为

$$Y_2 = \overline{I_4 \cdot I_5 \cdot I_6 \cdot I_7}$$

$$Y_1 = \overline{I_2 \cdot I_3 \cdot I_6 \cdot I_7}$$

$$Y_0 = \overline{I_1 \cdot I_3 \cdot I_5 \cdot I_7}$$

(2) 二-十进制编码器(BCD 码)

将 0～9 十个十进制数转换为二进制代码的电路,称为二-十进制编码器。二-十进制是按 8421 编码的,因此也称 BCD 码。

二-十进制编码器的功能表见表 8-12。图 8-34 所示的是由四个多输入端或门构成的二-十进制编码器(BCD 码)。

图 8-34 中的 9 个输入端用来表示十进制数的 0～9。在工作时只允许某时刻有一个输入端为 1,其余 8 个输入端为 0。当 9 个输入端全为 0 时,表示输入数据为 0。

其逻辑表达式为

$$Y_3 = I_8 + I_9 = \overline{\overline{I_8}\,\overline{I_9}}$$

$$Y_2 = I_4 + I_5 + I_6 + I_7 = \overline{\overline{I_4}\,\overline{I_5}\,\overline{I_6}\,\overline{I_7}}$$

$$Y_1 = I_2 + I_3 + I_6 + I_7 = \overline{\overline{I_2}\,\overline{I_3}\,\overline{I_6}\,\overline{I_7}}$$

$$Y_0 = I_1 + I_3 + I_5 + I_7 + I_9 = \overline{\overline{I_1}\,\overline{I_3}\,\overline{I_5}\,\overline{I_7}\,\overline{I_9}}$$

表 8 - 12　二-十进制编码器功能表

输　入	输　出			
I	Y_3	Y_2	Y_1	Y_0
$0(I_0)$	0	0	0	0
$1(I_1)$	0	0	0	1
$2(I_2)$	0	0	1	0
$3(I_3)$	0	0	1	1
$4(I_4)$	0	1	0	0
$5(I_5)$	0	1	0	1
$6(I_6)$	0	1	1	0
$7(I_7)$	0	1	1	1
$8(I_8)$	1	0	0	0
$9(I_9)$	1	0	0	1

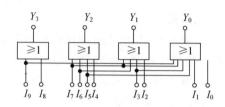

图 8 - 34　二-十进制编码器(BCD 码)

（3）优先编码器

在优先编码器中,允许几个信号同时输入,但是电路只对其中优先级别最高的输入信号进行编码,这样的电路称为优先编码器。优先编码器允许多个输入信号同时要求编码。优先编码器的输入信号有不同的优先级别,多于一个信号同时要求编码时,只对其中优先级别最高的信号进行编码。因此,在编码时必须根据轻重缓急,规定好输入信号的优先级别。

74LS147 编码器是 BCD(8421)码优先编码器,或称 BCD 输出的优先编码器。所谓优先,就是多于一个十进制数字输入时,最高的数字输入被优先编码到输出端(见表 8 - 13,为低电平输入有效、低电平输出有效的优先编码器)。例如,功能表第二行,若 $I_9=0$(引脚 10 输入端代表十进制数 9),无论其他输入端是 1 或 0,输出的 BCD 码均为 0110(以低电平 0 的形式输出的 BCD 码)。

表 8 - 13　74LS147 编码器的功能表

输　入									输　出			
I_1	I_2	I_3	I_4	I_5	I_6	I_7	I_8	I_9	D	C	B	A
1	1	1	1	1	1	1	1	1	1	1	1	1
×	×	×	×	×	×	×	×	0	0	1	1	0
×	×	×	×	×	×	×	0	1	0	1	1	1
×	×	×	×	×	×	0	1	1	1	0	0	0
×	×	×	×	×	0	1	1	1	1	0	0	1
×	×	×	×	0	1	1	1	1	1	0	1	0
×	×	×	0	1	1	1	1	1	1	0	1	1
×	×	0	1	1	1	1	1	1	1	1	0	0
×	0	1	1	1	1	1	1	1	1	1	0	1
0	1	1	1	1	1	1	1	1	1	1	1	0

图 8 - 35 所示的是 74LS147 集成电路被设置成对三个输入端 I_7,I_8,I_9 进行编码的连接电路。不用的输入端(I_1,I_2,I_3,I_4,I_5,I_6)接＋5 V(高电平)。

由表 8 - 13 可以得知:当输入 $I_7 I_8 I_9=000$ 时,输出为 0110;当输入 $I_7 I_8 I_9=001$ 时,输出为 0111;只有输入 $I_7 I_8 I_9=011$ 时,输出为 1000,这就是优先编码器工作特点,优先权的高低由 74LS147 的信号输入端来决定。74LS147 是一种 10 线/4 线优先编码器。

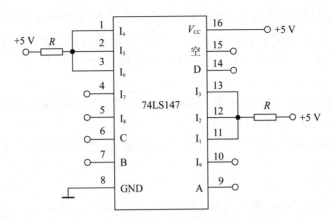

图 8-35　74LS147 三位输入编码的接线图

（4）编码器的用法

编码器的用法是多种多样的，这里以微控制器的报警编码电路来介绍编码器的用法。

图 8-36 为利用 74LS148 编码器监视 8 个化学罐液面的报警编码电路的连接图。若 8 个化学罐中任何一个罐中液面超过预定高度时，其液面检测传感器输出一个 0 电平到 74LS148编码器的输入端，编码器编码后输出三位二进制代码到微控制器。这种情况下微控制器仅需要 3 个输入线就可监视 8 个独立的被测点。

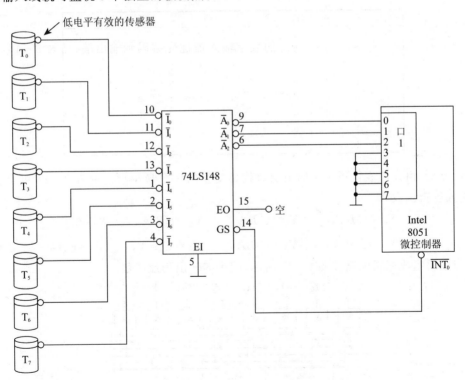

图 8-36　74LS148 微控制器报警编码电路

微控制器不同于微处理器，它由几个输入/输出接口和存储器共同组成，使其更适于监视和控制方面的应用。这里用的微控制器是 Intel 8051，使用其 4 个 8 位口中的 1 个口输入被编码的报警代码,并且利用中断输入 $\overline{INT}_0$,接收由 GS 产生的报警信号(GS=0 有效),以使 8051 处于 HALT(停止)方式。当 Intel 8051 在 $\overline{INT}_0$ 端接收到一个 0,就运行报警处理程序并做出相应的反应,无论 74LS148 的任意一个或多个输入为 0,GS 均为 0。

2. 译码器

译码是编码的逆过程。译码是将代码的原意"翻译"出来,即将每个代码译为一个特定的输出信号,此信号可以是脉冲,也可以是电位。

实现译码功能的电路称为译码器,常用的译码器有二进制译码器、二-十进制译码器、BCD 七段显示译码器三类。

(1) 二进制译码器

如果它有 n 个输入变量,那它就可以有 2^n 个输出变量,这样的译码器,称作二进制译码器。且对应于输入代码的每一种状态,2^n 个输出中只有一个为 1(或为 0),其余全为 0(或为 1)。

常用的二进制集成电路译码器为 74LS138,

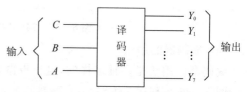

图 8-37　3-8 线译码器逻辑框图

其逻辑框图和真值表如图 8-37 所示和表 8-14 所列。此译码器有 3 个输入端 A,B,C,8 个输出端 $Y_0 \sim Y_7$,这种译码器称为 3-8 线译码器。

表 8-14　3-8 线译码器真值表

C	B	A	Y_0	Y_1	Y_2	Y_3	Y_4	Y_5	Y_6	Y_7
0	0	0	1	0	0	0	0	0	0	0
0	0	1	0	1	0	0	0	0	0	0
0	1	0	0	0	1	0	0	0	0	0
0	1	1	0	0	0	1	0	0	0	0
1	0	0	0	0	0	0	1	0	0	0
1	0	1	0	0	0	0	0	1	0	0
1	1	0	0	0	0	0	0	0	1	0
1	1	1	0	0	0	0	0	0	0	1

功能分析:由真值表得每一个输出函数就是变量的一个最小项。由表 8-14 可直接写出输出/输入逻辑函数为

$$Y_0 = \overline{C}\,\overline{B}\,\overline{A}, \qquad Y_1 = \overline{C}\,\overline{B}A, \qquad Y_2 = \overline{C}B\,\overline{A}, \qquad Y_3 = \overline{C}BA$$

$$Y_4 = C\,\overline{B}\,\overline{A}, \qquad Y_5 = C\,\overline{B}A, \qquad Y_6 = CB\,\overline{A}, \qquad Y_7 = CBA$$

用与非门组成逻辑电路如图 8-38 所示,图中的输出为反函数。

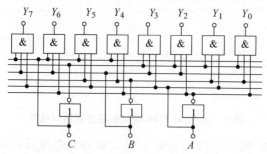

图 8-38　3-8 线译码器逻辑电路图

（2）二-十进制译码器

将二-十进制代码翻译成 10 个十进制数字信号的电路，叫作二-十进制译码器。二-十进制译码器的输入是十进制数的 4 位二进制编码（BCD 码），分别用 A、B、C、D 表示；输出的是与 10 个十进制数字相对应的 10 个信号，用 $Y_9 \sim Y_0$ 表示。由于二-十进制译码器有 4 根输入线，10 根输出线，所以又称为 4-10 线译码器。译码器的输入是 8421BCD 码，输出的 10 个信号与十制数的 10 个数字相对应。示意图见图 8-39，真值表见表 8-15。表 8-15 中左边是输入的 8421BCD 码，右边是译码输出，逻辑 0 有效。1010…1111 六种状态没有使用，正常工作下不会出现，故可当约束项处理。

图 8-39　8421BCD 译码器框图

表 8-15　8421BCD 译码器真值表

D	C	B	A	$\overline{Y}_0$	$\overline{Y}_1$	$\overline{Y}_2$	$\overline{Y}_3$	$\overline{Y}_4$	$\overline{Y}_5$	$\overline{Y}_6$	$\overline{Y}_7$	$\overline{Y}_8$	$\overline{Y}_9$
0	0	0	0	0	1	1	1	1	1	1	1	1	1
0	0	0	1	1	0	1	1	1	1	1	1	1	1
0	0	1	0	1	1	0	1	1	1	1	1	1	1
0	0	1	1	1	1	1	0	1	1	1	1	1	1
0	1	0	0	1	1	1	1	0	1	1	1	1	1
0	1	0	1	1	1	1	1	1	0	1	1	1	1
0	1	1	0	1	1	1	1	1	1	0	1	1	1
0	1	1	1	1	1	1	1	1	1	1	0	1	1
1	0	0	0	1	1	1	1	1	1	1	1	0	1
1	0	0	1	1	1	1	1	1	1	1	1	1	0

逻辑功能分析：利用卡诺图化简，求出各函数的最简表达式为

$$\overline{Y}_0 = \overline{D}\,\overline{C}\,\overline{B}\,\overline{A}, \qquad Y_0 = \overline{\overline{D}\,\overline{C}\,\overline{B}\,\overline{A}}$$

$$\overline{Y}_1 = \overline{D}\,\overline{C}\,\overline{B}A, \qquad Y_1 = \overline{\overline{D}\,\overline{C}\,\overline{B}A}$$

$$\overline{Y}_2 = \overline{C}\,B\,\overline{A}, \qquad Y_2 = \overline{\overline{C}B\,\overline{A}}$$

$$\overline{Y}_3 = \overline{C}BA, \qquad Y_3 = \overline{\overline{C}BA}$$

$$\overline{Y}_4 = C\,\overline{B}\,\overline{A}, \qquad Y_4 = \overline{C\,\overline{B}\,\overline{A}}$$

$$\overline{Y}_5 = C\,\overline{B}A, \qquad Y_5 = \overline{C\,\overline{B}A}$$

$$\overline{Y}_6 = CB\,\overline{A}, \qquad Y_6 = \overline{CB\,\overline{A}}$$

$$\overline{Y}_7 = CBA, \qquad Y_7 = \overline{CBA}$$

$$\overline{Y}_8 = D\,\overline{A}, \qquad Y_8 = \overline{D\,\overline{A}}$$

$$\overline{Y}_9 = DA, \qquad Y_9 = \overline{DA}$$

用与非门组成逻辑电路，如图 8-40 所示，图中的输出为原函数。

（3）BCD 七段显示译码器

在各种电子仪器和设备中，经常需要用显示器将处理和运算结果显示出来，可以实现数码显示的部件叫作数码显示器，也称数码管。数码显示器的种类很多，按显示原理来分有辉光数码管、荧光数码管、发光二极管 LED 数码管、液晶 LCD 数码管等。按显示内容分有数字显示

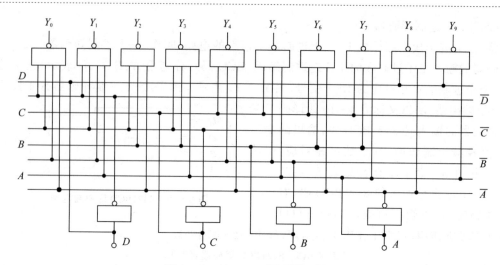

图 8-40　8421BCD 译码器逻辑图

和符号显示两种。下面以发光二极管七段显示数码管为例介绍其工作原理。七段 LED 显示器如图 8-41(a)所示,它是由七段笔画所组成,每段笔画实际上就是一个用半导体材料做成的发光二极管(LED)。这种显示器电路通常有两种接法:一种是将发光二极管的负极全部一起接地,如图 8-41(b)所示,即所谓的共阴极显示器;另一种是将发光二极管的正极全部一起接到正电压,如图 8-41(c)所示,即所谓的共阳极显示器。对于共阴极显示器,只要在某个二极管的阳极加上逻辑 1 电平,相应的笔画就发亮;对于共阳极显示器,只要在某个二极管的负极加上逻辑电平 0,相应的笔画就发亮。由图 8-41 可知,不同笔画发光,便可显示一个字型。就是说,显示器所显示的字符与其输入二进制代码(又称段码)即 abcdefg 七位代码之间存在一定的对应关系。以共阴极显示器为例,这种对应关系如表 8-16 所列。

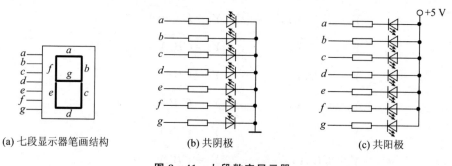

(a) 七段显示器笔画结构　　　　(b) 共阴极　　　　　　(c) 共阳极

图 8-41　七段数字显示器

表 8-16　共阴极七段 LED 显示字型段码表

显示字符	段　码						
	a	b	c	d	e	f	g
0	1	1	1	1	1	1	0
1	0	1	1	0	0	0	0
2	1	1	0	1	1	0	1
3	1	1	1	1	0	0	1
4	0	1	1	0	0	1	1

显示字符	段 码						
	a	*b*	*c*	*d*	*e*	*f*	*g*
5	1	0	1	1	0	1	1
6	0	0	1	1	1	1	1
7	1	1	1	0	0	0	0
8	1	1	1	1	1	1	1
9	1	1	1	0	0	1	1
⌐	0	0	0	0	1	1	0
⌐	0	0	1	1	0	0	1
⌐	0	1	0	0	0	1	1
E	1	0	0	1	0	1	1
⊢	0	0	0	1	1	1	1
灭	0	0	0	0	0	0	0

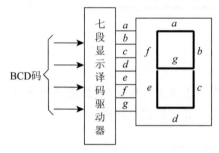

图 8－42　七段数字显示译码器

一般数字系统中处理和运算结果都是用二进制编码、BCD 码或其他编码表示的，要将最终结果通过 LED 显示器用十进制数显示出来，就需要先用译码器将运算结果转换成段码，当然，要使发光二极管发亮，还需要提供一定的 BCD 码驱动电流。所以这两种显示器也需要有相应的驱动电路，如图 8－42 所示。

市场上可买到现成的译码驱动器，如共阳极译码驱动器 74LS47、共阴极译码驱动器 74LS48 等。74LS47,74LS48 是七段显示译码驱动器，其输入是BCD 码,输出是七段数字显示译码器的段码。74LS47 译码驱动电路如图 8－43 所示，真值表见表 8－17。

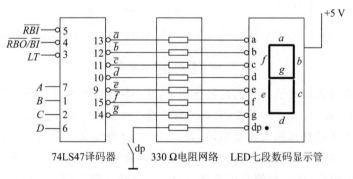

图 8－43　LED 七段显示译码驱动电路逻辑图

其工作过程是:输入的 BCD 码(A,B,C,D)经 74LS47 译码,产生 7 个低电平输出(a,b,c,d,e,f,g),经限流电阻分别接至共阳极显示器对应的 7 个段,当这 7 个段有一个或几个为低电平时,该低电平对应的段点亮。dp 为小数点控制端,当 dp 端为低电平时,小数点亮。LT为灯测试信号输入端,可测试所有端的输出信号;RBI 为消隐输入端,用来控制发光显示器的亮度或禁止译码器输出；BI/RBO 为消隐输入或串行消隐输出端，具有自动熄灭所显示的多位数字前后不必要的"零"位的功能，在进行灯测试时，BI/RBO 信号应为高电平。

表 8 - 17　共阳极译码驱动器 74LS47 真值表

输　入						$\overline{BI}/\overline{RBO}$	输　出							显示数字
$\overline{LT}$	$\overline{RBI}$	D	C	B	A		a	b	c	d	e	f	g	
1	1	0	0	0	0	1	0	0	0	0	0	0	1	0
1	×	0	0	0	1	1	1	0	0	1	1	1	1	1
1	×	0	0	1	0	1	0	0	1	0	0	1	0	2
1	×	0	0	1	1	1	0	0	0	0	1	1	0	3
1	×	0	1	0	0	1	1	0	0	1	1	0	0	4
1	×	0	1	0	1	1	0	1	0	0	1	0	0	5
1	×	0	1	1	0	1	1	1	0	0	0	0	0	6
1	×	0	1	1	1	1	0	0	0	1	1	1	1	7
1	×	1	0	0	0	1	0	0	0	0	0	0	0	8
1	×	1	0	0	1	1	0	0	0	1	1	0	0	9
×	×	×	×	×	×	0	1	1	1	1	1	1	1	全灭
1	0	0	0	0	0	0	1	1	1	1	1	1	1	全灭
0	×	×	×	×	×	1	0	0	0	0	0	0	0	全亮

8.2.5　数据选择器和数据分配器

1. 数据选择器

在多路数据传输过程中，经常需要将其中一路信号挑选出来进行传输，这就需要用到数据选择器。其功能类似于单刀多位开关，故又称为多路开关。其逻辑图见图 8 - 44。

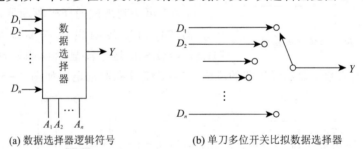

(a) 数据选择器逻辑符号　　　　　(b) 单刀多位开关比拟数据选择器

图 8 - 44　数据选择器示意图

数据选择器在输入地址信号线的控制作用下，从多路输入信号中选择一路传输到传输端，又称为多路选择器 MUX 或多路开关，常用的有 2 选 1、4 选 1、8 选 1、16 选 1 等。当输入数据更多时则可以由上述选择器扩大功能而得，如 32 选 1、64 选 1 等。在数据选择器中，通常用地址输入信号来完成挑选数据的任务。如一个 4 选 1 的数据选择器，应有 2 个地址输入端，它共有 $2^2=4$ 种不同的组合，每一种组合可选择对应的一路输入数据输出。同理，对一个 8 选 1 的数据选择器，应有 3 个地址输入端。其余类推。下面以一个典型的 4 选 1 多路选择器为例说明。

图 8 - 45 所示为 4 选 1 数据选择器，其中 $D_0 \sim D_3$ 为数据输入端；$A_0 A_1$ 为数据通道选择控制信号；E 为使能端，Y 为输出端。

由图 8 - 45 可写出 4 选 1 数据选择器的输出逻辑表达式：

$$Y=(\overline{A_1}\,\overline{A_0}D_0+\overline{A_1}A_0D_1+A_1\overline{A_0}D_2+A_1A_0D_3)\overline{E}$$

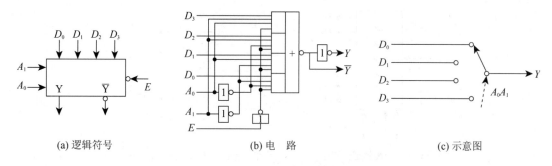

(a) 逻辑符号   (b) 电　路   (c) 示意图

图 8 - 45　4 选 1 数据选择器电路

由表达式可画出电路的功能表(见表 8 - 18)。

表 8 - 18　4 选 1 电路功能表

地　址		选　通	数　据	输　出
A_1	A_0	E	D	Y
X	X	1	X	0
0	0	0	$D_0 \sim D_3$	D_0
0	1	0	$D_0 \sim D_3$	D_1
1	0	0	$D_0 \sim D_3$	D_2
1	1	0	$D_0 \sim D_3$	D_3

由功能表可知使能端的作用是控制数据选通是否有效,即当 $E=0$ 时,允许数据选通,数据选通哪一路由地址线 A_1A_0 决定。当 $E=1$ 时,禁止数据输入,故又称 E 为禁止端。4 选 1 真值表见表 8 - 19。

表 8 - 19　4 选 1 真值表

A_1	A_0	Y	D_i
0	0	0	D_0
0	1	1	D_1
1	0	1	D_2
1	1	0	D_3

2. 多路数据分配器

多路数据分配器的逻辑功能与多路选择器恰好相反,多路选择器是在多个输入信号中选择一个送到输出;而多路分配器则是把一个输入信号分配到多路输出的其中之一。因此,也称多路分配器为"逆多路选择器"或"逆多路开关"。

多路分配器只有一个输入信号源,而信息的分配则由 n 位选择控制信号来决定。多路分配器的一般电路原理如图 8 - 46 所示。

多路分配器可由译码器实现,具体方法是将传送的数据接至译码器的使能端 E。这样可以通过改变译码器的输入,把数据分配到不同的通道上。图 8 - 47 所示为 3 - 8 线译码器实现多路分配器。其中 D 为数据输入端,A,B,C 为地址译码线,Y 为输出端。如 $ABC=111$ 时,$D=1$,则该片选中 $Y_7=0$,其他引脚输出高电平,如 $D=0$ 该片禁止 $Y_7=1$,当 ABC 取不同的 8 个值时分别选中 $Y_0 \sim Y_7$ 中的一个输出端。注意,这种接法只能将输入为 1 的数据分配到 8 路输出中的一路。

3. 用数据选择器实现多种组合逻辑功能

数据选择器除了用来选择输出信号,实现时分多路通信外,还可以用于实现组合逻辑

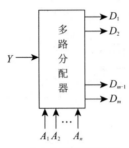 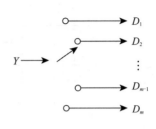

(a) 多路分配器逻辑符号　　　(b) 单刀多位开关比拟多路分配器

图 8 - 46　多路分配器电路原理图

电路。

例 8 - 3　用 4 选 1 数据选择器实现二变量异或表示式 $Y=A_1\overline{A_0}+\overline{A_1}A_0$。

解：由 4 选 1 数据选择器的输出公式如下：

$$Y=\overline{A_1}\,\overline{A_0}D_0+\overline{A_1}A_0D_1+A_1\overline{A_0}D_2+A_1A_0D_3$$

由公式可知，对于 A_1A_0 的每一种组合就对应一个输入 D，用多路选择器来实现逻辑函数时，就是选择好控制变量 A 和确定 D 的值。例题中与 $F=A_1\overline{A_0}+\overline{A_1}A_0$ 比较，只要 $D_2=1$，$D_1=1,D_0=0,D_3=0$ 即可。其连线如图 8 - 48 所示。

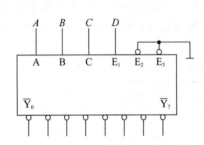 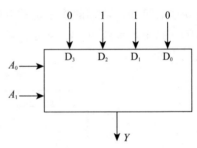

图 8 - 47　3 - 8 译码器作多路分配器电路　　图 8 - 48　例 8 - 3 连线图

例 8 - 4　用数据选择器实现三变量多数表决器。

解：① 采用 8 选 1 数据选择器来实现。根据表 8 - 20 可知，只要

$$D_3=D_5=D_6=D_7=1,\qquad D_0=D_1=D_2=D_4=0$$

其连线如图 8 - 49 所示。

表 8 - 20　8 选 1 真值表

A_2	A_1	A_0	Y	D_i
0	0	0	0	D_0
0	0	1	0	D_1
0	1	0	0	D_2
0	1	1	1	D_3
1	0	0	0	D_4
1	0	1	1	D_5
1	1	0	1	D_6
1	1	1	1	D_7

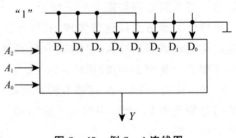

图 8 - 49　例 8 - 4 连线图

② 采用 4 选 1 数据选择器来实现。

列出 Y 的函数式：

$$Y = \overline{A}_2 A_1 A_0 + A_2 \overline{A}_1 A_0 + A_2 A_1 \overline{A}_0 + A_2 A_1 A_0 =$$
$$\overline{A}_2 A_1 A_0 + A_2 \overline{A}_1 A_0 + A_2 A_1$$

对比 4 选 1 选择器公式

$$Y = \overline{A}_1 \overline{A}_0 D_0 + \overline{A}_1 A_0 D_1 + A_1 \overline{A}_0 D_2 + A_1 A_0 D_3$$

4 选 1 选择器的 A_1，对应所求函数 A_2，A_0 对应 A_1，D_i 对应第三项 A_0。比较可得 $D_0 = 0, D_1 = D_2 = A_0$，$D_3 = 1$。其连线如图 8-50 所示。

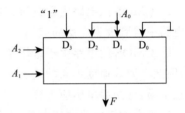

4. 用译码器实现多种组合逻辑功能

例 8-5 用译码器设计两个一位二进制数的全加器。

解: 因译码器的输出端每一个表示一项最小项，因此只须把所求的全加器的输出端用最小项表示，再对应译码器的输出端选择合适的输出即可。

图 8-50 例 8-4 连线图

由全加器真值表可得

$$S = \overline{A}\,\overline{B}C + \overline{A}\,B\,\overline{C} + A\,\overline{B}\,\overline{C} + ABC = m_1 + m_2 + m_4 + m_7$$
$$S = \overline{\overline{m}_1 \overline{m}_2 \overline{m}_4 \overline{m}_7}$$
$$C_{i+1} = \overline{A}BC + A\,\overline{B}C + AB\,\overline{C} + ABC = m_3 + m_5 + m_6 + m_7$$
$$C_{i+1} = \overline{\overline{m}_3 \overline{m}_5 \overline{m}_6 \overline{m}_7}$$

用 3-8 译码器组成的全加器，如图 8-51 所示。

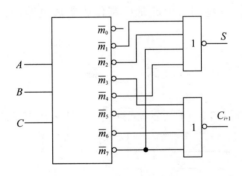

图 8-51 例 8-5 由 3-8 线译码器构成的全加器

本章小结

1. 在数字逻辑电路中，任何复杂的逻辑电路都是由与门、或门和非门等基本逻辑门电路组成的。由这三种最基本的门电路又可以构成与非门、或非门、异或门和异或非门等。

2. 分立元件门电路是由分立的半导体二极管、三极管和 MOS 管以及电阻等元件组成的门电路。分立元件门电路有二极管与门、或门和三极管非门、MOS 管非门以及由它们构成的复合门，如与非、或非门、异或门和异或非门等。

3. TTL 门电路是晶体管–晶体管逻辑门电路，它是把电路元件都制作在同一块硅片上的电路。TTL 门电路具有负载能力强、抗干扰能力强和转换速度高等优点。

4. TTL 门电路是基本逻辑单元，是构成各种 TTL 集成电路的基础。实际生产的 TTL 集成电路种类多，品种全，应用广泛。TTL 与非门电路因开关速度快、抗干扰能力强等特点，在数字电路中得到比较广泛的应用。

5. CMOS 门电路由于具有集成度高、制造工艺简单、功耗很低、输入阻抗高等特点，在数字电路中得到极为广泛的应用。

6. CMOS 门电路由于采用了 NMOS 管和 PMOS 管互补式电路，功耗极低，负载能力极强，因此在要求速度不高的情况下优越性就更加明显。使用 CMOS 门电路时，应牢记其使用注意事项，谨防静电感应击穿。

7. 组合逻辑电路的特点是：在任何时刻的输出只取决于当时的输入信号，而与电路原来所处的状态无关。实现组合电路的基础是逻辑代数和门电路，真值表是分析和应用各种逻辑电路的依据。

8. 组合逻辑电路的逻辑功能可用逻辑图、真值表、逻辑表达式、卡诺图和波形图五种方法来描述，它们在本质上是相通的，可以互相转换。其中由逻辑图到真值表及由真值表到逻辑图的转换最为重要。这是因为组合电路的分析，实际上就是由逻辑图到真值表的转换，而组合电路的设计，在得出真值表后，其余就是由真值表到逻辑图的转换。

9. 运用门电路设计组合电路的大致步骤是：

列出真值表→写出逻辑表达式或画出卡诺图→逻辑表达式化简和变换→画出逻辑图。

在许多情况下，如用中、大规模集成电路来实现组合函数，可以取得事半功倍的效果。

10. 具体的组合电路种类非常多，常用的组合电路有加法器、数值比较器、编码器、译码器、数据选择器、数据分配器等，这些组合电路都已制作成集成电路，必须熟悉它们的逻辑功能才能灵活应用。

习　　题

1. 已知 A, B 的波形如题图 8-1 所示，试画出 $Y=A \cdot B$, $Y=A+B$, $Y=A$ 的波形。

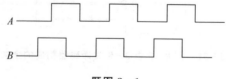

题图 8-1

2. 什么叫正逻辑？什么叫负逻辑？

3. 集电极开路门有哪些用途？

4. 简述 TTL 集成三态门的工作原理、特点及用途。

5. 试画出题图 8-2 中与非门输出 Y 的波形。

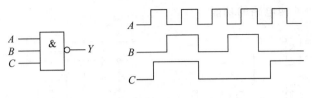

题图 8 - 2

6. 什么叫 MOS 门电路？MOS 管分为哪几种类型？

7. 写出题图 8 - 3 所示电路的逻辑表达式。

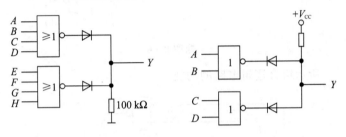

题图 8 - 3

8. 试分析题图 8-4 所示电路的逻辑关系，并写出逻辑表达式。

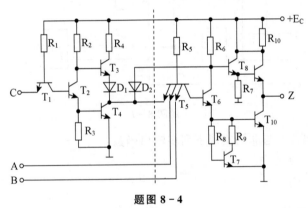

题图 8 - 4

9. 组合逻辑电路有什么特点？如何分析组合逻辑电路？组合逻辑电路的设计步骤是怎样的？

10. 译码器的功能是什么？给出十进制 BCD 译码器的真值表和 3 位二进制译码器的真值表。

11. 分析题图 8-5 两组合逻辑电路，比较两电路的逻辑功能。

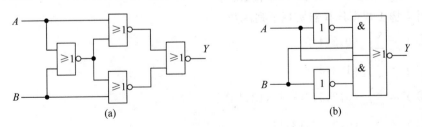

(a)　　　　　　　　　　　　　　(b)

题图 8 - 5

12. 分析题图 8-6 两电路的功能。

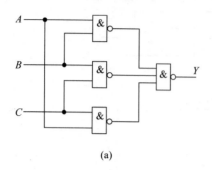 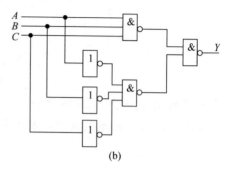

(a)   (b)

题图 8-6

13. 分析图 8-7 所示组合逻辑电路的功能。

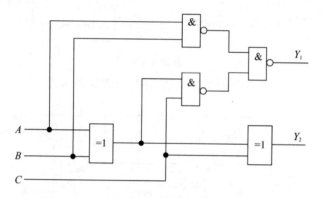

题图 8-7

14. 用 3-8 译码器和与非门实现下列多输出函数：

$$\begin{cases} Y_1 = AB + \overline{A}\,\overline{B}\,\overline{C} \\ Y_2 = A + B + \overline{C} \\ Y_3 = \overline{A}B + A\,\overline{B} \end{cases}$$

15. 用 4-16 译码器和与非实现下列函数：

① $Y = \sum_m (0,1,3,6,10,15)$

② $\begin{cases} Y_1 = A\overline{B}CD + \overline{A}\,\overline{B}\,\overline{C} + ACD \\ Y_2 = AB\overline{C} + A\overline{B}CD + \overline{A}\,\overline{B}C \end{cases}$

16. 用 4 选 1 数据选择器实现下列函数。

① $Y = \sum_m (0,2,4,5)$

② $Y = \sum_m (1,2,5,7)$

③ $Y = \sum_m (0,2,5,7,8,11,13,15)$

④ $Y = \sum_m (0,3,12,13,14)$

第 9 章　触发器与时序逻辑电路

前面介绍的门电路在某一时刻的输出信号完全取决于该时刻的输入信号,它没有记忆作用。在数字系统中,常常需要存储各种数字信息。触发器就是具有记忆功能,可以存储数字信息的最常用的一种基本单元电路。本章首先介绍触发器,然后介绍时序逻辑电路。

9.1　触发器

触发器具有两个特点:一是具有两个能自行保持的稳定状态,用来表示逻辑状态的 0 和 1,或二进制数的 0 和 1。二是根据不同的输入信号可将触发器置成 1 或 0 状态。当输入信号消失后,已转换的状态可长期保持下来,所以触发器常作为记忆单元。

根据电路结构形式的不同,触发器可以分为基本 RS 触发器、同步触发器、主从触发器、维持阻塞触发器、CMOS 边沿触发器等。

由于控制方式的不同(即信号的输入方式以及触发器状态随输入信号变化的规律不同),触发器的逻辑功能在细节上又有所不同。因此又根据触发器逻辑功能的不同,将其分为 RS 触发器、JK 触发器、T 触发器、D 触发器等几种类型。

9.1.1　基本 RS 触发器

1. 基本 RS 触发器的电路结构

由与非门构成的基本 RS 触发器电路如图 9-1(a)所示,图 9-1(b)所示是基本 RS 触发器的逻辑电路符号。$\overline{S_D}$ 和 $\overline{R_D}$ 端为触发信号输入端,其中非号表示低电平有效,在逻辑符号图中用小圆圈表示。Q 和 $\overline{Q}$ 端是触发器的输出端,在触发器输出稳定时,它们是一对输出状态相反的信号。输出端不加小圆圈表示 Q 端,加小圆圈表示 $\overline{Q}$ 端。基本 RS 触发器是各种触发器电路中结构形式最简单的一种,它也是许多复杂结构触发器的一个基本组成部分。

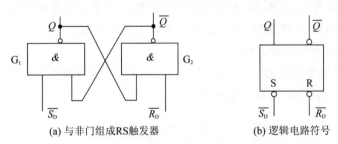

(a) 与非门组成RS触发器　　　　　(b) 逻辑电路符号

图 9-1　基本 RS 触发器

2. 基本 RS 触发器的工作原理和动作特点

基本 RS 触发器的输出端 Q 与 $\overline{Q}$ 在正常条件下能保持相反状态,即 $Q=0,\overline{Q}=1$ 和 $Q=1,\overline{Q}=0$ 两种状态。常将 $Q=1,\overline{Q}=0$ 的状态称为置位状态("1"态),而将 $Q=0,\overline{Q}=1$ 的状态

称为复位状态("0"态)。$\overline{S_D}$ 端称为直接置位输入端或直接置"1"端,$\overline{R_D}$ 端称为直接复位输入端或置"0"端。下面分析基本 RS 触发器的工作过程。

① 当 $\overline{R_D}=0$,$\overline{S_D}=1$ 时,触发器为"0"态。

由于 $\overline{R_D}=0$,使 G_2 输出 $\overline{Q}=1$;G_1 因输入全1,输出 $Q=0$,触发器为"0"态,与原状态无关。

② 当 $\overline{R_D}=1$,$\overline{S_D}=0$ 时,触发器为"1"态。

③ 当$\overline{R_D}=\overline{S_D}=1$ 时,触发器保持原状态不变。

若触发器原为"0"态,$\overline{Q}=1$。$Q=0$ 反馈到 G_2,$\overline{Q}=1$ 反馈到 G_1。因为 G_2 的一个输入端为0,G_2 输出 $\overline{Q}=1$。于是 G_1 输入全为1,G_1 输出为0,触发器维持"0"态不变。同理,当触发器原状态为1时,触发器维持"1"态不变。

④ 当 $\overline{R_D}=\overline{S_D}=0$ 时,这时,两个与非门输出端都为"1",即 $Q=\overline{Q}=1$,这既不是"0"态,也不是"1"态。当 $\overline{R_D}$,$\overline{S_D}$ 同时变为1时,由于 G_1,G_2 的电气性能差异,使得输出状态无法确定,可能是"0"态,也可能是"1"态,因此这种情况在使用中应该禁止出现。

3. 基本 RS 触发器的特性表

首先说明两个概念:现态和次态。现态(或称初态),是指输入信号变化前触发器的状态,用 Q^n 表示;次态,是指输入信号变化后触发器的状态,用 Q^{n+1} 表示。触发器的次态 Q^{n+1} 与输入信号和电路初始状态 Q^n 之间的关系的真值表称为触发器的特性表。上述基本 RS 触发的逻辑功能可用表 9-1 所列的特性来表示。

表 9-1　与非门组成的基本 RS 触发器的特性表

$\overline{R_D}$	$\overline{S_D}$	Q^n	Q^{n+1}	功　能
0	0	0	x	不定
0	0	1	x	
0	1	0	0	置0
0	1	1	0	
1	0	0	1	置1
1	0	1	1	
1	1	0	0	保持
1	1	1	1	

由表 9-1 可以看出,基本 RS 触发器有三个功能。改变触发器的输入可使触发器保持原状态不变,或将输出置"0"或置"1"态。还有一个输入约束状态。

4. 基本 RS 触发器的状态方程

特性方程是指触发器的 Q^{n+1} 与 Q^n 和输入 $\overline{R_D}$,$\overline{S_D}$ 之间的逻辑表达式。可由触发器的特性表 9-1(真值表)画出 Q^{n+1} 的卡诺图,如图 9-2 所示。

Q^n \ $\overline{R_D}\,\overline{S_D}$	00	01	11	10
0	×	0	0	1
1	×	0	1	1

图 9-2　基本 RS 触发器 Q^{n+1} 的卡诺图

利用约束条件$\overline{R_D}+\overline{S_D}=1$($\overline{R_D}$ 和 $\overline{S_D}$ 不能同时为0),由卡诺图可写出基本 RS 触发器的状态方程为

$$\begin{cases} Q^{n+1} = S_D + \overline{R_D}Q^n \\ \overline{R_D} + \overline{S_D} = 1 \text{(约束条件)} \end{cases}$$

5. 状态转换波形图

例 9-1　如图 9-1 所示的基本 RS 触发器,在图 9-3 中给出 $\overline{R_D}$,$\overline{S_D}$ 端的输入信号波形,根据基本 RS 触发器的工作原理,设 Q 端初始状态为 0 态,绘出输出 Q 和 $\overline{Q}$ 端波形变化。

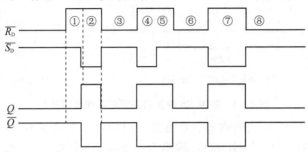

图 9-3　基本 RS 触发器波形转换图

解: 已知 $\overline{R_D}$,$\overline{S_D}$ 的波形,根据真值表可画出 Q 和 $\overline{Q}$ 的波形,如图 9-3 所示。

为了便于说明,将图 9-3 分成①~⑧共八个时间段,设初态 $Q=0$,$\overline{Q}=1$。

① $\overline{R_D} = \overline{S_D} = 1$,触发器保持原状态,即 $Q=0$,$\overline{Q}=1$。

② $\overline{R_D} = 1$,$\overline{S_D} = 0$,触发器置 1,即 $Q=1$,$\overline{Q}=0$。

③ $\overline{R_D} = 0$,$\overline{S_D} = 1$,触发器置 0,即 $Q=0$,$\overline{Q}=1$。

④ $\overline{R_D} = 1$,$\overline{S_D} = 0$,触发器置 1,即 $Q=1$,$\overline{Q}=0$。

⑤ $\overline{R_D} = \overline{S_D} = 1$,触发器保持原状态 1 不变。

⑥ $\overline{R_D} = 0$,$\overline{S_D} = 1$,触发器置 0,即 $Q=0$,$\overline{Q}=1$。

⑦ $\overline{R_D} = 1$,$\overline{S_D} = 0$,触发器置 1,即 $Q=1$,$\overline{Q}=0$。

⑧ $\overline{R_D} = 0$,$\overline{S_D} = 1$,触发器置 0,即 $Q=0$,$\overline{Q}=1$。

9.1.2　时钟控制的 RS 触发器

基本 RS 触发器的状态转换过程是直接由输入信号控制的,而在实际工作中,触发器的工作状态不仅要由触发输入信号决定,而且要求按照一定的节拍工作。为此,需要增加一个同步控制端引同步控制信号。通常将同步控制信号称为时钟脉冲控制信号,简称时钟信号,用 CP 表示。把受时钟控制的触发器统称时钟触发器。这里首先介绍时钟控制的 RS 触发器(也称同步 RS 触发器)。

1. 时钟 RS 触发器的电路和逻辑符号

图 9-4(a)是同步 RS 触发器的逻辑电路图。其中,与非门 G_3 和 G_4 构成基本触发器,与非门 G_1 和 G_2 构成导引电路。R 和 S 是置 0 和置 1 信号的输入端,CP 是时钟脉冲输入端。图 9-5(b)是同步 RS 触发器的逻辑电路符号。

2. 时钟 RS 触发器工作原理和动作特点

在图 9-4(a)中,当 $CP=0$ 时,G_1,G_2 被封锁,这时无论 R,S 为 0 或 1,G_1,G_2 输出均为 1,基本 RS 触发器 G_3 和 G_4 的输出保持不变。

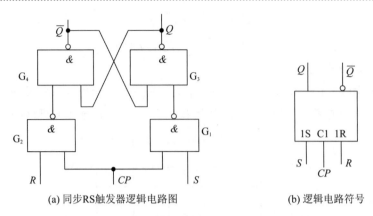

(a) 同步RS触发器逻辑电路图   (b) 逻辑电路符号

图 9-4 时钟 RS 触发器逻辑电路和逻辑符号

只有当 $CP=1$ 时,R,S 端的输入信号通过 G_1 和 G_2 来实现基本 RS 触发器的控制。

① $CP=1$,$R=0$,$S=0$ 时,G_1 和 G_2 输出为 1,基本 RS 触发器 G_3 和 G_4 的输出不变,保持原输出状态。

② $CP=1$,$R=0$,$S=1$ 时,G_1 输出为 0,G_2 输出为 1,基本 RS 触发器 G_3 和 G_4 的输入端 $\overline{S}=0$,$\overline{R}=1$,输出 $Q=1$,$\overline{Q}=0$,为置 1 态。

③ $CP=1$,$R=1$,$S=0$ 时,G_1 输出为 1,G_2 输出为 0,基本 RS 触发器 G_3 和 G_4 的输入端 $\overline{S}=1$,$\overline{R}=0$,输出 $Q=0$,$\overline{Q}=1$,为置 0 态。

④ $CP=1$,如果 $R=S=1$,则 G_1 和 G_2 都输出低电平,使 G_3 门和 G_4 门输出端都为"1",同样违背了 Q 和 $\overline{Q}$ 于应保持是相反的逻辑要求。当时钟脉冲过去以后,G_1 门和 G_2 门的输出端哪一个将处于"1"态是不确定的,这种不正常情况应该避免出现,所以约束条件为 $RS=0$(R 和 S 不能同时为 1)。

由于时钟 RS 触发器是在基本 RS 触发器前增加了一级引导电路,其动作特点是:$CP=0$ 时,R,S 信号被封锁;只有在 $CP=1$ 期间,R,S 才能像基本 RS 触发器一样改变触发器的输出状态。

3. 时钟 RS 触发器的特性表和状态方程

表 9-2 为时钟 RS 触发器的特性表。

表 9-2 同步 RS 触发器的特性表

CP	R	S	Q^n	Q^{n+1}	说 明
0	×	×	×	Q^n	无论 S,R 为何值,输出不变
1	0	0	0	0	保持
1	0	0	1	1	保持
1	0	1	0	1	置1
1	0	1	1	1	置1
1	1	0	0	0	置0
1	1	0	1	0	置0
1	1	1	0	×	不定
1	1	1	1	×	不定

特性方程为

$$\begin{cases} Q^{n+1}=S+\overline{R}Q^n \\ RS=0(约束条件) \end{cases} \quad (CP=1)$$

　　由分析可知,同步 RS 触发器虽然可以利用 CP 脉冲控制触发器工作,但在 $CP=1$ 期间,输入信号 R,S 仍直接影响输出状态,R,S 输入信号还存在约束的缺点。

9.1.3　主从触发器

1. 主从 RS 触发器

　　为了解决输入信号直接控制触发器的输出状态的问题,将两级时钟 RS 触发器电路串接得到了主从 RS 触发器,在 $CP=1$ 时控制主触发器工作,而从触发器封锁;在 $CP=0$ 期间从触发器工作,而主触发器封锁,当 CP 从 1 变为 0 的下降沿时刻输出发生变化,用两极同步 RS 触发器组成主从触发器。在图 9-5(a)所示电路中去掉两条反馈线就是主从 RS 触发器。主从 RS 触发器解决了基本 RS 触发器和同步 RS 触发器存在的“空翻”问题。

　　为解除约束问题,将主从 RS 触发器引入反馈,得到主从 JK 触发器,从而解决了触发器的约束问题。这里仅介绍主从 JK 触发器。

2. 主从 JK 触发器

　　主从触发器是由两级同步 RS 触发器组成的。

　　(1) 主从 JK 触发器电路及工作原理

　　主从 JK 触发器逻辑电路如图 9-5(a)所示,图 9-5(b)所示是主从 JK 触发器的逻辑电路符号。

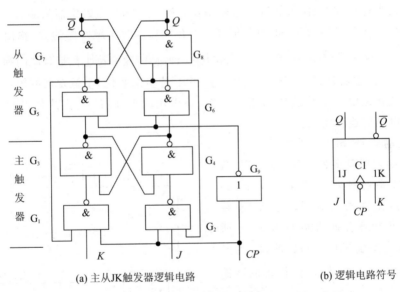

(a) 主从JK触发器逻辑电路　　　　　　(b) 逻辑电路符号

图 9-5　主从 JK 触发器

　　在图 9-5(a)中,当 $CP=1$ 时,主触发器引导门 G_1,G_2 将输入信号 J,K 引导到由 G_3,G_4 构成的主触发器输出端,而这时的 $\overline{CP}=0$,从触发器的引导门被封锁,主触发器的输出不可能传送到 Q 和 $\overline{Q}$ 端。当 $CP=0$ 时,主触发器被封锁,J,K 不再控制主触发器的输出端,而这时 $\overline{CP}=1$,从触发器打开,将主触发器的输出作从触发器的输入,控制从触发器的 Q 和 $\overline{Q}$ 端状态变化。

　　由于引入两条反馈线,Q 和 $\overline{Q}$ 的状态始终是一个为 0,一个为 1,无论 J,K 为何值,G_1 和 G_2 的输出不可能同时为 0,主触发器的输出端不可能同时为 1,也就不存在约束问题了。

（2）特性表及状态方程

从图 9-5(a)电路可以看出，JK 触发器的 J,K 输入端相当于 RS 触发器的 S,R 端，$S=J\cdot\overline{Q}$，$R=KQ$，将两式代入 RS 触发器的状态方程，可得出 JK 触发器的状态方程：

$$Q^{n+1}=J\overline{Q^n}+\overline{K}Q^n \qquad （CP 下降沿有效）$$

由上式可列出主从 JK 触发器的特性，见表 9-3。

表 9-3　主从 JK 触发器的特性表

CP	J	K	Q^n	Q^{n+1}	说　明
⬇	0	0	0	0	保持
⬇	0	0	1	1	
⬇	0	1	0	0	置 0
⬇	0	1	1	0	
⬇	1	0	0	1	置 1
⬇	1	0	1	1	
⬇	1	1	0	1	翻转
⬇	1	1	1	0	

虽然主从 JK 触发器实现了无约束，并且在时钟下降沿时刻触发器的输出状态发生变化，但是，主从触发器还存在"一次翻转"问题，就是在 $CP=1$ 期间，主触发器只能有一次变化。例如：若 $Q=1,\overline{Q}=0$，当 $CP=1$ 期间，开始时 $J=0,K=1$，这时主触发器的 G_1 输出为 0，主触发器输出端 $\overline{Q_1}=1,Q_1=0$；然后 J 和 K 发生变化，$J=1,K=0$，这时主触发器的输出不会变回到 $\overline{Q_1}=0,Q_1=1$。也就是说在 $CP=1$ 期间，J 和 K 若多次变化，主触发器的输出只能有一次变化，若这次变化是由于干扰造成的错误动作，要再用改变 J,K 的方式使其变回来就不行了，就会造成电路的逻辑错误。

（3）集成主从 JK 触发器介绍

主从 JK 触发器有多种产品，以 TTL 数字集成电路 74 系列中 7472(74L72,74H72)为例，说明集成触发器的应用。主从 JK 触发器 7472 集成电路引脚功能如图 9-6 所示。图中 1 脚为空引脚（NC）；2 脚 $\overline{R}_D$ 为异步置 0 端，即当 $\overline{R}_D=0$ 时，直接将触发器输出 $Q=0,\overline{Q}=1$；3,4,5 脚为三个 J 信号输入端，三者是与关系；6 脚为 $\overline{Q}$ 输出端；7 脚为地端（接电源负极）；8 脚为 Q 输出端；9,10,

图 9-6　7472 主从 JK 触发器集成电路引脚功能图

11 脚为三个 K 信号输入端，也是与关系；12 脚为 CP 脉冲输入端；13 脚为 $\overline{S}_D$ 异步置 1 端，即当 $\overline{S}_D=0$ 时，直接将触发器输出 $Q=1,\overline{Q}=0$；14 脚为电源正极（V_{CC}）接入端。

使用时，若 $\overline{R}_D,\overline{S}_D$ 不用，应将其接高电平（一般接电源正极）；三个 J 端和三个 K 端因为是与关系，若不全用时，可并接或将不用端接高电平，将其他引脚与外电路相连接，就可完成 JK 触发器的功能。

9.1.4　边沿触发器

1. 边沿 JK 触发器

由于主从 JK 触发器存在一次翻转问题,所以从电路上加以改进,可以制作成性能完善的边沿触发器,提高了触发器的可靠性,增强了抗干扰能力。所谓边沿触发器,就是触发器的次态仅由 CP 脉冲的上升沿(或下降沿)到达时刻的输入信号决定。而在此之前或之后输入状态的变化对触发器的次态无任何影响。边沿 JK 触发器的符号如图 9-7 所示,其中图 9-7(a)所示为下降沿边沿触发器,图 9-7(b)所示为上升沿边沿触发器。

这里不再介绍边沿触发器的组成电路,以集成边沿 JK 触发器为例,介绍边沿 JK 触发器的工作原理和应用。集成边沿 JK 触发器也有多种产品,如 74 系列的 74112,74113 等。74112 的引脚功能如图 9-8 所示。

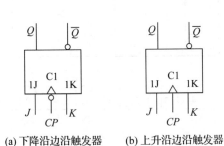

图 9-7　边沿 JK 触发器电路符号　　　　图 9-8　双 JK 触发器 74112 引脚步功能图

在 74112 中集成了两个边沿 JK 触发器,1 开头的标号端是第一个 JK 触发器的相关引脚,2 开头的标号端是第二块 JK 触发器的相关引脚。74112 是下降沿触发的边沿触发器,也就是 CP 的下降沿时刻的 J,K 决定触发器的输出状态的变化。

以 74112 为例的边沿 JK 触发器的工作时序如图 9-9 所示。设初始状态 $Q=0$。由图可以看出,CP 下降沿时刻的 J 和 K 值决定触发器的次态,由特性方程或状态转换表可计算出次态的值;当异步复位端 $\overline{R}_\text{D}=0$ 时,$Q=0$;当异步置 1 端 $\overline{S}_\text{D}=0$ 时,$Q=1$。

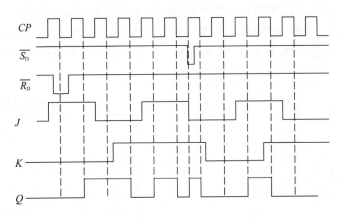

图 9-9　边沿 JK 触发器的工作时序举例

2. D 触发器

边沿 D 触发器逻辑电路符号如图 9 − 10 所示。D 触发器特性表见表 9 − 4。D 触发器具有在时钟脉冲上升沿(或下降沿)触发的特点,当时钟脉冲上升沿或下降沿时刻,输入端 D 的值传输到输出端,也就是说输出端 Q 的状态随着输入端 D 的值变化,即时钟脉冲来到之后 Q 的状态和该脉冲来到之前 D 的状态一样。表 9 − 4 所列触发器为上升沿触发。

D 触发器的状态方程为

$$Q^{n+1} = D$$

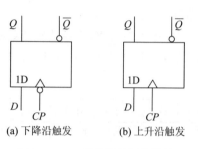

(a) 下降沿触发　　(b) 上升沿触发

图 9 − 10　D 触发器的逻辑符号

表 9 − 4　D 触发器的特性表

CP	D	Q^n	Q^{n+1}
×	×	Q^n	Q^n
⬑	0	0	0
⬑	0	1	0
⬑	1	0	1
⬑	1	1	1

集成 D 触器有 TTL 电路和 CMOS 电路。TTL 电路如 74LS74,引脚排列如图 9 − 11 所示。74LS74 是一块双上升沿 D 触发器,图中 1,2 打头的引脚分别为第一块和第二块 D 触发器的引脚。D 端为输入端,Q 端为输出端,$\overline{Q}$ 端为反向输出端。$\overline{S}_D$ 为异步置"1"端($\overline{S}_D = 0$,置 $Q = 1$),$\overline{R}_D$ 为异步置"0"端($\overline{R}_D = 0$,置 $Q = 0$),平时 $\overline{S}_D$,$\overline{R}_D$ 不用时应置为高电平。

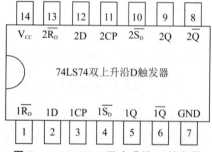

图 9 − 11　74LS74 双上升沿 D 触发器

9.1.5　T 触发器和 T′ 触发器

T 触发器和 T′ 触发器没有实际产品,一般由其他触发器来构成。如用 JK 触发器转换为 T 触发器,如图 9 − 12 所示,将 JK 触发器的 J,K 端连在一起,称为 T 端。当 $T = 0$ 时,时钟脉冲作用后触发器状态不变;当 $T = 1$ 时,触发器具有计数逻辑功能,其特性如表 9 − 5 所列。从特性表可写出特性方程为

T 触发器

$$Q^{n+1} = T\,\overline{Q^n} + \overline{T}Q^n$$

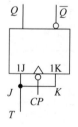

图 9 − 12　T 触发器

表 9 − 5　T 触发器的状态表

CP	T	Q^n	Q^{n+1}
×	×	Q^n	Q^n
⬑	0	0	0
⬑	0	1	1
⬑	1	0	1
⬑	1	1	0

T' 触发器则是将 T 触发器的输入端接高电平($T=1$),其状态方程为

$$Q^{n+1} = \overline{Q^n}$$

即每次 CP 作用后,触发器的输出状态变为与初态相反的状态。把这样的触发器称为 T' 触发器,它的逻辑功能就是每来一个时钟脉冲,触发器翻转一次。

T' 触发器

9.2　时序逻辑电路

本节首先介绍时序逻辑电路的组成、在逻辑功能和电路结构上的特点以及时序逻辑电路的分析方法;然后介绍常用中规模时序逻辑电路寄存器、计数器和顺序脉冲发生器;最后简要介绍时序逻辑电路的设计方法。

9.2.1　概　述

时序逻辑电路的特点是:任一时刻的输出信号不仅取决于该时刻的输入信号,而且还取决于电路原来的状态,也就是说,还与以前的输入有关。具有这样的逻辑功能的电路,称为时序电路,以区别于组合逻辑电路。

时序逻辑电路可用图 9-13 所示的逻辑框图来描述,它由组合逻辑电路和存储电路两部分组成。

图 9-13 所示方框中 X 为输入变量,Y 为输出变量,P 为存储单元输入激励变量,Q 为存储单元输出变量,每个变量可是一组变量的集合。输出信号不仅取决于存储电路的状态,还取决于输入变量的时序逻辑电路的,称之为米利(Mealy)型时序逻辑电路;输出信号仅取决于存储电路的状态而与输入无关的,称之为穆儿(Moore)型电路。

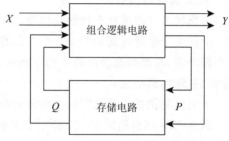

图 9-13　时序逻辑电路框图

触发器就是一个最简单的时序逻辑电路,其输出 Y 就是触发器的状态 Q,触发器的激励信号 P 就是输入信号 X。

根据电路状态的情况不同,时序电路又分为同步时序逻辑电路和异步时序逻辑电路两大类。在同步时序逻辑电路中,所有触发器时钟脉冲输入端都连接在同一输入脉冲信号 CP 上,在同一 CP 的作用下,同时更新每一个触发器的状态。而在异步时序逻辑电路中,有部分触发器的时钟输入端与 CP 相连接,而另一些触发器的时钟输入端接不同时钟脉冲,因此各触发器的状态变化不是在同一 CP 时钟脉冲作用下进行的,全部触发器更新状态也不在同一时刻进行,所以称为异步时序逻辑电路。

9.2.2　时序逻辑电路的分析方法

时序电路分析,就是要找出给定时序电路的逻辑功能,也就是要求找出电路的状态和输出的状态在输入变量和时钟信号作用下的变化规律。本节仅讨论同步时序电路的分析方法。

时序电路的逻辑功能可以用输出方程、驱动方程和状态方程全面描述。因此,只要能写出给定逻辑电路的这三个方程,电路的逻辑功能也就表示清楚了。根据这三个方程,就能够求得在任何给定输入变量状态和电路状态下电路的输出和次态。

分析同步时序电路时一般按如下步骤进行：

① 根据给定的电路,写出它的输出方程和驱动方程,并求状态方程。

输出方程:时序电路的输出逻辑表达式。

驱动方程:各触发器输入信号的逻辑表达式。

状态方程:将驱动方程代入相应触发器的特性方程中所得到的方程。

② 列状态转换真值表。

状态转换真值表简称状态转换表,是反映电路状态转换的规律与条件的表格。

具体做法是将电路的输入变量(也可能没有输入变量)和现态的各种取值代入状态方程和输出方程进行计算,求出相应的次态和输出,从而列出状态转换表。如现态起始值已给定,则从给定值开始计算;如没有给定,则可设定一个现态起始值依次进行计算。

③ 画状态转换图和时序图。

状态转换图:用圆圈及其内的标注表示电路的所有稳态,用箭头表示状态转换的方向,箭头旁的标注表示状态转换的条件,从而得到状态转换示意图,如图 9-15(b)所示。

时序图:在时钟脉冲 CP 作用下,各触发器状态变化的波形图。

④ 分析逻辑功能。

根据状态转图或状态转换真值表来说明电路逻辑功能。

上述 4 个步骤可简记为 4 个字“写、算、画、说”。根据电路“写”状态方程;由三组方程“算”状态转换表;根据状态转换表中初态到次态的变化“画”状态转换图;根据电路的状态转换“说”(分析)逻辑电路功能。

下面以举例的方式说明同步时序逻辑电路的分析方法。

例 9-2 试分析图 9-14 所示电路的逻辑功能,并画出状态转换图。

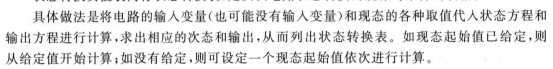

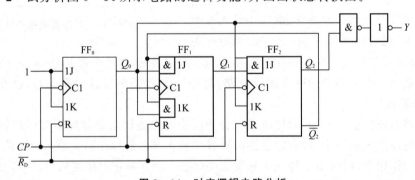

图 9-14 时序逻辑电路分析

解:由图 9-14 可知,三个 JK 触发器是在同一时钟 CP 脉冲作用下工作,并且是下降沿有效的同步时序电路。$\overline{R_D}$ 端是异步置 0 端。

(1) 写方程式

① 输出方程为

$$Y = Q_2^n Q_0^n$$

② 驱动方程为

$$\begin{cases} J_0 = K_0 = 1 \\ J_1 = K_1 = \overline{Q_2^n} \cdot Q_0^n \\ J_2 = Q_1^n Q_0^n, \qquad K_2 = Q_0^n \end{cases}$$

JK 触发器的状态方程为

$$Q^{n+1} = J\,\overline{Q^n} + \overline{K}Q^n$$

③ 将各驱动方程代入状态方程有

$$
\begin{cases}
Q_0^{n+1} = J_0\overline{Q_0^n} + \overline{K_0}Q_0^n = 1 \cdot \overline{Q_0^n} + \overline{1} \cdot Q_0^n = \overline{Q_0^n} \\
Q_1^{n+1} = J_1\overline{Q_1^n} + \overline{K_1}Q_1^n = \overline{Q_2^n} \cdot Q_0^n \cdot \overline{Q_1^n} + \overline{\overline{Q_2^n} \cdot Q_0^n} \cdot Q_1^n \\
Q_2^{n+1} = J_2\overline{Q_2^n} + \overline{K_2}Q_2^n = Q_1^n \cdot Q_0^n \cdot \overline{Q_2^n} + \overline{Q_0^n} \cdot Q_2^n
\end{cases}
$$

（2）列状态转换真值表

将逻辑电路的初始状态的所有取值和输入值代入输出方程和状态方程,计算出输出和逻辑电路的次态值,即可得出状态转换真值表(见表 9 - 6)。

表 9 - 6　状态转换真值表

现　态			次　态			输　出
Q_2^n	Q_1^n	Q_0^n	Q_2^{n+1}	Q_1^{n+1}	Q_0^{n+1}	y
0	0	0	0	0	1	0
0	0	1	0	1	0	0
0	1	0	0	1	1	0
0	1	1	1	0	0	0
1	0	0	1	0	1	0
1	0	1	0	0	0	1
1	1	0	1	1	1	0
1	1	1	0	1	0	1

（3）画状态转换图

将状态转换表中现态在时钟脉冲作用下,从现态变化到次态的变化过程依次画出,即可得出状态转换图。如图 9 - 15(a)所示,圆圈内的状态是现态,箭头指向次态,X/Y 表示输入/输出状态。根据状态转换真值表,可画出状态转换图(见图 9 - 15(b))。

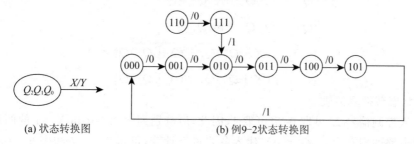

(a) 状态转换图　　　　　　　　　　(b) 例9-2状态转换图

图 9 - 15　状态转换图

根据状态转换表和状态转换图可绘出时序图,留给读者练习。

（4）分析逻辑功能

从状态转换表和状态转换图可看出,从初始状态 $Q_2^nQ_1^nQ_0^n = 000$ 开始,来一个时钟脉冲,电路的状态变为 001,每来一个时钟脉冲依次增加 1,第 6 个脉冲时,状态又回到 000,同时输出状态 $Y = 1$。可见,电路组成一个六进制计数器,电路从 000 计到 101 时,再来一个计数脉冲下降沿时进位输出 1,计数器复 0。

(5) 检查电路能否自启动

所谓自启动,就是电路加电后,输入时钟信号使电路能自动地进入到计数循环中,没有孤立状态和另外独立的计数环。图 9-14 所示电路图有三个触发器,可计 $2^3=8$ 个状态,若开机时,电路处于 110 状态,经两个时钟脉冲回到 010 状态,就进入到计数循环内,所以电路能自启动。若电路不能自启动,可修改电路或利用开机复位的功能将计数状态置于计数循环中,使电路能自启动。

再举一个具有输入信号的同步时序逻辑电路进行分析。

例 9-3 试分析图 9-16 所示电路的逻辑功能,并画出状态转换图。

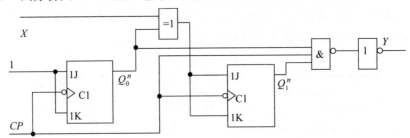

图 9-16 有输入信号时序逻辑电路分析

解: 分析步骤如下:

(1) 写方程式

① 输出方程为

$$Y=Q_1^n Q_0^n CP$$

② 驱动方程为

$$\begin{cases} J_0=1, K_0=1 \\ J_1=X \oplus Q_0^n, \qquad K_1=X \oplus Q_0^n \end{cases}$$

③ 状态方程为

$$\begin{cases} Q_0^{n+1}=J_0 \overline{Q_0^n}+\overline{K_0} Q_0^n=\overline{Q_0^n} \\ Q_1^{n+1}=J_1 \overline{Q_1^n}+\overline{K_1} Q_1^n= \\ \qquad (X \oplus Q_0^n)\overline{Q_1^n}+\overline{(X \oplus Q_0^n)}Q_1^n= \\ \qquad (X \oplus Q_0^n)\overline{Q_1^n}+(X \odot Q_0^n)Q_1^n \end{cases}$$

(2) 列状态转换真值表

由于输入控制信号 X 可取 0,也可取 1,因此,应分别列出 $X=0$ 和 $X=1$ 的两张状态转换真值表。设电路的现态为 $Q_1^n Q_0^n=00$,代入各式进行计算,可得表 9-7 和表 9-8 所列的状态转换真值。

表 9-7 $X=0$ 时状态转换真值表

现态		次态		输出
Q_1^n	Q_0^n	Q_1^{n+1}	Q_0^{n+1}	Y
0	0	0	1	0
0	1	1	0	0
1	0	1	1	0
1	1	0	0	1

表 9-8 $X=1$ 时状态转换真值表

现态		次态		输出
Q_1^n	Q_0^n	Q_1^{n+1}	Q_0^{n+1}	Y
0	0	1	1	0
1	1	1	0	1
1	0	0	1	0
0	1	0	0	0

（3）画状态转换图

根据表 9-7 和表 9-8 可分别画出状态转换图,如图 9-17 所示。

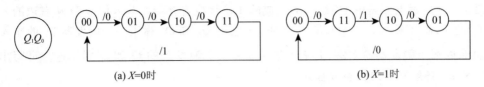

(a) X=0时　　　　　　　　　(b) X=1时

图 9-17　状态转换图

（4）逻辑功能说明

由表 9-7 和状态图 9-17(a)可知,在 $X=0$ 时,电路为两位二进制加法计数器。由表 9-8 和状态图 9-17(b)又可知,在 $X=1$ 时,电路为两位二进制减法计数器。因此,图 9-16 所示电路为同步四进制加/减法计数器。

9.2.3　寄存器

1. 寄存器

寄存器的功能就是寄存一组二值代码,它被广泛用于各类数字系统和数字计算机中。

因为一个触发器能储存 1 位二值代码,所以常用 N 个触发器组成的寄存器储存一组 N 位的二值代码。

图 9-18 所示是由 4 个 D 触发器组成的 4 位二进制寄存器,d_3,d_2,d_1,d_0 是 4 个数据输入端,Q_3,Q_2,Q_1,Q_0 是 4 位数据寄存输出端。CP 的上升沿到达时,4 个 D 端的数据传送到 4 个 Q 端被保存下来。$\overline{R_D}$ 端为异步置 0 端,$\overline{R_D}=0$ 时,4 个 Q 端被置为 0。

集成电路寄存器 74LS175 就是这样结构的电路,电路中用 D 触发器组成 4 位寄存器。在集成寄存器电路中,为了使用的灵活性,在这些寄存器电路中一般都附加了一些控制电路,使寄存器增添了异步置 0、输出三态控制和"保持"等功能。

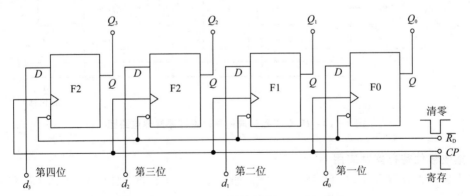

图 9-18　D 触发器构成的寄存器原理电路

在图 9-18 寄存器电路中,接收数据时所有各位代码是同时输入的,而且触发器中的数据也是并行地出现在输出端,因此将这种输入、输出方式叫并行输入、并行输出方式。

2. 移位寄存器

移位寄存器除了具有存储代码的功能外,还具有移位功能。所谓移位功能,是指寄存器里存储的代码能在移位脉冲的作用下依次左移或右移。因此,移位寄存器不但可以用来寄存代码,还能够用来实现数据的串行-并行之间的转换、数值的运算以及数据处理等功能。

图 9-19 所示电路是由 JK 触发器组成的 4 位移位寄存器。输入信号 D 从右边的一个触发器 F_0 的 J,K 端输入,$J_0=D,K_0=\overline{D}$,F_0 的输出 Q_0 和 $\overline{Q_0}$ 做下一级触发器 F_1 的输入(J_1,K_1),其余的每个触发器输入端(J,K)均与右边一个触发器的 Q 和 $\overline{Q}$ 端相连。可写出 F_0,F_1,F_2 和 F_3 各触发器的状态方程为

$$\begin{cases} Q_0^{n+1}=J_0\overline{Q_0^n}+\overline{K_0}Q_0^n=D\,\overline{Q_0^n}+\overline{\overline{D}}Q_0^n=D \\ Q_1^{n+1}=J_1\overline{Q_1^n}+\overline{K_1}Q_1^n=Q_0^n\overline{Q_1^n}+\overline{\overline{Q_0^n}}Q_1^n=Q_0^n \\ Q_2^{n+1}=J_2\overline{Q_2^n}+\overline{K_2}Q_2^n=Q_1^n\overline{Q_2^n}+\overline{\overline{Q_1^n}}Q_2^n=Q_1^n \\ Q_3^{n+1}=J_3\overline{Q_3^n}+\overline{K_3}Q_3^n=Q_2^n\overline{Q_3^n}+\overline{\overline{Q_2^n}}Q_3^n=Q_2^n \end{cases}$$

由上式可知,第一个 CP 脉冲触发后,F_0 的次态为输入数据 D,第二个 CP 触发后,第一个数据移动到 F_1 的输出端,F_0 的输出为第二个数据。在 CP 脉冲作用下,第一个数据 D 从 F_0 依次向下一级触发器移动,新的数据又移入 F_0 的输出端,经 4 个 CP 脉冲,第一个数据移动到 F_3 的输出端,这就是移位的过程。由于从 CP 下降沿到达开始,到输出端新状态的建立需要经过一段传输延迟时间,所以当 CP 的下降沿同时作用于所有的触发器时,它们输入端(J 端)的状态还没有改变。于是 F_1 的次态是按 Q_0 原来的状态翻转,F_2 按 Q_1 原来的状态翻转,F_3 是按 Q_2 原来的状态翻转。同时,加到寄存器输入端 D 的代码存入 F_0。总的效果相当于移位寄存器里原有的代码依次左移了一位。

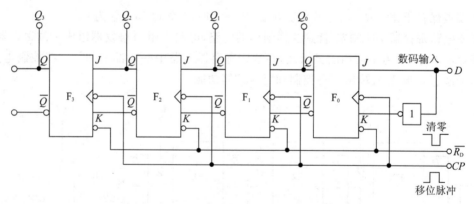

图 9-19 JK 触发器构成的移位寄存器原理电路图

3. 集成移位寄存器及应用

集成移位寄存器有 TTL 和 CMOS 电路,如 4 位移位寄存器 74LS94,4035;8 位移位寄存器 74LS164,74LS165,4014;4 位双向移位寄存器 74LS194,40104 等。这里仅以双向移位寄存器 74LS194 为例介绍移位寄存器的应用。

74LS194 引脚功能如图 9-20 所示,A,B,C,D 是 4 位并行数据输入端,QA,QB,QC,QD 是 4 位数据输出端,DR 是右移串行数据输入端,DL 是左移串行数据输入端,$\overline{CR}$ 为清零端($\overline{CR}=0$,4 个 Q 为 0000),CP 为时钟输入端,S_1 和 S_0 是功能控制端。74LS194 的功能如表 9-9 所列。

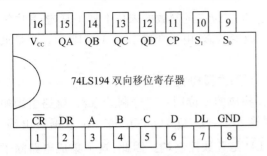

图 9 - 20　双向移位寄存器 74LS194 的引脚功能图

表 9 - 9　双向移位寄存器 74LS194 的功能表

$\overline{CR}$	S1	S0	工作状态
0	×	×	置零
1	0	0	保持
1	0	1	右移
1	1	0	左移
1	1	1	并行输入

　　用 74LS194 接成多位双向移位寄存器的方法十分简单。图 9 - 21 是用 2 片 74LS194 接成双向移位寄存器的连接电路图。只需将其中一片的 Q_3 接至另一片的 D_R 端,而另一片的 Q_0 端接至这一片的 D_L 端,同时把两片的 S_1,S_0,CP 和 $\overline{CR}$ 并联就可以了。

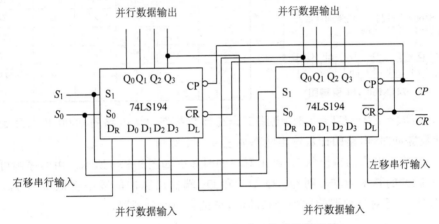

图 9 - 21　两片 74LS194 组成 8 位移位寄存器

9.2.4　计数器

　　在数字系统中使用得最多的时序电路是计数器。计数器不仅能用于对时钟脉冲计数,还可以用于分频、定时、产生节拍脉冲序列以及进行数字运算等。

　　计数器种类繁多,如果按计数器中的触发器是否同时翻转分类,可以把计数器分为同步计数器和异步计数器两种。

　　按计数过程中计数器中的数字增减分类,又可以把计数器分为加法计数器、减法计数器和可逆计数器(或称为加/减计数器)。

　　按计数器中数字的编码方式分类,还可以分成二进制计数器、二-十进制计数器、循环码计数器等。

　　此外,有时也用计数器的计数容量来区分各种不同的计数器,如十进制计数器、六十进制计数器等。

1. 同步计数器

(1) 加计数器

　　目前生产的同步计数器芯片基本上分为二进制和十进制两种。四位二进制计数器也称为十六进制计数器。

电路根据二进制的加法原理进行加计数,在一个多位二进制数的末位上加 1 时,若其中第 i 位(即任何一位)以下各位皆为 1 时,则第 i 位应改变状态(由 0 变成 1,由 1 变成 0)。而最低位的状态在每次加 1 时都要改变。

同步计数器既可用 T 触发器构成,也可以用 T′ 触发器构成。

中规模集成电路 74161 就是一个用 T 触发器构成的 4 位同步二进制计数器,电路引脚如图 9-22 所示。D_0,D_1,D_2,D_3 是 4 位并行数据输入端,Q_0,Q_1,Q_2,Q_3 是 4 位数据输出端,EP、ET 是功能控制端,CP 是计数脉冲输入端,$\overline{LD}$ 是置数控制端。因此,这个集成电路除了具有二进制加法计数功能外,还具有预置数、保持和异步置零(复位)等功能。

还有异步置零 $\overline{CR}$ 端,即只要 $\overline{CR}$ 出现低电平,触发器立即被置零,不受 CP 的控制。74161160 的功能表如表 9-10 所列。

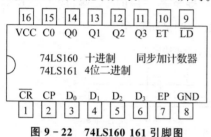

图 9-22　74LS160 161 引脚图

表 9-10　74LS160 的功能表

CP	$\overline{CR}$	$\overline{LD}$	EP	ET	工作状态
×	0	×	×	×	置零
↑	1	0	×	×	预置数
×	1	1	0	1	保持
×	1	1	×	0	保持($C=0$)
↑	1	1	1	1	计数

当 $\overline{CR}=\overline{LD}=EP=ET=1$ 时,电路工作在计数状态。从电路的 0000 状态开始,连接输入 16 个计数脉冲时,电路的计数输出状态如表 9-11 所列。

用状态转换表对应的输出状态,画出对应的时序图如图 9-23 所示。由时序图可以看出,若计数输入脉冲的频率为 f_0,则 Q_0,Q_1,Q_2 和 Q_3 端输出脉冲的频率将依次为 $f_0/2$,$f_0/4$,$f_0/8$ 和 $f_0/16$。针对计数器的这种分频功能,也把它叫作分频器。

表 9-11　状态转换

计数顺序	电路状态 Q_3	Q_2	Q_1	Q_0	等效十进制数	进位输出 C
0	0	0	0	0	0	0
1	0	0	0	1	1	0
2	0	0	1	0	2	0
3	0	0	1	1	3	0
4	0	1	0	0	4	0
5	0	1	0	1	5	0
6	0	1	1	0	6	0
7	0	1	1	1	7	0
8	1	0	0	0	8	0
9	1	0	0	1	9	0
10	1	0	1	0	10	0
11	1	0	1	1	11	0
12	1	1	0	0	12	0
13	1	1	0	1	13	0
14	1	1	1	0	14	0
15	1	1	1	1	15	1
16	0	0	0	0	0	0

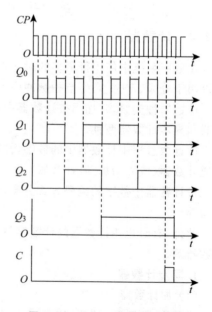

图 9-23　74161 计数器时序图

每输入 16 个计数脉冲,计数器工作一个循环,并在输出端 C 产生一个进位输出信号,所以又把这个电路称为十六进制计数器。

在同步十六进制计数器 74161 的基础上,修改其控制电路,使电路在 0000 的基础上,输入第十个计数脉冲时,电路返回 0000 状态,这就是同步十进制加法计数器 74160。

74160 的引脚排列和功能表与 74161 的相同。

(2) 可逆计数器

有些应用场合要求计数器既能进行递增计数,又能进行递减计数,这就需要做成加/减计数器。

74LS191 是单时钟同步十六进制加/减计数器。74LS191 引脚功能如图 9 - 24 所示。

图中,CP0 是串行时钟输出端。当 $C/B=1$ 的情况下,在下一个 CP1 上升沿到达前,CP0 端有一个负脉冲输出。当加/减控制信号 $D/\overline{U}=0$ 时做加法计数;当 $D/\overline{U}=1$ 时做减法计数。电路只有一个时钟信号输入端,电路的加/减运算由 $D/\overline{U}$ 的电平决定,所以称这种电路结构为单时钟结构。

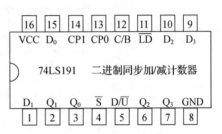

图 9 - 24　74LS191 引脚功能图

74191 的功能如表 9 - 12 所列。74191 除了计数之外,还具有异步预置数功能。

表 9 - 12　74191 的功能表

预　置	使　能	加/减控制	时　钟	预置数据输入				输　出				工作模式
$\overline{LD}$	$\overline{S}$	$D/\overline{U}$	$CP1$	D_3	D_2	D_1	$D0$	Q_3	Q_2	Q_1	Q_0	
0	×	×	×	d_3	d_2	d_1	d_0	d_3	d_2	d_1	d_0	异步置数
1	1	×	×	×	×	×	×	保　持				数据保持
1	0	0	↑	×	×	×	×	计　数				加法计数
1	0	1	↑	×	×	×	×	计　数				减法计数

图 9 - 25 是 74191 的时序图,由时序图可以更清楚地表示引脚间的电平变化情况。时序图给出 $\overline{U}/D=0$ 和 1 时,74191 加计数和减计数时的工作波形。

与 74191 类似,生产了十进制的可逆计数器 74190,引脚功能和功能表都与 74191 相同,区别仅仅是 74190 为十进制计数器。另外,74193 为双时钟脉冲的加/减计数器。在应用中请参阅相关手册。

2. 异步计数器

与同步计数器相比,异步计数器具有结构简单的优点。但异步计数器也存在两个明显的缺点:一个是工作频率比较低,因为异步计数器的各级触发器是以串行进位方式连接的;第二个是触发器输出端状态的建立要比 CP 下降沿滞后一个传输延迟时间,在电路状态译码时存在竞争冒险现象。

这里仅以 74LS290 为例,74LS290 是二-五-十进制异步计数器,它的逻辑电路如图 9 - 26 所示。从图中可以看出,F_0 的时钟输入端是 CP_0,F_2 的时钟是 $Q1$,而 F_1 和 F_3 的时钟是另外一个输入端 CP_1 引入。

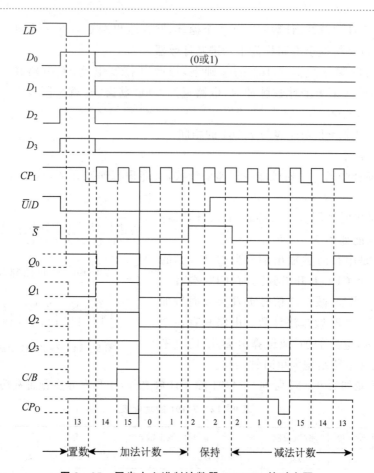

图 9-25 同步十六进制计数器 74LS191 的时序图

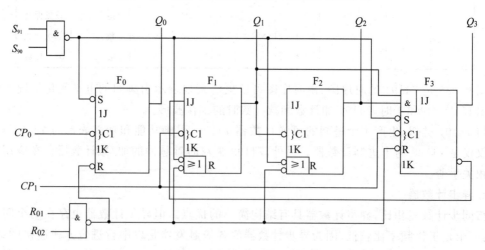

图 9-26 74LS290 二-五-十进制异步计数器内部电路图

电路若以 CP_0 为计数脉冲输入端、Q_0 为输出端，即得到二进制计数器（或二分频器）；若以 CP_1 作为计数脉冲输入端、Q_3 为输出端，则得到五进制计数器（或五分频器）；若将 CP_1 与 Q_0 相连，同时以 CP_0 为计数脉冲输入端、Q_3 为输出端，则得到十进制计数器（或十分频器）。

异步计数器

3. 集成计数器的应用方法和举例

常见的计数器芯片在计数进制上只做成应用较广的几种类型,如十进制、十六进制、7 位二进制、12 位二进制、14 位二进制等。在需要其他任意一种进制的计数器时,常用已有的计数器产品经过外电路的不同连接方式来加以实现。

假定已有的是 N 进制计数器,而需要得到的是 M 进制计数器。这时有 $M < N$ 和 $M > N$ 两种可能的情况。下面简要介绍两种情况下构成任意一种进制计数器的方法。

(1) $M < N$ 的情况

在 N 进制计数器的顺序计数过程中,若设法使之跳越 $N-M$ 个状态,就可以得到 M 进制计数器了。

实现跳跃的方法有置零法(或称复位法)和置数法(或称置位法)两种。

置零法适用于有异步置零输入端的计数器。它的工作原理是:设原有的计数器为 N 进制,当它从全 0 状态 S_0 开始计数并接收了 M 个计数脉冲以后,电路进入 S_M 状态。如果将 S_M 状态译码产生一个置零信号加到计数器的异步置零输入端,使计数器立即返回到 S_0 状态,这样就可以跳过 $N-M$ 个状态而得到 M 进制计数器(或称为分频器)。图 9-27(a)为置零法原理示意图。

图 9-27(a)表示了两种情况。一是对于同步置零(如 74LS163),$\overline{CR}=0$ 时,并不立即置零,而要下一个 CP 脉冲到来时,才将输出置零,所以计到 S_{M-1} 时,$\overline{CR}=0$,电路从 S_{M-1} 开始置零。另一种是异步置零(如 74LS161),置零不受 CP 脉冲控制,$\overline{CR}=0$ 时,电路立即置零,因此电路必须计数到 S_M,如图 9-27(a)中虚线所示。由于电路一进入 S_M 状态后立即又被置成 S_0 状态,所以 S_M 状态仅在极短的瞬时出现,在稳定的状态循环中不包括 S_M 状态。

置数法与置零法不同,它是通过给计数器重复置入某个数值的方法跳越 $N-M$ 个状态,从而获得 M 进制计数器的,如图 9-27(b)所示。置数操作可以在电路的任何一个状态下进行,这种方法适用于有预置数功能的计数器电路。

对于同步式预置数的计数器(如 74LS160,74LS161),$\overline{LD}=0$ 的置数信号应从 S_i 状态译出,待下一个 CP 信号到来时,才将要置入的数据置入计数器中。稳定的状态循环中包含有 S_i 状态。而对于异步式预置数的计数器(如 $74LS190,74LS191$),只要 $\overline{LD}=0$ 信号一出现,立即会将数据置入计数器中,而不受 CP 信号的控制,因此 $\overline{LD}=0$ 信号应从 S_{i+1} 状态译出,S_{i+1} 状态只在极短的瞬间出现,稳态的状态循环中不包含这个状态,如图 9-27(b)中虚线所示。

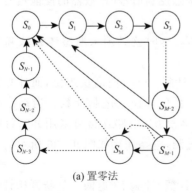

(a) 置零法

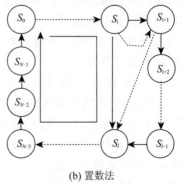

(b) 置数法

图 9-27 获得 M 进制的两种方法

例 9-4 用同步十进制计数器 74160 构成同步六进制计数器。

74160 是十进制计数器，计数状态变化如图 9-28 所示，在计数状态中可任选 6 个计数状态实现六进制计数。

若用置数法，初始值为 0000，计到 0101 时，再来一个计数脉冲电路置数，将 4 个 Q 端置为 0000，并且产生进位信号，计数状态如图 9-28 所示的从状态 0101 到 0000 的状态变化。用 74LS160 连接电路如图 9-29 所示。

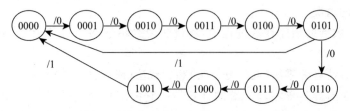

图 9-28　同步十进制计数器 74160 的计数状态

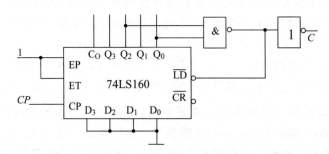

图 9-29　用置数法将 74160 接成六进制计数器

（2）$M > N$ 的情况

$M > N$ 则必须用多片 N 进制计数器组合起来，才能构成 M 进制计数器。各片之间（或称为各级之间）的连接方式可分为串行进位方式、并行进位方式、整体置零方式和整体置数方式几种。下面仅以两级之间的连接为例简要说明这四种连接方式的原理。

若 M 可以分解为两个小于 N 的因数相乘，即 $M = N_1 \times N_2$，则可采用串行进位方式或并行进位方式将一个 N_1 进制计数器和一个 N_2 进制计数器连接起来，构成 M 进制计数器。

在串行进位方式中，以低位片的进位输出信号作为高位片的时钟输入信号；在并行进位方式中，以低位片的进位输出信号作为高位片的工作状态控制信号（计数器的使能信号），两片的 CP 输入端同时接计数输入信号。

当 M 为大于 N 的素数时，不能分解成 N_1 和 N_2，这时就必须采取整体置数和整体置零的方式构成 M 进制计数器。

用两片 74160 组成 60 进制计数器，60 进制计数计到 59 时，向高位进位，而计数器复位为 0。由于 $60 = 6 \times 10$，可将两片分为低位片和高位片，低位片作十进制计数。当高位片计数到 5，低片计到 9 时，计数器向高位进位，整个两片计数器复 0。电路连接可采用并行计数和串行计数，这里采用并行计数、整体复位的方法实现 60 进制，电路连接如图 9-30 所示。

下面再举一例计数器的应用。

例 9-5　"12 翻 1"计数器设计。从 1 开始加 1 计数，计满 12 返回 1 重新开始计数。要求用数码管显示计数过程。

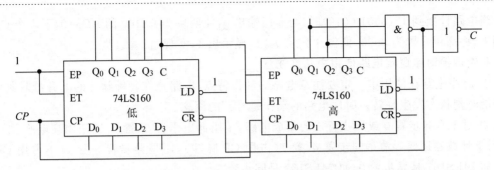

图 9 - 30　用两片 74LS160 实现 60 进制计数

解：这个设计相当于时钟的小时计数器,当时钟从 1 点计数到 12 点时,接着又是 1 点,所以称之为"12 翻 1"。为了用数码管显示,其状态编码(BCD)如图 9 - 31 所示。

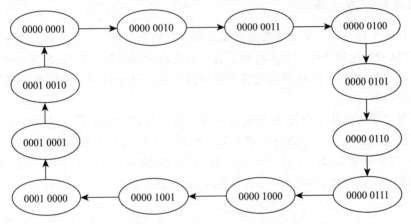

图 9 - 31　"12 翻 1"状态(BCD)编码

这里为了体现用集成触发器设计 M 进制计数器的设计思路,计数器仍选用 74LS160,74LS160 输出 8421 码直接传输给显示译码器,驱动显示器显出十进制数字。

因为 $M=12$ 大于 74LS160 的计数范围 $N=10(M>N)$,所以用两级计数器。采用置数法,计到 12 时将初始状态置为 1,即当计数到 00010010 时,$\overline{LD}=\overline{Q_{0(\text{高})}Q_{1(\text{低})}}$。设计原理电路如图 9 - 32 所示。

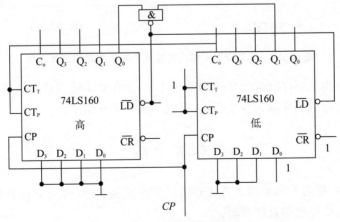

图 9 - 32　"12 翻 1"原理电路图

当电路计数到 12(0001 0010)时,与非门输出 0,使两块 74LS160 的 $\overline{LD}=0$,下一个 CP 脉冲到来,将高位片置为 0000,低位片置成 0001,显示出 1,实现"12 翻 1"。

4. 中规模时序逻辑电路使用中几点注意

① 时序电路在使用中一定要注意电路的动作特点,电路是在时钟脉冲的上升沿时刻还是下降沿时刻状态发生翻转。时序电路的动作是"沿"的概念。

② 对于有异步置 0 或异步置 1 的集成电路,是用低电平置 0、置 1,还是用高电平置 0、置 1。对于计数器还要弄清是同步置 0、置 1(占用 CP 脉冲),还是异步置 0 置 1(不占用 CP 脉冲),如 74LS161 是异步置 0,而 74LS163 是同步置 0。

③ 计数器具有置数功能,同样也有同步置数和异步置数之分。

④ 注意灵活地运用使能端,以扩展电路的功能。

9.2.5 顺序脉冲发生器

顺序脉冲发生器就是产生一组按时间先后顺序排列的脉冲信号的电路。在一些数字系统中,常用顺序脉冲发生器产生一组在时间上有一定先后顺序的脉冲信号,来完成特定的操作和控制。根据需要的脉冲时序,选择合适的电路加以实现。这里仅以一个实例来说明脉冲顺序的构成和输出波形。

用移位寄存器构成从 4 个 Q 端依次输出脉冲信号的脉冲发生器。选用前面介绍过的双向移位寄存器 74LS194 来实现这样一个功能。根据 74LS194 的功能表,设从 $Q_3 \sim Q_0$ 依次输出脉冲信号,初始设置 $D_3 D_2 D_1 D_0 = 1\,000$,使 $Q_3 Q_2 Q_1 Q_0 = 1\,000$,使 $S_1 S_0 = 10$ 寄存器为左移,从 Q_3 移向 Q_2,设计电路如图 9-33(a)所示,输出波形如图 9-33(b)所示。

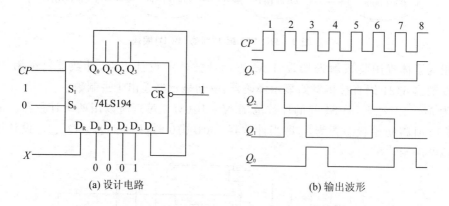

(a) 设计电路　　　　　　　　　　(b) 输出波形

图 9-33　用 74LS194 构成的顺序脉冲发生器和工作波形

由不同的电路构成顺序脉冲发生器的方法较多,如在要求输出顺序脉冲数较多时,可以用计数器和译码器组合成顺序脉冲发生器,这里就不再一一介绍了。

本章小结

1. 基本触发器:把两个与非门或者或非门交叉连接起来,便构成了基本 RS 触发器。它最显著的特点是输入信号电平直接控制。

2.边沿触发器:边沿触发器最显著的特点是边沿控制——CP 上升沿触发或下降沿触发,触发器在 CP 上升沿或下降沿时刻接收输入信号的值,其他时间输入信号均不起作用。

3.时序逻辑电路任何时刻输出信号不仅和当时的输入信号有关,而且还和电路原来所处的状态有关。从电路的组成来看,时序电路一定含有存储电路(触发器)。

4.时序逻辑电路可以用状态方程、状态转换表、状态转换图或时序图来描述,它们虽然形式不同,特点各异,但在本质上是相通的,可以相互转换。

5.时序逻辑电路的功能分析方法:① 根据给定的时序电路写出时钟方程、驱动方程、输出方程;② 求状态方程;③ 分析计算,列写状态转换表;④ 画状态转换图,必要时还可以画时序图。

6.寄存器用触发器的两个稳定状态来存储 0,1 数据,一般具有清 0、存数、输出等功能。可以用基本 RS 触发器配合一些控制电路或用 D 触发器来组成数据寄存器。

7.计数器是一种非常典型、应用很广的时序电路,它不仅能统计输入时钟脉冲的个数,还可用于分频、定时、产生节拍脉冲等。计数器类型很多,按计数器脉冲的引入方式可分为同步计数器和异步计数器;按计数体制可分为二进制计数器、二-十进制计数器和任意进制计数器;按计数器中数字的变化规律可分为加法计数器、减法计数器和可逆计数器。

8.对各种集成寄存器和计数器,应重点掌握它们的逻辑功能;对于内部的逻辑电路分析,则放在次要位置。现在已生产出的集成时序逻辑电路品种很多,可实现的逻辑功能也较强,应在熟悉其功能的基础上加以充分利用。

习　　题

1.题图 9-1(a)所示为由与非门构成的基本 RS 触发器。试画出在题图 9-1(b)所示输入信号作用下的触发器输出端 Q 和 $\overline{Q}$ 波形。

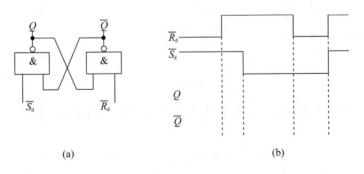

(a)　　　　　　　　　　　　　　　　(b)

题图 9-1

2. 试分析题图 9-2 所示电路,列出特性表,写出特性方程,说明其逻辑功能。

3.已知 D 触发器 CP 和 D 的输入的波形如题图 9-3 所示。设 D 触发器为上升沿触发,试对应画出输出端 Q 的波形。

4.试写出题图 9-4 中各 TTL 触发器输出的次态方程(Q^{n+1}),并画出 CP 波形作用下的输出波形(设各触发器的初态均为 0)。

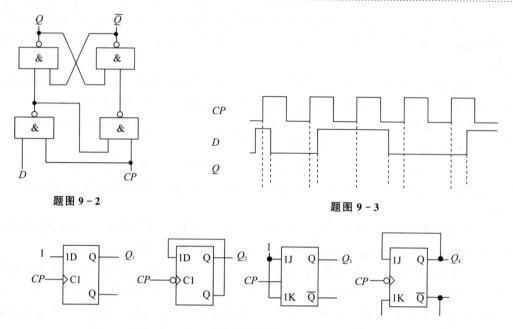

题图 9-2

题图 9-3

题图 9-4

5.时序逻辑电路如题图 9-5 所示,触发器为维持阻塞型 D 触发器,设初态均为 0。

① 画出在题图 9-5(b)所示 CP 作用下的输出 Q_1,Q_2 和 Y 的波形;

② 分析 Y 与 CP 的关系。

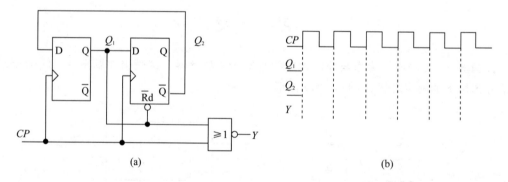

(a)   (b)

题图 9-5

6.题图 9-6 所示为同步时序逻辑电路,试分析该电路为几进制计数器? 画出电路的状态转换图。

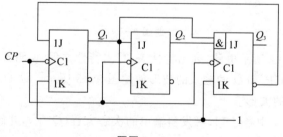

题图 9-6

7. 时序逻辑电路如题图 9－7 所示,设起始状态为 $Y_3Y_2Y_1Y_0＝0001$,试分析电路的逻辑功能(要求画出时序电路的状态图和时序图)。

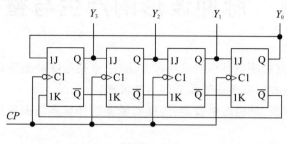

题图 9－7

8. 题图 9－8 所示电路图中,分别用复位法(异步清零)(见题图 9－8(a))和置数法(同步置数)(见题图 9－8(b))构成 M 进制计数器。试分析题图 9－8 所示电路为几进制计数器(画出状态转换图)。

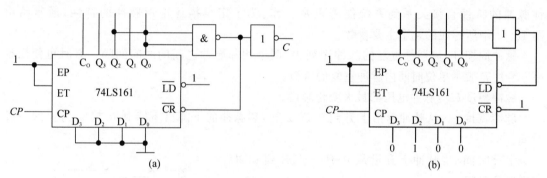

题图 9－8

9. 分析题图 9－9 所示电路是几进制计数器。

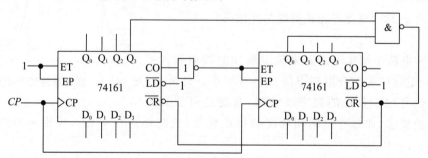

题图 9－9

10. 试用 74LS160 设计一个八进制计数器。

11. 试用 74LS161 设计一个二十四进制计数器。

12. 试用 74LS160 设计一个一百进制计数器。

13. 设计一个 8 位负脉冲序列发生器。

14. 设计一个 8 路彩灯控制电路,用 LED 作彩灯。要求能实现彩灯从左到右移动和从右向左移动。

第10章　脉冲波形的产生与整形电路

在数字电路中,提供脉冲信号一般有两种方法,一是采用脉冲振荡器直接产生,二是利用整形电路把已有的其他波形变换成所需要的脉冲波形。

本章介绍 555 定时器、单稳态触发器、施密特触发器、RC 多谐振荡器、石英晶体振荡器及相应的集成电路产品。

10.1　概　述

在同步时序逻辑电路中,矩形脉冲作为时钟信号控制和协调着整个系统的工作。因此,时钟脉冲的特性直接关系到系统能否正常工作。为了定量描述矩形脉冲的特性,通常给出图 10-1 中所标注的几个主要参数。

脉冲周期 T:周期性重复的脉冲序列中,两个相邻脉冲之间的时间间隔。有时也使用频率 $f=1/T$ 表示单位时间内脉冲重复的次数。

脉冲幅度 U_m:脉冲电压的最大变化幅度。

脉冲宽度 t_w:从脉冲前沿上升到 $0.5U_m$ 起,到脉冲的下降沿下降到 $0.5U_m$ 为止的一段时间。

上升时间 t_r:脉冲上升沿从 $0.1U_m$ 上升到 $0.9U_m$ 所需要的时间。

下降时间 t_f:脉冲下降沿从 $0.9U_m$ 下降到 $0.1U_m$ 所需要的时间。

占空比 q:脉冲宽度与脉冲周期的比值,即

$$q=t_w/T$$

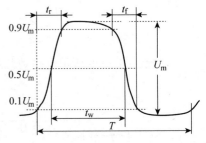

图 10-1　描述脉冲的几个主要参数

在脉冲电路中按实际需要来确定脉冲的周期和占空比,并希望脉冲的上升沿和下降沿尽可能小。此外,在将脉冲信号用于具体的数字系统时,有时还可能有一些特殊的要求,如脉冲周期和幅度的稳定性等,这时还需要增加一些相应的性能参数来加以说明。

10.2　555 定时器

10.2.1　概　述

555 定时器是一种电路结构简单、使用方便灵活、用途广泛的多功能集成电路。只要外接几个阻容元件便可以组成施密特触发器、单稳态触发器、多谐振荡器等电路。555 定时器有双极型(如国产 5G555)和 CMOS 型(如国产 CC7555)。双极型 555 定时器的电源电压范围为

$5\sim16$ V,最大负载电流可达 200 mA。CMOS555 定时器电源电压范围为 $3\sim18$ V,最大负载电流小于 4 mA。所以,555 定时器可驱动微电机、指示灯、扬声器等,广泛用于脉冲的产生与变换、仪器与仪表、测量与控制、家用电器与电子玩具等领域。

10.2.2　555 定时器

图 10-2 是双极型 5G555 定时器的逻辑电路图。从原理电路可以看出,它是一个由模拟电路和数字电路共同组成的集成电路。其内部包含有两个电压比较器 A_1 和 A_2(包括电阻分压电路)、G_1 和 G_2 组成的基本 RS 触发器、集电极开路的放电管 V 和缓冲输出级 G_3。由于比较器的分压电路由 3 个 5 kΩ 的电阻构成,所以称之为 555 电路。555 电路的封装外型如图 10-2(b)所示。

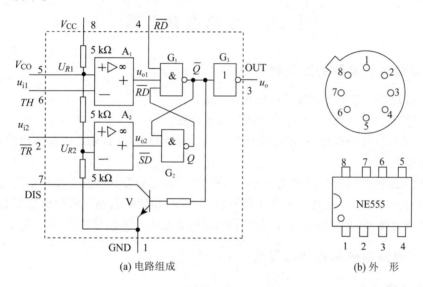

图 10-2　555 定时器的电路组成

图 10-2(a)中,比较器 A_1 的同相端由分压电阻提供 $U_{R1}=\frac{2}{3}V_{CC}$ 作基准电压,反相端 TH 称阈值输入端。A_2 的反相端分压电阻提供 $U_{R2}=\frac{1}{3}V_{CC}$ 作基准电压,同相端 $\overline{TR}$ 称触发输入端。V_{CO} 为控制端,用于外接 V_{CO} 改变内部分压器分压值。$\overline{RD}$ 端为置 0 端,$\overline{RD}=0$ 时,输出端(OUT)输出电压 u_o 为低电平,555 定时器在正常工作时 $\overline{RD}$ 端必须为高电平。

设 TH 和 $\overline{TR}$ 端的输入电压分别为 u_{i1} 和 u_{i2}。555 定时器的工作过程如下:

当 $u_{i1}>U_{R1}$,$u_{i2}>U_{R2}$ 时,比较器 A_1 和 A_2 的输出 $u_{o1}=0$,$u_{o2}=1$,基本 RS 触发器被置 0,即 $Q=0$,$\overline{Q}=1$,输出 $u_o=0$,同时 V 导通。

当 $u_{i1}<U_{R1}$,$u_{i2}<U_{R2}$ 时,比较器 A_1 和 A_2 的输出 $u_{o1}=1$,$u_{o2}=0$,基本 RS 触发器被置 1,即 $Q=1$,$\overline{Q}=0$,输出 $u_o=1$,同时 V 截止。

当 $u_{i1}<U_{R1}$,$u_{i2}>U_{R2}$ 时,比较器 A_1 和 A_2 的输出 $u_{o1}=1$,$u_{o2}=1$,基本 RS 触发器保持原状态不变,输出 u_o,且 V 的状态维持不变。

当 $u_{i1}>U_{R1}$,$u_{i2}<U_{R2}$ 时,比较器 A_1 和 A_2 的输出 $u_{o1}=0$,$u_{o2}=0$,基本 RS 触发器

$Q=\overline{Q}=1$，输出 $u_\circ=0$，同时 V 导通。

综上所述，555 定时器的功能如表 10-1 所列。

表 10-1 555 定时器的功能表

输　入			输　出	
$\overline{RD}$	$TH(u_{i1})$	$\overline{TR}(u_{i2})$	$u_\circ$	V 状态
0	×	×	0	导通
1	$>2/3V_{CC}$	×	0	导通
1	$<2/3V_{CC}$	$>1/3V_{CC}$	不变	不变
1	$<2/3V_{CC}$	$<1/3V_{CC}$	1	截止

10.3　单稳态触发器

10.3.1　单稳态触发器的工作特点

单稳态触发器与双稳态触器比较具有以下特点：

① 电路只有一个稳态，而另有一个状态是暂稳态。

② 在外界触发脉冲作用下，电路能从稳态翻转到暂稳态，在暂稳态维持一段时间以后，又自动返回到稳态。

③ 暂稳态维持时间的长短取决于电路本身的参数，与触发脉冲的宽度和幅度无关。

单稳态触发器在数字电路中常用于脉冲整形、定时和延时电路。所谓整形就是把不规则的波形转换成宽度、幅度都相等的规则的波形；延时就是把输入信号延迟一段时间后再输出。

10.3.2　门电路组成单稳态触发器

1. 电路结构

图 10-3 是用 CMOS 门电路和 RC 微分延时电路组成的单稳态触发器，称为微分型单稳态触发器。u_i 为输入触发脉冲，高电平触发。

2. 工作原理

（1）稳定状态

无触发信号输入（$u_i=0$）时，输入端为

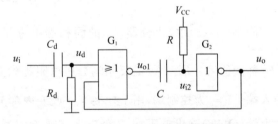

图 10-3　门电路构成的单稳态触发器

低电平，电源 V_{CC} 通过 R 为 G_2 输入端加上高电平，因此，$u_\circ$ 为低电平，并加到 G_1 的另一输入端，使 u_{o1} 输出为高电平。电容 C 两端电压接近 0，这是电路的稳态。在触发信号到来之前，电路一直保持这一稳态。

（2）触发电路进入暂稳态

当触发脉冲 u_i 加到电路输入端时，在 R_d 和 C_d 组成的微分电路的输出端得到一对正负脉冲 u_d。当 u_d 的正脉冲大于 G_1 的 U_{TH} 时，使 u_{o1} 产生负跳变，由于 C 两端电压不能突变，使 G_2 输入电压 u_{i2} 产生负跳变，并使 $u_\circ$ 产生正跳变，又将其反馈到输入端。于是，电路产生如下正反馈过程：

$$u_d \uparrow \rightarrow u_{o1} \downarrow \rightarrow u_{i2} \downarrow \rightarrow u_o \uparrow$$

结果迅速使 u_{o1} 为低电平,由于 C 两端电压不能突变,u_{i2} 为低电平,使 u_o 输出高电平,电路进入暂稳态。

（3）自动翻转

当 u_{o1} 为低电平时,电源 V_{CC} 经 R 向 C 充电,电容 C 两端电压逐渐升高,即 u_{i2} 升高。当 u_{i2} 上升到 U_{TH} 时,u_o 下降,u_{i1} 下降,u_{o1} 上升,又进一步使 u_{i2} 上升,电路又产生另一个正反馈过程。正反馈过程迅速使 u_{o1} 输出高电平,u_o 输出低电平。

$$u_{i2} \uparrow \rightarrow u_o \downarrow \rightarrow u_{o1} \uparrow$$

（4）恢复过程

如果这时触发脉冲已消失（u_d 已回到低电平）,则 u_o 输出低电平,u_{o1} 输出高电平,这时电容 C 经 R 放电,使 C 上电压恢复到稳态时的初始值 $u_C = 0$。电路恢复到稳定状态,这一过程称为恢复过程。

根据以上的分析画出的电路中各点的电压波形如图 10-4 所示。

3. 输出脉冲宽度的估算

为了定量地描述单稳态触发器的性能,经常使用输出脉冲宽度 t_w、输出脉冲幅度 U_m、恢复时间 t_{re}、分辨时间 t_d 等几个参数,其中最重要的是输出脉冲宽度 t_w。由上面的分析和图 10-4 可知,输出脉冲宽度 t_w 就是暂稳态维持的时间。它等于电容 C 从 $u_C = 0$ 开始充电到上升至 $u_{i2} = U_{TH}$（阈值电压）所需的时间。如果 $U_{TH} = 0.5\,V_{CC}$,则暂稳态的脉冲宽度为

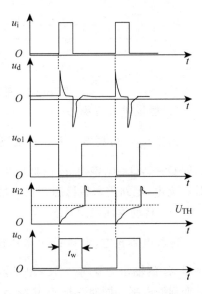

图 10-4　单稳态触发器的工作波形

$$t_w \approx 0.7RC$$

微分型单稳态触发器可以用窄脉冲触发。在使用微分型单稳态触发器时,输入 u_i 的脉冲宽度应小于输出脉冲宽度 t_w。

除微分型单稳态触发器外,还有积分型单稳态触发器。

10.3.3　用 555 定时器构成的单稳态触发器

1. 电路构成

电路如图 10-5(a)所示,将定时器 5G555 的触发输入端 $\overline{TR}$ 作为触发信号 u_i 输入端,放电管 V 的集电极 DIS 端和阈值输入端 TH 接在一起,然后与定时元件 R,C 相接,便构成了单稳态触发器。

2. 工作原理

以图 10-5(b)所示输入触发信号 u_i 为例,分析电路的工作原理。

（1）稳定状态

电路在接通电源后,V_{CC} 经 R 对电容 C 充电,u_C 电压升高,当上升到 $u_C \geqslant \dfrac{2}{3}V_{CC}$ 时,比较

器 A_1 输出为 0,而此时 u_i 为高电平,且 $u_i > \frac{1}{3}V_{CC}$,电压比较器 A_2 输出为 1,基本 RS 触发器为置 0 状态,$\overline{Q}=1$,三极管 V 导通,电容 C 经 V 放电,电路进入稳定状态。

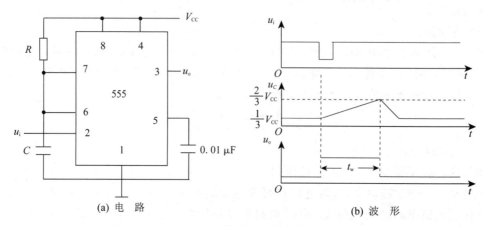

(a) 电 路　　　　　　　　　　　　(b) 波 形

图 10 - 5　用 555 组成的单稳态触发器电路及波形图

(2)触发进入暂稳态

当输入 u_i 由高电平 U_{iH} 跳变到小于 $\frac{1}{3}V_{CC}$ 低电平时,比较器 A_2 输出为 0,RS 触发器置 1,即 $Q=1$,$\overline{Q}=0$,输出 u_o 由低电平跳变为高电平 U_{OH}。同时,三极管 V 截止,电源 V_{CC} 经 R 对 C 充电,电路进入暂稳态。在暂稳态期间内,u_i 回到高电平。

(3) 自动返回稳定状态

随着电容充电,电容 C 上电压逐渐升高,当 u_C 上升到 $u_C \geqslant \frac{2}{3}V_{CC}$ 时,比较器 A_1 的输出为 0,基本 RS 触发器置 0,即 $Q=0$,$\overline{Q}=1$。输出 u_o 由高电平跳变到低电平。同时三极管 V 导通,电容 C 经 V 放电使 $u_C \approx 0$,电路回到稳定状态。

555 应用电路

单稳态触发器的输出脉冲宽度 t_w 即为暂稳态维持的时间,它实际上为电容 C 上的电压 u_C 从 0 充到 $\frac{2}{3}V_{CC}$ 所需时间,可用下式进行估算,即

$$t_w \approx 1.1RC$$

10.3.4　集成单稳态触发器

集成单稳态触发器有 TTL 和 CMOS 集成电路的产品,可用上升沿或下降沿触发,具有置零和温度补偿等功能,工作稳定性能好,得到广泛应用。下面以 TTL 集成单稳态触发器举例说明。

1. 74121 和 74122 引脚及功能

以 TTL 集成单稳态触发器 74121 和 74122 为例,引脚和功能如图 10 - 6 所示。图中 C_{EXT} 和 R_{EXT}/C_{EXT} 脚之间外接定时电容 C;若使用集成电路内部电阻,则 R_{INT} 端接电源 V_{CC};若要使提高脉冲宽度和重复性,可在 R_{EXT}/C_{EXT} 端与电源之间外接电阻 R,若外接可调电阻,脉冲宽度可调(也可接在 R_{INT} 与电源间)。74121 和 74122 各引脚的作用如表 10 - 2 所列。74121

和 74122 的功能如表 10-3 和表 10-4 所列。

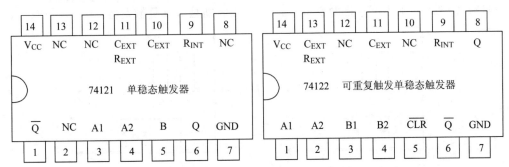

图 10-6　74121 和 74122 引脚图

表 10-2　74121 和 74122 引脚作用

引脚名	作　用
A1,A2	下降沿触发输入端
B1,B2,B	上升沿触发输入端
Q,$\overline{Q}$	输出端
R_{INT}	外接电源,内部接时间常数电阻(也可外接电阻)
C_{EXT}	外接电容端
R_{EXT}/C_{EXT}	与 CEXT 端外接电容,也可再接电阻到电源实现 t_w 可调
$\overline{CLR}$	复位端,当 $\overline{CLR}=0$ 时立即终止暂稳态
V_{CC}	电源正极
GND	地(电源负极)
NC	空脚

表 10-3　74121 功能表

输　入			输　出	
A1	A2	B	Q	$\overline{Q}$
L	×	H	L	H
×	L	H	L	H
×	×	L	L	H
H	H	×	L	H
H	↓	H	⊓	⊔
↓	H	H	⊓	⊔
↓	↓	H	⊓	⊔
L	×	↑	⊓	⊔
×	L	↑	⊓	⊔

表 10-4　74122 功能表

输　入					输　出	
$\overline{CLR}$	A1	A2	B1	B2	Q	$\overline{Q}$
L	×	×	×	×	L	H
×	H	H	×	×	L	H
×	×	×	L	×	L	H
×	×	×	×	L	L	H
H	L	×	↑	H	⊓	⊔
H	L	×	H	↑	⊓	⊔
H	×	L	↑	H	⊓	⊔
H	×	L	H	↑	⊓	⊔
H	H	↓	H	H	⊓	⊔
H	↓	↓	H	H	⊓	⊔
H	↓	H	H	H	⊓	⊔
↑	L	×	H	H	⊓	⊔
↑	×	L	H	H	⊓	⊔

2. 不可重复触发和可重复触发

集成单稳态触发器分不可重复触发型和可重复触发型两种。不可重复触发型单稳态触发器一旦被触发进入暂稳态后,再加触发脉冲不会影响电路的工作过程,必须在暂稳态结束以后,它才能接受下一个触发脉冲而再次转入暂稳态,如图 10-7 (a)所示。而可重复触发的单稳态触发器就不同了。在电路被触发而进入暂稳态以后,如果再次加入触发脉冲,电路将重新被触发,使输出脉冲再继续维持一个 t_w 宽度,如图 10 - 7(b)所示。

74121,74221 属于不可重复触发型,74122,74123 则是可重复触发型。

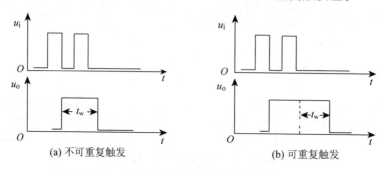

(a) 不可重复触发   (b) 可重复触发

图 10 - 7　两种不同触发型单稳态触发器工作波形

10.3.5　单稳态触发器应用实例

由 74121 构成上升沿触发和下降沿触发的电路如图 10 - 8 所示。图 10 - 8(a) 所示为下降沿触发电路,从 A1 端输入触发脉冲。在 C_{EXT} 和 R_{EXT}/C_{EXT} 间外接电容 C_{ext},并且为了调节脉冲宽度,在 R_{EXT}(11 脚)端与电源间外接 R_{ext}。通常 R_{ext} 在 2~30 kΩ 范围内取值,C_{ext} 的取值在 10 pF~10 μF 范围内,得到的 t_w 为 20 ns~200 ms。

单稳态触发器应用实例

图 10 - 8(b)所示为上升沿触发电路,从 B 端输入触发脉冲。直接将 R_{INT}(9 脚)端接电源 V_{CC},利用 74121 内部电阻(约 2 kΩ)取代外接电阻 R_{ext},以简化外部接线。

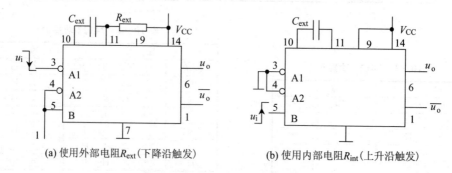

(a) 使用外部电阻R_{ext}(下降沿触发)   (b) 使用内部电阻R_{int}(上升沿触发)

图 10 - 8　74121 的外部连接方法

10.4　施密特触发器

10.4.1　施密特触发器的工作特点

施密特触发器是一种脉冲波形变换电路。它在性能上有两个重要的特点:

① 输入信号从低电平上升的过程中,电路状态转换时对应的输入电平,与输入信号从高电平下降过程中对应的输入转换电平不同。

② 在电路状态转换时,通过电路自身的正反馈过程使输出电压波形的边沿变得很陡。

利用这两个特点可以实现波形变换,能将边沿变化缓慢的信号波形整形为边沿陡峭的矩形波,也可以实现将叠加在矩形脉冲高、低电平上的噪声有效地清除等功能。

10.4.2　用门电路组成的施密特触发器

将两级反相器串接起来构成如图 $10-9$(a)所示的施密特触发器电路。图 $10-9$(b)所示为施密特触发器的电路符号。

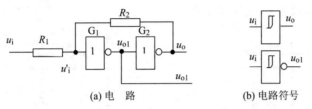

图 10 – 9　用 CMOS 反相器构成的施密特触发器

设阈值电压 $U_{TH} \approx \frac{1}{2} V_{DD}$,且 $R_1 < R_2$。电路的工作过程如下:

当 $u_i = 0$ 时,因 G_1,G_2 接成了正反馈电路,所以 $u_o = u_{o1} \approx 0$。这时,G_1 的输入 $u_i \approx 0$。

当 u_i 从 0 逐渐升高并达到 $u'_i = V_{TH}$ 时,由于 G_1 进入了电压传输特性的转折区(放大区),所以 u'_i 的增加将引发如下的正反馈过程:

$$u_i \uparrow \to u'_i \uparrow \to u_{o1} \downarrow \to u_o \uparrow$$

于是电路的状态迅速地转换为 $u_o = U_{oH} \approx V_{DD}$。由此可以求出 u_i 上升过程中电路状态发生转换时对应的输入电平 U_{T+}。因为这时有

$$u'_i = U_{TH} \approx \frac{R_2}{R_1 + R_2} U_{T+}$$

所以

$$U_{T+} \approx \frac{R_1 + R_2}{R_2} U_{TH} = \left(1 + \frac{R_1}{R_2}\right) U_{TH}$$

式中,U_{T+} 称为正向阈值电压。

当 u_i 从高电平 V_{DD} 逐渐下降 $u'_i = U_{TH}$ 时,u'_i 的下降会引发一个正反馈过程:

$$u_i \downarrow \to u'_i \downarrow \to u_{o1} \uparrow \to u_o \downarrow$$

使电路的状态迅速转换为 $u_o = u_{o1} \approx 0$。由此又可以求出 u_i 下降过程中电路状态发生转换时对应的输入电平 U_{T-}。由于这时有

$$u'_i = U_{TH} \approx V_{DD} - (V_{DD} - U_{T-}) \frac{R_2}{R_1 + R_2}$$

所以

$$U_{T-} = \frac{R_1 + R_2}{R_2} U_{TH} - \frac{R_1}{R_2} V_{DD}$$

将 $V_{DD} = 2 U_{TH}$ 代入上式后得到

$$U_{T-} = \left(1 - \frac{R_1}{R_2}\right) U_{TH}$$

式中,U_{T-} 称为负向阈值电压。

将 U_{T+} 与 U_{T-} 之差定义为回差电压 ΔU_T,即

$$\Delta U_T = U_{T+} - U_{T-}$$

根据以上分析,可画出电路的电压传输特性,如图 10-10(a)所示。因为 u_o 和 u_i 的高低电平是同相的,所以也把这种形式的电压传输特性叫作同相输出的施密特触发特性。如果以图 10-9(a)中的 u_{o1} 作为输出端,则得到的电压传输特性将如图 10-10(b)所示。由于 u_{o1} 和 u_i 的高、低电平是反相的,所以把这种形式的电压传输特性叫作反相输出的施密特触发特性。

通过改变 R_1 和 R_2 的比值可以调节 U_{T+},U_{T-} 和回差电压的大小。但 R_1 必须小于 R_2,否则电路将进入自锁状态,不能正常工作。

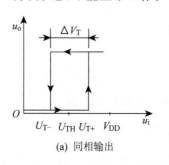 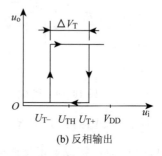

(a) 同相输出　　　　　　　　(b) 反相输出

图 10-10　施密特触发器的传输特性

10.4.3　集成施密特触发器

集成施密特触发器产品中,TTL 电路如 7413(双四输入与非门)、7414(六反相器);CMOS电路如4093(四2输入与非)、40106(六反相器)。7413,7414和4093的引脚功能如图 10-11 所示,这些集成电路都是具有回差特性的门电路。

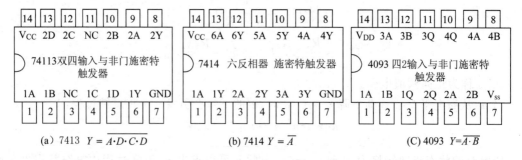

(a) 7413　$Y = \overline{A \cdot D \cdot C \cdot D}$　　　(b) 7414　$Y = \overline{A}$　　　(C) 4093　$Y = \overline{A \cdot B}$

图 10-11　7413,7414,4093 集成电路引脚图

1. 用于波形变换

利用施密特触发器状态转换过程中的正反馈作用,可以把边沿变化缓慢的周期性信号变换为边沿很陡的矩形脉冲信号。

图 10-12 所示的例子中,输入信号是由直流分量和正弦分量叠加而成的,只要输入信号的幅度大于 U_{T+},U_{T-},即可在施密特触发器的输出端得到同频率的矩形脉冲信。

2. 用于脉冲整形

在数字系统中,矩形脉冲经传输后往往会发生波形畸变。如传输线上电容较大时,波形的上升沿和下降沿会明

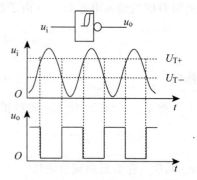

图 10-12　用施密特触发器实现波形变换

显变坏;当传输线较长,而且接收端的阻抗与传输线的阻抗不匹配时,在波形的上升沿和下降沿将产生振荡现象;当其他脉冲信号通过导线间的分布电容或公共电源线叠加到矩形脉冲信号上时,信号上将出现附加的噪声等,可以利用施密特触发器信号波形进行整形,从而获得比较理想的矩形脉冲波形。如图 10-13 所示,只要施密特触发器的 U_{T+} 和 U_{T-} 设置得合适,均能收到满意的整形效果。

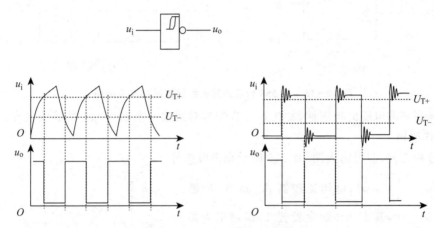

图 10-13　用施密特触发器实现脉冲整形

3. 用于脉冲幅度鉴别

当输入信号为一系列幅度不等的脉冲加到施密特触发器时,只有那些幅度大于 U_{T+} 的脉冲才会在输出端产生输出信号。因此,旅密特触发器能将幅度大于 U_{T+} 的脉冲选出,具有脉冲鉴幅的能力,如图 10-14 所示。

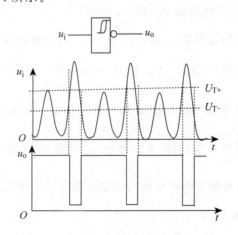

图 10-14　用施密特触发器鉴别脉冲幅度

10.4.4　用 555 定时器构成的施密特触发器

1. 电路组成

将 555 定时器的阈值输入端 TH 和触发输入端 $\overline{TR}$ 连在一起,作为触发信号 u_i 输入端,从 OUT 端输出 u_o,就构成了施密特触发器,电路如图 10-15 所示。

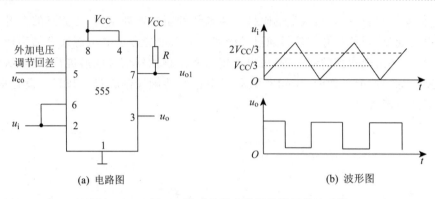

(a) 电路图   (b) 波形图

图 10-15 用 555 构成的施密特触发器及其波形图

为了提高基准电压的稳定性,常在 U_{CO} 控制端对地接一个 $0.01\ \mu F$ 的滤波电容。

2. 工作原理

为了分析方便,假设输入图 10-16 所示锯齿波信号。

① 当 $u_i < \frac{1}{3}V_{CC}$ 时,电压比较器 A_1 和 A_2 的输出 $u_{o1}=1$,$u_{o2}=0$,基本 RS 触发器置 1,即输出为高电平。

当 $\frac{1}{3}V_{CC} < u_i < \frac{2}{3}V_{CC}$ 时,电压比较器 A_1 和 A_2 的输出 $u_{o1}=1$,$u_{o2}=1$,基本 RS 触发器保持原状态不变。

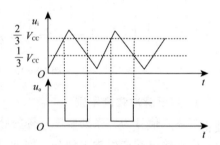

图 10-16 施密特触发器的工作波形

② 当 $u_i \geqslant \frac{2}{3}V_{CC}$ 时,电压比较器 A_1 和 A_2 的输出 $u_{o1}=0$,$u_{o2}=1$,基本 RS 触发器置 0,即 $Q=0$,$\overline{Q}=1$,输出由高电平跳变到低电平。此后 u_i 上升到 V_{CC},然后再降低,但在未降到 $\frac{1}{3}V_{CC}$ 以前,电路输出状态不变。

③ 当 $u_i \leqslant \frac{1}{3}V_{CC}$ 时,基本 RS 触发器置 1,即 $Q=1$,$\overline{Q}=0$,输出 u_o 由低电平跳变到高电平。此后 u_i 下降到 0,然后再升高,但在未达到 $\frac{2}{3}V_{CC}$ 以前,电路输出状态不变。

由以上分析可知,施密特触发器的正向阈值电压为 $\frac{2}{3}V_{CC}$,电路的负向阈值电压为 $\frac{1}{3}V_{CC}$,所以施密特触发器的回差电压 ΔU_T 为

$$\Delta U_T = U_{T+} - U_{T-} = \frac{1}{3}V_{CC}$$

10.5 多谐振荡器

10.5.1 多谐振荡器概述

多谐振荡器与正弦振荡器一样是一种自激振荡电路,接通直流电源后,电路不需要任何外

加输入信号,即可自动产生矩形脉冲信号输出。由于矩形脉冲信号中含有丰富的高次谐波成分,所以称之为多谐振荡器。

10.5.2 门电路构成多谐振荡器

图 10 - 17 所示是门电路构成的典型对称式多谐振荡器。它由两个反相器(TTL 或 CMOS)和外接电阻、电容组成。

1. 工作原理

根据 TTL(或 CMOS)反相器的传输特性,当在反相器的输入和输出端之间并接反馈电阻 R_1 和 R_2 后,u_{o1} 和 u_{o2} 既不能稳定在高电平 U_{oH},也不能稳定在低电平 U_{oL} 上,只能稳定在两者之间的某一个电平上,由于流过电阻的电流很小,所以有:$u_{i1} \approx u_{o1}$,$u_{i2} \approx u_{o2}$,这时两个门工作在门电路电压传输特性的转折区。工作在这一区域是不稳定的,只要有一个扰动(外部干扰、内部噪声或电源电压波动等),使 u_{i1}

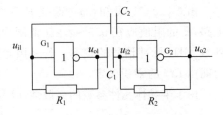

图 10 - 17 对称式多谐振荡器

产生微小的正跳变,就会经 G_1 的放大作用,将使 u_{o1} 产生负跳变。由于电容两端电压不能突变,u_{o1} 的负跳变就会通过 C_1 传递给 G_2,使 u_{i2} 也产生负跳变,经 G_2 放大,在 u_{o2} 得到更大正跳变。这个跳变经 C_2 反馈到 G_1 的输入端,构成了一个正反馈过程:

$$u_{i1} \uparrow \rightarrow u_{o1} \downarrow \rightarrow u_{i2} \downarrow \rightarrow u_{o2} \uparrow$$

使得 u_{o1} 迅速跳变为低电平,u_{o2} 跳变为高电平,电路进入第一个暂稳态。与此同时,u_{o2} 经 R_2 给 C_1 充电,C_2 则经 R_1 放电。

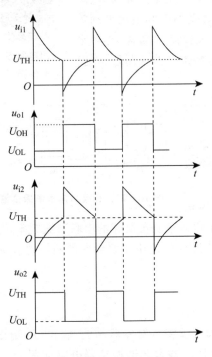

图 10 - 18 振荡电路中各点电压波形

这个暂稳态也不会维持多久。随着 C_1 的充电,u_{i2} 逐渐上升,当 u_{i2} 升高到 G_2 的阈值电压 U_{TH} 时,u_{o2} 开始下降,并引起另一个正反馈过程:

$$u_{i2} \uparrow \rightarrow u_{o2} \downarrow \rightarrow u_{i1} \downarrow \rightarrow u_{o1} \uparrow$$

使得 u_{o2} 迅速跳变为低电平,u_{o1} 跳变为高电平,电路转入第二个暂稳态。同时,C_1 经 R_2 放电,C_2 经 R_1 充电。

第二个暂稳态同样不会维持多久。随着 C_2 的充电,u_{i1} 逐渐上升,当 u_{i1} 升高到 G_1 的阈值电压 U_{TH} 时,电路又会迅速返回到第一个暂稳态。由此电路不停地在两个暂稳态之间振荡,输出矩形脉冲电压波形,如图 10 - 18 所示。

2. 振荡的幅度与周期

(1)振荡的幅度 U_m

从上面的分析可知,输出电压的幅度 U_m 为

$$U_m = U_{oH} - U_{oL}$$

式中,U_{oH} 和 U_{oL} 分别为门电路输出的高电平和

低电平值。对于 CMOS 门电路,$U_{OH} \approx V_{DD}$,$U_{OL} \approx 0$。

(2) 振荡周期 T

设 T_1,T_2 分别为第一和第二暂稳态的持续时间,由于电路对称,即 $R_1 = R_2 = R$,$C_1 = C_2 = C$,则有 $T_1 = T_2$,$T = 2T_1 = 2T_2$。对于 TTL 电路 $U_{OH} = 3.4$ V,$U_{TH} = 1.4$ V,$U_{OL} = 0$ V,且 R 的数值比门电路的输入电阻小很多时,输出脉冲的周期可由下式估算,即

$$T \approx 1.4RC \tag{10-1}$$

由式(10-1)可知,通过改变 R 和 C 的取值,可以改变振荡周期。如果使用 74LS 系列门电路,R 的阻值应在 $0.5 \sim 2$ kΩ 范围内选取。当 C 取 1 000 pF ~ 100 μF 时,可输出从几 Hz 到数 MHz 脉冲信号的频率。若采用 CMOS 门电路时,则 R 值可在数十 kΩ 范围内选取,振荡周期由 RC 的乘积确定。

由于半导体元件参数的离散性,以及影响振荡频率的多方面因素,振荡周期的理论计算结果与实际测量结果往往有一定误差;对于每一个元件,也不可能逐个测量它们的详细参数,因此在实际使用中往往只能粗略地估算一下振荡频率(或周期),然后用一个可调电阻来调整电路参数,使振荡频率达到要求的值。

若 RC 取值不对称,则输出脉冲信号的高低电平的宽度不等,电路如图 10-19 所示。

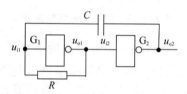

图 10-19 非对称式多谐振荡器

10.5.3 石英晶体——门电路多谐振荡器

上面所介绍用 R,C 构成的多谐振荡器,振荡频率取决于电容充、放电过程中门电路输入电压到达转换电平所需的时间。由于半导体元件参数、阻容元件参数受温度的影响,同时门电路的转换电平也会受温度和电源波动等因素的影响,所以振荡频率稳定性较差。在对频率要求较高的场合,必须采取稳频措施,常在反馈回路中串入石英晶体,构成石英晶体多谐振荡器,电路如图 10-20 所示。

石英晶体
门电路多
谐振荡器

图 10-20 所示电路结构与图 10-17 所示电路相似,石英晶体跨接在 G_2 的输出端与 G_1 的输入端之间,对于频率为 f_s 的信号分量来说,晶体呈串联谐振状态,其等效阻抗很小且为纯阻性,因而形成正反馈,电路振荡频率完全取决于石英晶体固有的串联谐振频率 f_s。

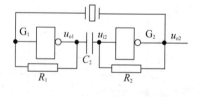

图 10-20 石英晶体多谐振荡器

在非对称式多谐振荡器电路中,也可接入石英晶体构成石英晶体振荡器,来稳定振荡频率。电路的振荡频率也等于石英晶体的串联谐振频率,与外接电阻和电容参数无关。因此,在石英晶体振荡电路的设计中选用需要频率的石英晶体来组成振荡电路即可。

10.5.4 用 555 定时器构成的多谐振荡器

用 555 定时器组成多谐振荡器,就是将 555 电路构成施密特触发器(TH 端和 $\overline{TR}$ 端接在一起),再外接具有时间常数的反馈回路组成多谐振荡器。基本多谐振荡器电路如图 10-21 所示。振荡器的振荡周期 T 和频率 f 由下式进行估算,即

$$T \approx 0.7(R_1 + 2R_2)C$$

$$f = \frac{1}{T} = \frac{1}{0.7(R_1 + 2R_2)C}$$

电路的振荡脉冲的占空比 q 为

$$q = \frac{R_1 + R_2}{R_1 + 2R_2} \qquad (10-2)$$

通过改变 R 和 C 的大小,就可实现振荡器的振荡频率和占空比的调节。

　　式(10-2)中占空比的调节始终是大于 50 %。为了得到小于或等于 50 % 的占空比,将电路改进成如图 10-22 所示电路。电路的充电时间常数 $\tau_充 \approx (R_1 + R_2)C$,而放电时间常数为 $\tau_放 \approx R_2C$,两式中 R_1 和 R_2 分别包含 R_W 的上下部分。

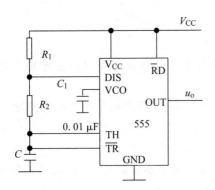

图 10-21　用 555 组成多谐振荡器

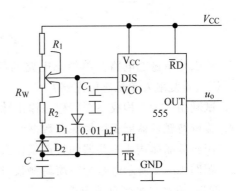

图 10-22　占空比可调的多谐振荡器

电路的振荡周期 T 为

$$T \approx 0.7(R_1 + R_2)C$$

占空比为

$$q = \frac{R_1}{R_1 + R_2}$$

本章小结

　　1. 由门电路构成的单稳态触发器、多谐振荡器和基本 RS 触发器在结构上极为相似,只是用于反馈的耦合网络不同,因而 RS 触发器具有两个稳态,单稳态触发器具有一个稳态,多谐振荡器没有稳态。

　　2. 在单稳态和无稳态电路中,由暂稳态过渡到另一个状态,其"触发"信号是由电路内部电容充(放)电提供的,因此无需外加触发脉冲。暂稳态持续的时间是脉冲电路的主要参数,它与电路的阻容元件有关。

　　3. 多谐振荡器是一种自激振荡电路,不需要外加输入信号,就可以自动地产生出矩形脉冲。单稳态触发器和施密特触发器不能自动地产生矩形脉冲,但却可以把其他形状的信号变换成为矩形波。

　　4. 555 集成定时器是一种应用广泛、使用灵活的集成电路器件,多用于脉冲产生、整形及定时等。常用 555 集成电路来构成施密特触发器、单稳态电路和多谐振荡器。

习　　题

1. 如题图 10-1(a)所示施密特触发器,输入题图 10-1(b)所示信号电压,对应输入电压波形画输出电压波形。

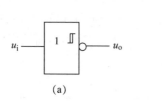

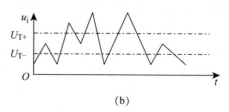

(a)

(b)

题图 10-1

2. 什么是单稳态电路? 单稳态电路的特点是什么? 什么是可重复触发单稳态触发器? 什么是不可重复触发单稳态触发器?

3. 试利用 74121 构成一个暂稳态输出脉冲 $t_w = 1$ ms、上升沿触发的单稳态触发器。

4. 施密特触发器能否用来保存数据?

5. 用石英晶体构成振荡器的特点是什么?

6. 题图 10-2 所示电路为一简易触摸开关电路。当手摸金属片时,发光二极管亮,经过一定时间后,发光二极管自动熄灭。

① 试分析其工作原理,电路中用 555 电路组成了一个什么电路?

② 在所给电路元件参数情况下,求当触摸后能使发光二极管亮多长时间?

7. 题图 10-3 所示是由 CC7555 连接成的多谐振荡器,试画出 U_C 和 U_o 的波形。当不计 CC7555 的输出电阻时,写出振荡周期表达式。

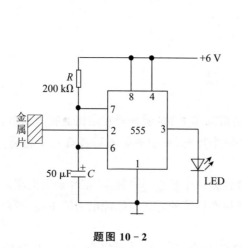

题图 10-2

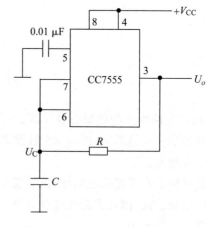

题图 10-3

8. 试用 555 电路设计一个振荡周期为 1 s、占空比为 50 % 的 RC 振荡器。

第 11 章　数/模与模/数转换电路

11.1　概　述

在电子系统中,经常用到数字量与模拟量的相互转换。如图 11-1 所示, 工业生产过程中的湿度、压力、温度、流量,通信过程中的语言、图像、文字等 物理量需要转换为数字量,才能由计算机处理。而计算机处理后的数字量也 必须再还原成相应的模拟量,才能实现对模拟系统的控制(如数字音像信号 如果不还原成模拟音像信号就不能被人们的视觉和听觉系统接受)。因此,

D/A 与 A/D 转换

数/模转换器和模/数转换器是沟通模拟电路和数字电路的桥梁,也可称之为两者之间的接口, 是数字电子技术的重要组成部分。

能将数字量转换为模拟量(电流或电压),使输出的模拟量与输入的数字量成正比的电路 称为数模转换器,简称 D/A 或 DAC(digital to analog converter)。能将模拟电量转换为数字 量,使输出的数字量与输入的模拟电量成正比的电路称为模数转换器,简称 A/D 或 ADC(an- alog to digital converter)。D/A、A/D 转换技术的发展非常迅速,目前已有各种中、大规模的 集成电路可供选用。

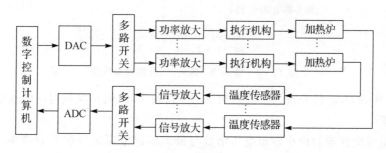

图 11-1　计算机自动控制系统框图

本章简要介绍 D/A 转换器(DAC)、A/D 转换器(ADC)的基本工作原理和典型应用。

11.2　D/A 转换器

11.2.1　D/A 转换器电路组成及基本原理

1. D/A 转换器的转换特性

图 11-2 为 D/A 转换器的结构示意图。

由图 11-2 可以看出,D/A 转换电路将输入的一组二进制数转换成相应数量的模拟电 压,经过运算放大器 A 的缓冲,转换成模拟电压输出 u_o。

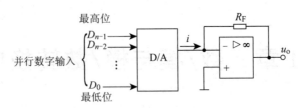

图 11 - 2 D/A 转换器结构示意图

D/A 转换器的转换特性,是指其输出模拟量与输入数字量之间的转换关系。图 11 - 3 给出了 DAC 三位二进制数 X 输入及输出 u_o 的转换特性曲线。理想的 DAC 转换特性应是输出模拟量与输入数字量成正比,即输出模拟电压 $u_o = K_u \times X$ 或输出模拟电流 $i_o = K_i \times X$。其中,K_u 或 K_i 为电压或电流转换比例系数;X 为输入二进制数所代表的十进制数,若输入为 n 位二进制数,则

$$X = X_{n-1} \times 2^{n-1} + X_{n-2} \times 2^{n-2} + \cdots + X_1 \times 2^1 + X_0 \times 2^0 = \sum_{i=0}^{n-1} X_i \times 2^i$$

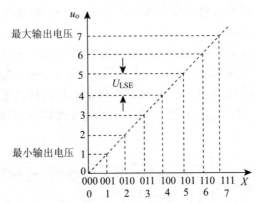

图 11 - 3 输入 X -输出 u_o 的特性曲线图

图 11 - 3 中的 U_{LSE} 代表输入二进制数 X 每增、减 1 时,输出模拟电压的最小变化量。

2. 分辨率

DAC 电路所能分辨的最小输出电压增量与最大输出电压之比称为分辨率,它是 DAC 的重要参数之一。分辨率为

$$U_{LSE}/U_{max} = 1/(2^n - 1) \tag{11-1}$$

式中,U_{LSE} 为最小输出电压增量,即 X 最低位(X_0)变化时,所引起的输出模拟电压变化值;U_{max} 为最大输出模拟电压;n 为输入数字量的位数。

由式(11 - 1)可知,分辨率的大小仅决定于输入二进制数字量的位数,因此通常由 DAC 的位数 n 来表示分辨率。当输出模拟电压的最大值一定时,DAC 输入二进制数字量的位数 n 越多,U_{LSE} 越小,即分辨率能力越高。

3. 输出建立时间

从输入数字信号到输出模拟信号(电压或电流)到达稳态值所需要的时间,称为输出建立时间。由于 DAC 与 ADC 的工作原理不同,DAC 的输出建立时间要比 ADC 的输出建立时间小得多,并且不受采样脉冲频率的制约。所以同样位数的 DAC 要比同样位数的 ADC 的转换速度快得多。

11.2.2　D/A 转换器

D/A 转换器(DAC)根据工作原理基本上可以分成两大类,即二进制权电阻网络 DAC 和倒 T 形电阻网络 DAC。

1. 二进制权电阻网络 DAC

图 11-4 所示为一个四位权电阻网络 D/A 转换器的电路。

由图 11-4 可以看出,此类 DAC 由权电阻网络、模拟开关及求和运算放大器三部分组成。U_{REF} 是基准电源,在权电阻网络中每个电阻的阻值与输入数字量对应的位权成比例关系。输入数字量 D_3, D_2, D_1 和 D_0 控制模拟开关 S_3, S_2, S_1, S_0 的工作状态。当 D_i 为高电平时,S_i

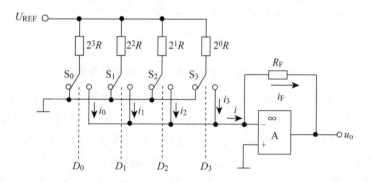

图 11-4　权电阻网络型 D/A 转换器原理图

接通 U_{REF};反之 D_i 为低电平,S_i 接地。这样流过每个电阻的电流总和 i 与输入的数字量成正比。求和运算放大器总的输入电流为

$$i = i_0 + i_1 + i_2 + i_3 = \frac{U_{REF}}{2^3 \times R} \times D_0 + \frac{U_{REF}}{2^2 \times R} \times D_1 + \frac{U_{REF}}{2^1 \times R} \times D_2 + \frac{U_{REF}}{2^0 \times R} \times D_3 = \frac{U_{REF}}{2^3 \times R} \times$$

$$(2^0 \times D_0 + 2^1 \times D_1 + 2^2 \times D_2 + 2^3 \times D_3) = \frac{U_{REF}}{2^3 \times R} \sum_{i=0}^{3} 2^i \times D_i$$

若运算放大器 A 的反馈电阻 $R_F = R/2$,由于运算放大输入阻抗为 ∞,所以 $i_- = 0, i = i_F$,则求和运算放大器的输出电压为

$$u_o = -i_F \times R_F = -i \times \frac{R}{2} = \frac{R}{2} \times \frac{U_{REF}}{2^3 \times R} \times \sum_{i=0}^{3} 2^i \times D_i = -\frac{U_{REF}}{2^4} \times \sum_{i=0}^{3} 2^i \times D_i$$

对于 n 位的权电阻 D/A 转换器,则有

$$u_o = -\frac{U_{REF}}{2^n} \times \sum_{i=0}^{n-1} 2^i \times D_i$$

由此可见,输出模拟电压 u_o 正比于输入的数字信号 $X(D_{n-1} D_{n-2} \cdots D_1 D_0)$。当输入数字信号 X 为全 0 时,DAC 输出 u_o 为 0;当输入数字信号 X 为 1 时,DAC 输出 $u_o = -U_{REF}(2^n - 1/2^n)$。因此输出电压的最大变化范围为 $0 \sim -U_{REF}$。权电阻网络 D/A 转换器的优点是:电路结构简单,可适用于各种权码。缺点是:电阻阻值范围太宽,品种较多,例如输入信号为十位十进制数时,若 $R = 10$ kΩ,则权电阻网络 DAC 中最小电阻 $R/2 = 5$ kΩ,最大电阻 $2^9 R = 5.12$ MΩ。要在这样广的阻值范围内,保证每个电阻都有很高的精度,是极其困难的,因此在

集成 D/A 转换器中很少采用。

2. 倒 T 形电阻网络 DAC

图 11 - 5 是倒 T 形电阻网络 D/A 转换器的原理图。

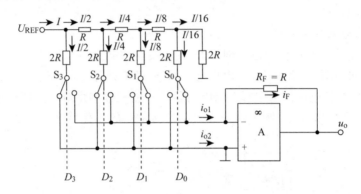

图 11 - 5　倒 T 形电阻网络 D/A 转换器原理图

由图 11 - 5 可以看出，此 DAC 由 $R,2R$ 两种阻值的电阻构成的倒 T 形电阻网络、模拟开关、运算放大电路组成。由于理想运算放大器的输入阻抗为 ∞，任何一个模拟开关 S_i 接至运算放大器 A 的"一"输入端或"＋"输入端时，流经该支路的电流是一样的，为一恒定值。由以上分析可知，从基准器电压 U_{REF} 输出的总电流是固定的，即 $I = U_{REF}/R$。

电流 I 每经一个节点，等分为两路输出，流过每一支路 $2R$ 的电流依次为 $I/2, I/4, I/8$ 和 $I/16$。当输入数码 D_i 为高电平时，则该支路 $2R$ 中的电流流入运算放大器的反相输入端；当 D_i 为低电平时，则该支路 $2R$ 中的电流到地。因此输出电流 i_{o1} 和各支路电流的关系为

$$i_{o1} = \frac{I}{2} \times D_3 + \frac{I}{4} \times D_2 + \frac{I}{8} \times D_1 + \frac{I}{16} \times D_0 =$$

$$\frac{U_{REF}}{R} \times \frac{2^0 \times D_0 + 2^1 \times D_1 + 2^2 \times D_2 + 2^3 \times D_3}{2^4} = \frac{U_{REF}}{2^4 R} \times \sum_{i=0}^{3} 2^i \times D_i$$

由于 $i_F = i_{o1}$，所以

$$u_o = -i_{o1} \times R_F = -\frac{U_{REF} R_F}{2^4 R} \times \sum_{i=0}^{3} 2^i \times D_i = -\frac{U_{REF}}{2^4} \times \sum_{i=0}^{3} 2^i \times D_i$$

当输入为 n 位数字信号时

$$u_o = -\frac{U_{REF}}{2^n} \times \sum_{i=0}^{n-1} 2^i \times D_i$$

倒 T 形电阻网络 D/A 转换器的特点是：模拟开关 S_i 不管处于何处，流过各支路 $2R$ 电阻中的电流总是近似恒定值；另外该 D/A 转换器只采用了 $R,2R$ 两种阻值的电阻，故在集成芯片中，应用最为广泛，是目前 D/A 转换器中转换速度最快的一种。

11.2.3　集成 D/A 转换器的应用实例

图 11 - 6 所示是一个 DAC0800 D/A 转换器 8 位数字输入、256 级模拟输出的测试电路，该电路主要由时钟振荡器、2 个 4 位计数器 7493、DAC0808 和运算放大器 7411、示波器组成。

在这个电路中，时钟振荡器产生一个 10 kHz 的时钟脉冲信号（计数脉冲），示波器用于观察 DAC0808 的模拟电压输出，计数器从 0000 0000 计数到 1111 1111，从而将模拟电压由

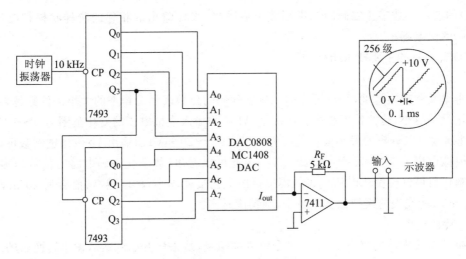

图 11 - 6　DAC0808 的应用

0～10 V 分成 256 级，其中每一级的时间宽度为时钟频率的倒数（1/10 kHz～0.1 ms），每一级的模拟电压最小变化量（即分辨率）为 10 V/256。

11.3　A/D 转换器

11.3.1　A/D 转换器的电路组成及基本原理

A/D 转换器（ADC）是一种将输入的模拟量转换为数字量的转换器。图 11 - 7 是 A/D 转换器的工作原理图。

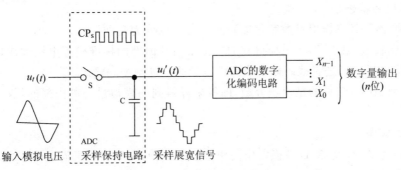

图 11 - 7　A/D 转换器的工作原理

由图 11 - 7 可以看出，A/D 转换器主要由采样保持电路和数字化编码电路组成。开关 S 在采样脉冲控制下重复接通、断开的过程。开关 S 接通时，输入模拟电压 $u_i(t)$ 对电容 C 充电，这是采样过程；开关 S 断开时，电容 C 上的电压保持不变，这是保持过程；在保持过程中，采样的模拟电压经过 A/D 的数字化编码电路转换成一组 n 位的二进制数输出。随着开关 S 不断地接通、断开，就将输入的模拟电压转换成一组 n 位的二进制数输出。A/D 转换器转换的精度取决于开关 S 重复接通、断开的次数（即采样脉冲的频率）和编码电路输出的二进制数的位数。采样脉冲频率越高，采样输出的阶梯状模拟电压 $u_i'(t)$ 的轮廓线越接近输入模拟电

压 $u_i(t)$ 的波形。数字化编码的二进制数位数越多,采样输出的相邻的阶梯状模拟电压的数字化编码的误差越小。

A/D 转换器的主要技术指标如下。

(1) 分辨率

分辨率又称转换精度,是以输出的二进制代码的位数表示分辨率的大小。位数越多,说明数字量化误差越小,转换精度越高。如一个 ADC 的输入模拟电压的变化范围为 0~5 V,输出 8 位二进制数可以分辨的最小模拟电压为 $5\ V\times 2^{-8}\approx 20\ mV$;而输出 12 位二进制数可以分辨的最小模拟电压为 $5\ V\times 2^{-12}\approx 1.22\ mV$。由此可以看出,数字化编码电路的位数越多,输出的二进制代码最低位变化时所代表的模拟量的变化量就越小,精度越高,前者为 20 mV,后者为 1.22 mV,所代表的模拟量变化越少,则精度越高。

(2) 转换频率

转换频率又称转换速率,表示对一个输入模拟量,从采样开始到最后输出转换后的二进制数所需的时间,也即开关 S 的频率。转换频率越高,表示完成一次 A/D 转换时间越少。在实现 A/D 转换过程中,分辨率高的 ADC 其转换频率比分辨低的 ADC 要低,这是由 ADC 内部电路所决定的。

11.3.2 A/D 转换器的类型

A/D 转换器按其输出的数字量的性质可以分为以下几种:

① 并行输出 A/D 转换器:即将模拟量转换成并行输出的二进制数字量,输出二进制数字量的大小反映了相应模拟量的大小。输出二进制数字量的位数愈多其转换的精度愈高。

② 电压频率变换器(VFC):即将模拟量转换成一系列的输出脉冲,并以单位时间内输出脉冲的个数(即频率)来反映输入模拟量的大小。单位时间内输出的脉冲频率越高,表示输入模拟量越大,反之就越小。

A/D 转换器按其将模拟量数字化编码的方法可以分为两种。

① 逐次比较型 ADC:即将采样得到的模拟量与其内部的标准模拟电压逐次比较,按最接近的标准模拟电压的二进制编码作为输入模拟量的二进制编码输出。

② 积分型 ADC:常见的是双积分型,即将采样得到的模拟量与其内部的标准电压进行两次积分。

1. 逐次比较型

逐次比较型 ADC 是 A/D 转换器中使用最广的一种,它应用逐次逼近的方法,将模拟量数字化编码输出。下面以 ADC0800 为例加以说明。

(1) 电路框图

图 11-8 为 ADC0800 电路框图。

ADC0800 是一个 8 位二进制输出的单片 A/D 转换器,其内部由 1 个高输入阻抗的比较器、1 个 256 个串联电阻构成的分压器、256 个模拟开关、1 个选择控制逻辑电路和 1 个三态输出锁存器组成。

ADC0800 采用以未知量值的模拟输入电压 u_{in}(由引脚 12 输入)与电阻分压各节点输出值通过模拟开关逐次逼近比较的技术来进行转换。当某一适当的节点电压等于未知输入电压 u_{in} 时,此节点电压相应的数字量就在选择控制逻辑的作用下被送到锁存寄存器,同时在数据

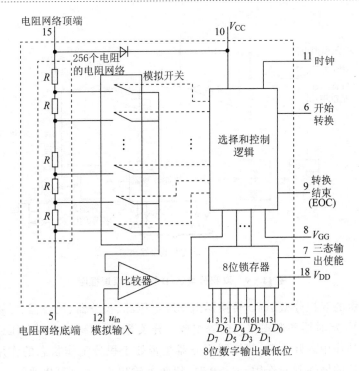

图 11 - 8　ADC0800 内部框图

输出端输出一个相当于未知输入模拟量的 8 位二进制补码。二进制数据输出是三态的,可直接接上公共数据总线。

(2)工作原理

芯片引脚 15(高端)和引脚 5(低端)为基准电压 U_{REF} 输入端,其内部的 256 个串联电阻网络将 U_{REF} 等分成 256 级模拟电压($0,U_{REF}/256,2 \times U_{REF}/256,\cdots,254 \times U_{REF}/256,255 \times U_{REF}/256$)。每一个 U_{REF} 电阻分压的接点与相应的模拟开关相连。

引脚 12 为模拟输入信号(u_{in})输入端。在选择控制单元控制下,接通相应开关,先让 $U_{REF}/2$ 与 u_{in} 在高输入阻抗比较器比较。若 $u_{in} > U_{REF}/2$ 时,内部逻辑就改变开关点,让 $3U_{REF}/4$ 与 u_{in} 比较;若 $u_{in} < U_{REF}/2$ 时,内部逻辑就改变开关点,让 $U_{REF}/4$ 与 u_{in} 比较,一直进行到 u_{in} 的最佳匹配点 $NU_{REF}/256$(N 为 $0 \sim 255$ 的正整数)。比较完毕,转换后的二进制编码就被保持在锁存器中,直到另一个新的转换完成和新的数据又被装入锁存器为止。

2. 双积分型

双积分型又称双斜率 A/D 转换器。它的基本原理是对输入模拟电压和基准电压进行两次积分:先将输入模拟电压 u_{in} 转换成与之大小相对应的时间间隔 T_C,再在此时间间隔内用固定频率的计数器计数,计数器所计的数字量就正比于输入模拟电压;同样,对基准电压也进行相同的处理。

由于要两次积分,因此双积分型 A/D 转换器的转换速度较低,但转换数字量位数 n 增加时,电路复杂程度增加不大,易于提高分辨率,其通常用在对速度要求不高的场合,如数字万用表等。

(1)电路框图

图 11 - 9 为双积分型 A/D 转换器的原理框图。

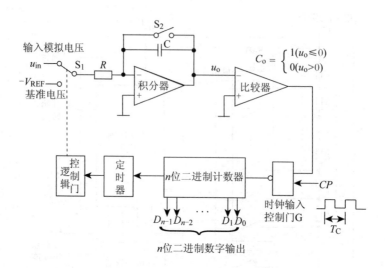

图 11 - 9　双积分型 A/D 转换器原理框图

图 11 - 9 所示的双积分型 A/D 转换器由基准电压源、积分器、比较器、时钟输入控制门、n 位二进制计数器、定时器和逻辑控制门等组成。开关 S_1 起控制把模拟电压或是基准电压送到积分器输入端的作用。开关 S_2 起控制积分器是否处于积分工作状态的作用。比较器起积分器输出模拟电压的极性判断作用：$u_o \leqslant 0$ 时，比较器输出 $C_o = 1$（高电平）；$u_o > 0$ 时，比较器输出 $C_o = 0$（低电平）。时钟输入控制门由比较器的输出 C_o 进行控制：当 $C_o = 1$ 时，允许时钟脉冲输入至计数器；当 $C_0 = 0$ 时，时钟脉冲禁止输入。计数器对输入时钟脉冲个数进行计数。定时器在计数器计数计满时（即溢出）就置 1。逻辑控制门控制开关 S_1 的动作，以选择输入模拟信号或基准电压。

（2）工作原理

在双积分变换前，控制电路使计数器清零，S_2 闭合使电容 C 放电，放电结束后，S_2 再断开。

开关 S_1 在控制逻辑门作用下，接通模拟电压输入端，积分器开始对输入模拟电压 u_{in} 进行定时积分，计数器同时计数。

定时时间到，电子开关 S_1 接通基准电压 U_{REF}（极性与输入电压 u_{in} 相反），转为反向定压积分（即第二次积分），计数器重新由 0 开始计数。得到的计数值 N_2 在控制逻辑作用下并行输出。在下次转换前，控制逻辑使计数器清零，并使电容 C 放电，重复上述过程。

积分器的输入、输出与计数脉冲的关系如图 11 - 10 所示。由图 11 - 10 可以看出，u_{in} 越大，第一次积分后的绝对值越大。第二次积分因 U_{REF} 值恒定，故 $u_{in}(t)$ 的上升斜率不变。$|U_o(T_1)|$ 越大，T_2 就越长，N_2 也就越大。

由上述分析可看出，输入电压 u_{in} 为正，则基准电压 U_{REF} 为负。若输入电压 u_{in} 为负，则基准电压必须为正，以保证在两个积分阶段内，$u_o(t)$ 有相反斜率并且输入模拟电压平均值 u_{in} 的绝对值必须小于基准电压的绝对值，否则第二次积分时，计数器会溢出，破坏 A/D 转换功能。

并行输出 A/D 转换器集成电路有两种数字化编码方式：逐次比较型和双积分型。逐次比较型 A/D 转换器是将输入电压与已经编了码的一组已知电压比较，属于多次比较。双积分型是将输入电压和基准电压转换成时间间隔（计数脉冲）进行比较。逐次比较型比双积分型快，

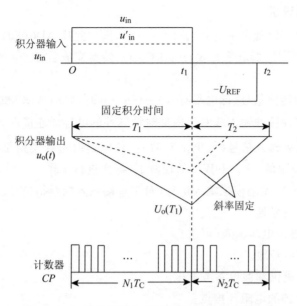

图 11-10　积分器输入、输出与计数脉冲间的关系

双积分型抗工频干扰能力强,对器件的稳定性要求不高,输出二进制数的位数易做得高,因此分辨率及精度较高。

11.3.3　集成 A/D 转换器的应用实例

下面以 ADC0801 集成电路 A/D 转换器为例来介绍 ADC 的应用。图 11-11 为 ADC0801 应用接线图。

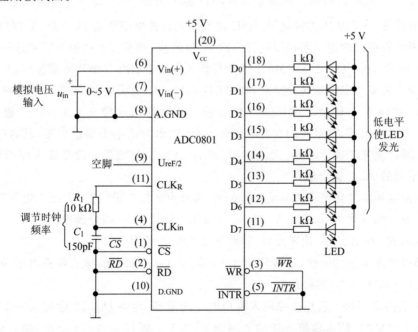

图 11-11　ADC0801 A/D 转换器的应用接线逻辑图

1. ADC0801 引脚说明

$\overline{CS}$——输入片选信号(低电平有效)。$\overline{CS}=0$ 时,选中此片 ADC0801 可以进行转换。

$\overline{RD}$——输出允许信号(低电平有效)。ADC0801 转换完成后,$\overline{RD}=0$,允许外电路取走转换结果。

$\overline{WR}$——输入启动转换信号(低电平有效)。$\overline{WR}=0$ 时,启动 ADC0801 进行转换。

CLK_{in}——外部时钟脉冲输入或对于内部时钟脉冲的电容器连接点。

$\overline{INTR}$——转换结束输入信号(低电平有效)。外电路取走转换结果后,发回转换结束信号,ADC0801 在输入控制信号 $\overline{CS}$ 和 $\overline{WR}$ 的控制下,再次进行工作。

$V_{in}(+)$,$V_{in}(-)$——差动模拟输入信号(对于单端输入的模拟信号,其中一端接地)。

A. GND——模拟信号地。

$U_{REF}/2$——外接参考电压输入(可选)。

D. GND——数字信号地。

V_{CC}——5 V 电源提供和假设参考电压。

CLK_R——内部时钟的电阻连接点。

$D_0 \sim D_7$——转换结果的数字输出。

2. 应用说明

ADC0801 是一个 8 位二进制输出的 A/D 转换器。这是一个连续 A/D 转换的应用实例。一次性 A/D 转换的过程如下:先由外电路给 $\overline{CS}$ 片选端输入一个低电平,表示选中此 A/D 转换器进入工作状态,此时 $\overline{RD}$ 输出为高电平,表示转换没有完成,ADC 输出为三态。$\overline{WR}$ 和 $\overline{INTR}$ 端为高电平时,ADC 不工作。当外界给 $\overline{WR}$ 端一个低电平,表示启动 A/D 转换,此时 ADC0801 正式开始 A/D 转换。转换完成后,$\overline{RD}$ 输出为低电平,允许外电路取走 $D_0 \sim D_7$ 数据,此时外电路使 $\overline{CS}$ 和 $\overline{WR}$ 为高电平,A/D 转换停止。外电路取走 $D_0 \sim D_7$ 数据后,使 $\overline{INTR}$ 为低电平,表示数据已取走。若再要进行一次 A/D 转换,则重复上述控制转换过程。

图 11-11 所示的电路是 ADC0801 连续转换工作状态:使 $\overline{CS}$ 和 $\overline{WR}$ 端接地,允许 ADC 开始转换;因为不需要外电路取转换结果,也是 $\overline{RD}$ 和 $\overline{INTR}$ 端接地,此时在时钟脉冲控制下,对输入电压 u_{in} 进行 A/D 转换。ADC0801 的 8 位二进制输出端接至 8 个发光二极管的阴极。输出为高电平的输出端,其对应的发光二极管不亮;输出为低电平的输出端,其对应的发光二极管就亮。通过发光二极管的亮、灭,就可知道 A/D 转换的结果。改变输入模拟电压 u_{in} 的值,可得到不同的 ADC 输出值。

输入模拟电压的变化范围为 0~5 V,ADC 输出为 8 位二进制数,因此二进制数每位变化相当于输入电压的变化为 $\Delta u_i = 5\ \text{V}/2^8 - 5\ \text{V}/256 = 19.5\ \text{mV}$(即分辨率)。

外接电阻 R_1 和电容 C_1 用来设置 ADC 内部的时钟频率。

输入模拟电压为正的时候,连接到 $V_{in}(+)$ 端,$V_{in}(-)$ 端接地;输入模拟电压为负的时候,连接到 $V_{in}(-)$ 端,$V_{in}(+)$ 端接地。

$U_{REF}/2$ 端通常不接。若想改变输入模拟电压的范围,可在 $U_{REF}/2$ 端接入一个固定电压。如 $U_{REF}/2=1.5$ V 时,输入模拟电压的范围为 0~3 V。如 $U_{REF}/2=2$ V 时,输入模拟电压的范围为 0~4 V。

本章小结

1. A/D 转换器和 D/A 转换器是现代数字系统的重要部件,应用日益广泛。

2. 数字系统所能达到的精度和速度最终取决于 A/D 和 D/A 转换器的转换精度和转换速度。因此,转换精度和转换速度是 A/D 和 D/A 转换器的两个最重要的指标。

3. A/D 转换器的功能是将输入的模拟信号转换成一组多位的二进制数字输出。不同的 A/D 转换方式具有各自的特点。并联比较型 A/D 转换器速度较高;双积分型 A/D 转换器精度高;逐次逼近型 A/D 转换器在一定程度上兼顾了以上两种转换器的优点,因此得到普遍应用。

4. A/D 转换器和 D/A 转换器的主要技术参数是转换精度和转换速度,在与系统连接后,转换器的这两项指标决定了系统的精度与速度。目前,A/D 转换器与 D/A 转换器的发展趋势是高速度、高分辨率及易于与微型计算机接口,用以满足各个应用领域对信号处理的要求。

习　题

1. 在信号处理过程中,为什么要进行 A/D 转换和 D/A 转换? 举出几个实例来说明。
2. 简述倒 T 形电阻网络 D/A 转换器的工作原理。
3. 简述 A/D 转换器的组成和工作原理。
4. 分辨率如何定义? 试说明分辨率与误差之间的关系。
5. D/A 转换中影响精度的因素是什么? 如何提高转换精度?

第 12 章 Multisim 10 的仿真应用

Multisim 软件是一种界面友好、操作简便、易学易懂,容纳实验科目众多的新型虚拟实验软件。该软件可以完成电路分析、模拟电子技术、数字电子技术、高频电子技术和单片机等众多课程的仿真实验。该软件的操作空间是二维空间,在计算机上运行。比起 LabVIEW 等虚拟实验设备,Multisim 软件既不需要附加硬件支持,也不需要专业编辑。因此,Multisim 软件在电子技术仿真实验中更具有专业性、实用性和灵活性。

12.1 Mulitisim 10 仿真软件介绍

12.1.1 Mulitisim 10 的用户界面及设置

1. Multisim 10 的启动

安装 Multisim 10 软件之后,系统会在桌面和开始栏的两个位置放置该应用程序的快捷方式图标,因此可以选择下列两种方法之一启动 Multisim 10 应用程序。

① 单击"开始"→"程序"→"National Instrument"→"Circuit Design Suite 10.0" →"Multisem 10.0"命令。

② 双击桌面上的"Multisim 10"快捷图标。

启动 Multisim 10 程序后,会弹出如图 12-1 所示的 Multisim 10 软件的基本界面。

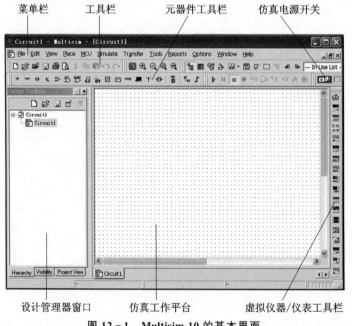

图 12-1 Multisim 10 的基本界面

2. Multisim 10 基本界面简介

Multisim 10 的基本界面由以下几部分组成：

（1）菜单栏

Multisim 10 的菜单栏提供了该软件的绝大部分功能命令，如图 12 - 2 所示。

图 12 - 2　Multisim 10 菜单栏

（2）工具栏

Multisim 10 工具栏中主要包括标准工具栏（Standard Toolbar）、主工具栏（Main Toolbar）、视图工具栏（View Toolbar）等，如图 12 - 3 所示。

图 12 - 3　Multisim 10 工具栏

（3）元器件工具栏

Multisim 10 将所有的元器件分为 16 类，加上分层模块和总线，共同组成了元器件工具栏。单击每个元器件按钮可以打开元器件库的相应类别。元器件库中的各个图标所表示的元器件含义如图 12 - 4 所示。

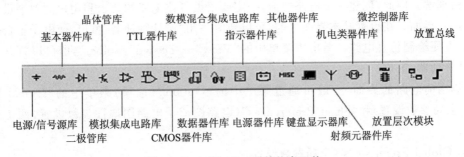

图 12 - 4　Multisim 10 的仿真开关

（4）虚拟仪器/仪表工具栏

虚拟仪器/仪表通常位于电路窗口的右边，也可以将其拖至菜单栏的下方，呈水平状。使用时，单击所需仪器/仪表的工具栏按钮，将该仪器/仪表添加到电路窗口中，即可在电路中使用该仪器/仪表。各个按钮功能如图 12 - 5 所示。

（5）设计管理器窗口

利用设计管理器窗口可以把电路设计的原理图、PCB 图、相关文件、电路的各种统计报告进行分类管理，选择"View"→"Desigh Toolbar"，可以打开或关闭设计管理器窗口。

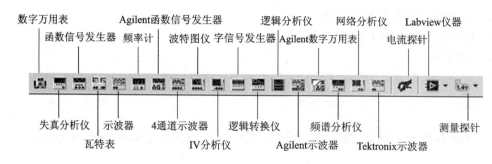

数字万用表　函数信号发生器　Agilent函数信号发生器　逻辑分析仪　网络分析仪　Labview仪器

函数信号发生器　频率计　波特图仪　字信号发生器　Agilent数字万用表　电流探针

失真分析仪　示波器　4通道示波器　逻辑转换仪　频谱分析仪　测量探针

瓦特表　IV分析仪　Agilent示波器　Tektronix示波器

图 12 - 5　Multisim 10 虚拟仪器/仪表工具栏

（6）仿真工作台

仿真工作平台又称电路工作区,是设计人员创建、设计、编辑电路图和进行仿真分析、显示波形的区域。

（7）仿真开关

仿真开关有两处:一处仿真开关的运行按钮为"绿色箭头",暂停按钮为"黑色两竖条",停止按钮为"红色方块";另一处仿真开关为"船形开关",暂停按钮上有两竖条。两处按钮功能完全一样,即启动/停止、暂停/恢复,如图 12 - 6 所示。

（a) 仿真开关1　　　（b) 仿真开关2

图 12 - 6　Multisim 10 的仿真开关

3. Multisim 10 基本界面的定制

在进行仿真实验以前,需要对电子仿真软件 Multisim 10 的基本界面进行一些必要的设置,包括工具栏、电路颜色、页面尺寸、聚焦倍数、边线粗细、自动存储时间、打印设置和元件符号系统(美式 ANSI 或欧式 DIN)设置等。所定制的设置可与电路文件一起保存。这样就可以根据电路要求及个人爱好设置相应的用户界面,目的是更加方便原理图的创建、电路的仿真分析和观察理解。因此,创建一个电路之前,一定要根据具体电路的要求和用户的习惯设置一个特定的用户界面。在设置基本界面之前,可以暂时关闭"设计管理器"窗口,使电子平台图纸范围扩大,方便绘制仿真电路。单击主菜单中的"View"→"Desigh Toolbar",即可以打开或者关闭"设计管理器"窗口。

定制当前电路的界面,一般可通过菜单中的"Option"(选项)菜单中的"Global Preferences"(全局参数设置)和"Sheet Preferences"(电路图或子电路图属性参数设置)两个选项进行设置。

（1）Global Preferences（全局参数设置）

单击菜单栏中的"Options"→"Global Preferences",即会弹出"Preferences"(首选项)对话框,如图 12 - 7 所示。该对话框共有 4 个标签页,每个标签页都有相应功能选项。这 4 个标签页是:Paths(路径设置)、Save(保存设置)、Parts(设置元器件放置模式和符号标准)、General(常规设置),如图 12 - 8 所示。

1）"Paths"（路径）选项卡

该选项主要用于元器件库文件、电路图文件和用户文件的存储目录的设置,系统默认的目录为 Multisim 10 的安装目录,包括:

① Circuit default path(电路默认路径):用户在进行仿真时所创建的所有电路图文件都

将自动保存在这个路径下,除非在保存的时候手动浏览到一个新的位置。

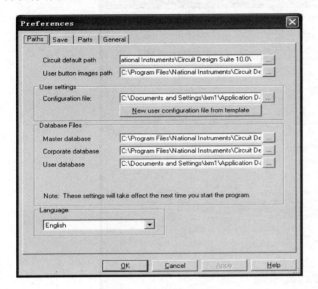

图 12 - 7　"Paths"选项卡

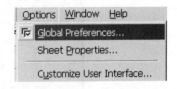

图 12 - 8　Options 的下拉菜单

② User button images path(用户按钮图像路径):用户自己设计图形按钮的存储目录。

③ Database Files(元器件库目录):Multisim 10 提供了 3 类元器件库:Master Database(主数据库,包含了 Multisim 10 提供的所有元器件,该库不允许用户修改)、User Database(用户数据库)、Corporate Database(公司数据库)。后两个元器件库在新安装的软件中没有元器件。

该标签页用户采取默认方式,如图 12 - 8 所示。

2)"Save"(保存)选项卡

单击"Preferences"对话框中的"Save"(保存标签),打开"Save"标签页,如图 12 - 9 所示。该标签页用于对设计文档进行自动保存以及对仪器仪表的仿真数据保存进行设置。

① "Crate a 'security copy'"选项:获得一个安全电路文件备份。在保存文档时,创建一个安全的副本,这样当原文件由于某种原因被破坏或者不能使用时,可以通过安全副本方便地重新得到,所以应勾选这个选项。

② "Auto - backup"选项:自动备份及备份时间间隔。如果勾选该项,则表示每隔一定时间,系统会自动对设计文件进行保存。用户可以在"Auto - backup interal"(自动保存时间间隔)框中输入时间即可,单位为分钟。

③ "Save simulation data with instruments"选项:建立仿真仪表数据保存功能及最大保存容量。如果保存的数据超过了"Maximum size"(最大保存容量),系统会弹出警告提示,容量的单位为 MB(兆字节)。图 12 - 9 所示为"Save"选项卡对话框。

3)"Parts"(元器件放置方式和符号标准)选项卡

该标签页主要用于选择放置元器件的方式、元器件符号标准、图形显示方式和数字电路仿真设置等,如图 12 - 10 所示。

① "Place component mode"(设置元器件放置方式)选项:

● Return to Component Browsey after placement:在电路图中放置元器件后是否返回元

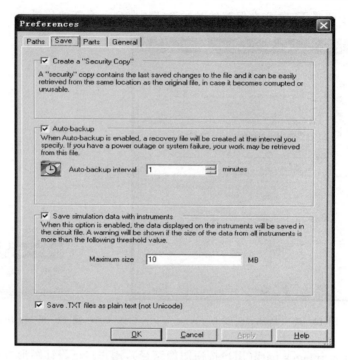

图 12 - 9　"Save"选项卡

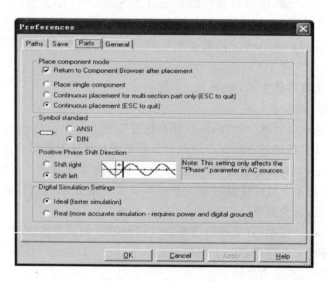

图 12 - 10　"Parts"选项卡

器件选择窗口,选择默认方式。

- Place single Component:每次选取一个元器件,只能放置一次。不管该元器件是单个封装还是复合封装(指一个 IC 内有多个相同的单元器件)。
- Continuous placement for multi - section part only(ESC to quit):按 ESC 键或右击可以结束放置。例如:集成电路 74LS00 中有 4 个完全独立的与非门,使用这个选项意味着可以连续放置 4 个与非门电路,并自动编排序号 U1A、U1B、U1C、U1D,但对单个分立元器件不能连续放置。

- Continuous placement(ESC to quit):不管该元器件是单个封装还是复合封装,只要选取一次该元器件,可连续放置多个元器件,直至按 ESC 键或右击可结束放置。为了画图快捷方便,建议选择这种方式。

② "Symbol standard"(元器件符号标准)选项组:

- ANSI:美国标准元器件符号,业界广泛使用 ANSI 模式。
- DIN:欧洲标准元器件符号。DIN 模式与我国电气符号标准非常接近,一般选择 DIN 模式。

③ "Positive Phase Shift Direction"(选择相移方向):

- Shift right:图形曲线右移。
- Shift left:图形曲线左移。

用户可以选择向左或者向右,通常默认曲线左移。该项设置只在信号源为交流电源时才起作用。

④ "Digital Simulation Setting"(设置数字电路的仿真方式)选项组:

- Ideal(faster simulation):按理想器件模型仿真,可获得较高速度的仿真。通常选择 "Ideal"方式。
- Real(more accurate simulation - requires power and digital ground):表示更加真实准确的仿真。这要求在编辑电路原理图时,要给数字元器件提供电源符号和数字接地符号,其仿真精度较高,但仿真速度较慢。

4) "General"(常规)选项卡

"General"选项卡主要用于设置选择方式、鼠标操作模式、总线连接和自动连接模式,如图 12 - 11 所示。

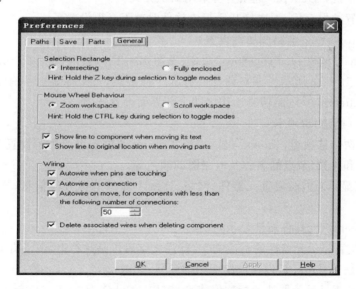

图 12 - 11　"General"选项卡

① "Selection Restangle"(矩形选择操作)选项组:

- Intersection(相交):选中元器件时只要用鼠标拖曳形成一个矩形方框,只要矩形框和元器件相交,即可将该元器件选中,一般默认这种方式。

● Fully enclosed(全封闭):欲选中元器件时,必须用鼠标拖曳形成一个矩形框,一定要将元器件包围在矩形框中,才能将该元器件选中。

注意:在选中元器件过程中,通过按住 Z 字键,在上述两种方式中进行切换。

② "Mouse Wheel Behavior"(鼠标滚动模式)选项组:

● Zoom workspace:鼠标滚轮时,可以实现图纸的放大或缩小,一般默认这种方式。

● Scyoll workspace:鼠标滚动时,电路图页面将上下移动。

用户可以在滚动鼠标滚轮时,通过按下 Ctrl 键对两种操作方式进行切换。

③ "Show line to component when moving its text"选项:选中该选项,移动元器件标识过程中,系统将实时显示该文本与元器件图标间的连线。

④ "Show line to original location when moving parts"选项:选中该选项,移动元器件过程中,系统将实时显示元器件当前位置与初始位置的连线。

⑤ "Wiring"(布线)选项组:设置线路绘制中的一些参数,即

● Autowine when pins are touching:当元器件的引脚碰到连线时自动进行连接,应勾选。

● Autowine on connection:选择是否自动连线,应该勾选。

● Autowine on move,for…:如果电路图中元器件的连接线没有超过一定数量,选中此选项,在移动某个元器件时,将自动调整连接线的位置。如不勾选此项,若元器件连接线超过一定数量,移动元器件时,自动调整连线的效果不理想。用户可根据实际情况设定连线的数量,默认值为 50 条。

● Delete associated wines when deleting component:选中此项,当删除电路图中某个元器件时,同时删除与它相连接的导线。

对于初学者来说,"General"选项卡可采用默认方式。

完成以上设置并保存后,下次打开运行该软件时就不必再设置了。

(2) Sheet properties(电路图属性设置)

选择"Options"→"Sheet Properties"命令(见图 12 - 12),弹出"Sheet Properties"(页面设置)对话框,如图 12 - 13 所示。该对话框共有 6 个标签页,每个标签页都有多个功能设置选项,基本包括 Multisim 10 电路仿真工作区的全部界面设置选项。

1) "Circuit"(电路)选项卡

该标签页有两个选项组,"Show"(显示)和"Color"(颜色),主要用于设置电路仿真工作区中元器件的标号和参数、节点的名称及电路图的颜色等。

① "Show"(显示)选项:设置元器件、网络、连线上显示的标号等信息,分为元器件、网络和总线 3 个选项。

a. "Component"(元器件属性显示)选项:

● Labels:是否显示元器件的标注文字,标注文字可以是字符串,但没有电气含义。

● RefDes:是否显示元器件在电路图中的编号,如 R1、R2、C1、C2 等。

● Values:是否显示元器件的标称值或型号,如 5.1 kΩ、100 μF、74LS00D 等。

● Initeal Conditions:是否显示元器件的初始条件。

● Tolerance:是否显示元器件的公差。

● Variant Data:是否显示不同的特性,一般不选。

● Attributes:是否显示元器件的属性,如生产厂家等,一般不选。

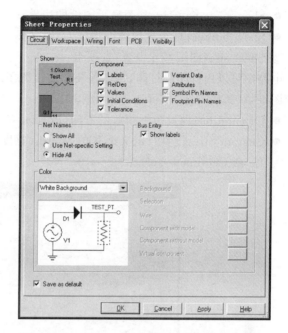

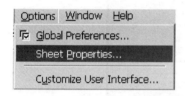

图 12 - 12　**Options 的下拉菜单**　　图 12 - 13　**"Sheet Properties"**(页面设置)对话框

- Symbol Pin Name：是否显示元器件引脚的功能名称。
- Footprint Pin Name：是否显示元器件封装图中引脚序号。

最后两个选项框默认为灰色。上述各个选项，一般选择默认。

b. "Net Nasines"(网络属性显示)选项：

- Show All：显示电路的全部节点编号。
- Use Net - specific Setting：选择显示某个具体的网络名称。
- Hide All：选择隐藏电路图中所有节点编号。

c. Bus Entry(总线属性显示)选项：

- Show labels：是否显示导线和总线连接时每条导线的网络称号，必须勾选。

② "Color"(电路图颜色)选项

通过下拉菜单可以设置仿真电路中元器件、导线和背景的颜色。在颜色选择栏有 5 种配色方案供选择，依次是：Custom(用户自定义)、Black Backg round(黑底配色方案)、White Backgyound(白底配色方案)、White & Black(白底黑白配色方案)、Black & White(黑底黑白配色方案)。一般采取默认"White Backgyound"(白底配色方案)方案，即图纸为白色，导线为红色，元器件为蓝色。右下脚方框为电路颜色显示预览，如图 12 - 13 所示。

2) "Workspace"(工作区)选项卡

单击"Sheet Properties"对话框中"Workspace"标签，即可打开如图 12 - 14 所示的"Workspace"标签页。该标签页有两个选项组，主要用于设置电路仿真工作区显示方式、图纸的尺寸和方向等，其具体功能如下：

① Show(显示子选项)选项组：

- Show grid：是否显示栅格，在画图时，显示栅格可以方便元器件的排列和连线，使得电路图美观大方，所以一般要勾选该选项。

- Show page bounde：是否显示图纸的边界。
- Show border：是否显示图纸边框，一般选择显示边框。

② Sheet size(图纸尺寸设置)选项组：

电路图可以用打印机打印，打印前要预先设置图纸的规格，通过下拉式菜单可以选择美国标准图纸 A、B、C、D、E，也可选择国际标准图纸 A4、A3、A2、A1、A0，或者自定义。

- Orientation：设置图纸摆放的方向，Portrait(竖放)或者 Landscape(横放)。
- Custom Size：设置自定义纸张的 Width(宽度)和 Height(高度)，单位为 Inchtom(英寸)或 Centimeters(厘米)。

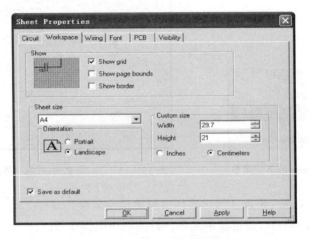

图 12 - 14 "Workspace"选项卡

3)"Wiring"(连线选项)选项卡

单击"Sheet Properties"对话框中的"Wiring"标签，如图 12 - 15 所示。该标签页有两个选项，主要用于设置电路图中导线和总线的宽度以及总线的连线方式。

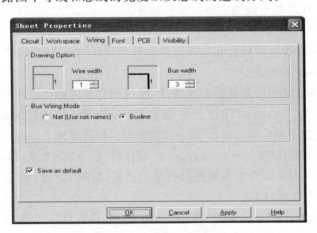

图 12 - 15 "Wiring"选项卡

① Drawing Option：左边用来设置导线的宽度，宽度选值范围为 1～15，数值越大，导线越宽。右边用来设置总线宽度，其宽度选值为 3～45，数值越大，总线越宽。一般默认系统的设置。

② Bus Wiring Mode：设置总线的自动连接方式。

总线的操作有两种模式：Net 模式（网络形式）和 Busline 模式（总线形式），一般情况下，选择 Net 模式。

4）Font（字体选项）选项卡

单击"Sheet Properties"对话框的"Font"标签，即可打开如图 12 - 16 所示的"Font"标签页。该标签页用于设置图纸中元器件参数、标识等文字的字体、字形和尺寸，以及字形的应用范围。

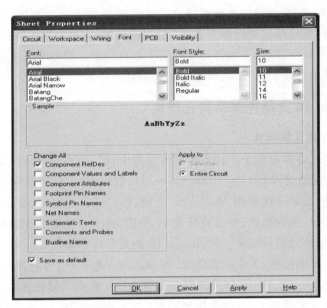

图 12 - 16　"Font"选项

① 选择字形：

● Font（字体）：用于选择字体，默认"Arial"宋体。

● Font Style（字形）：有 Bold（粗体字）、Bold Italic（粗斜体）、Italic（斜体字）和 Regular（正常）4 种选择。

● Size：选择字体大小。

● Sample：设置的字体预览，用来观察字体设置效果。

② Change All（选择字体的应用项目）：

通过"Change All"选项组设置电路窗口某项字体实现整体变化，即改变某项目中字体的设置，以后所画的电路图同项目字体都将随着变化。可选的项目如下：

● Component Refdes：选择元器件编号采用所设定的字形，如 R1、C1、Q1、U1A、U1B 等元器件编号。

● Component Values and Label：选择元器件的标称值和标注文字采用所设定的字形。

● Component Attributes：选择元器件属性文字采用的字形。

● Footprint Pin Names：选择元器件引脚编号采用的字形。

● Symbol Pin Names：选择元器件引脚名称采用的字形。

● Net Names：选择网络名称采用的字形。

● Schematic Texts：选择电路图里的文字采用的字形。

● Comments and Probes:选择注释和探针采用的字形。

● Busline Name:选择总线名称采用的字形。

该选项对初学者来讲可采取默认方式。

③ Apply to(选择字体的应用范围):

● Selection:应用于选取的项目。

● Entire Circuit:应用于整个电路图。

上述 4 个标签页,在每个标签页设置完成后应该取消对话框左下角"Save as default"(以默认值保存)复选框,然后单击对话框下方的"Apply"按钮,再单击"OK"按钮退出。

以上设置完成并被保存后,下次打开软件就不必再设置。对初学者来说,完成以上设置就可以了,如要了解其他选项及设置,可以参阅相关书籍。

12.1.2 Multisim 10 元器件库及其元器件

1. Multisim 10 的元器件库

Multisim 10 的元器件存放于 3 种不同的数据库中,即 Master Database(主数据库)、Corporate Database(公司数据库)和 User Database(用户数据库)。后两者存放企业或个人修改、创建和导入的元器件。第一次使用 Multisim 10 时,Corporate Database 和 User Database 是空的。主数据库是默认的数据库,它又被分成 17 个组,每个组又被分成若干个系列(Family),每个系列由许多具体的元器件组成。Multisim 10 的元器件库如图 12 - 17 所示。

Master Database 中包括 17 个元器件库,即 Sources(电源/信号源库)、Basic(基本元器件库)、Diodes(二极管库)、Transistors(晶体管库)、Analog(模拟元器件库)、TTL(TTL 元器件库)、CMOS(CMOS 元器件库)、Mcu(微控制器库)、Advances_Peripherals(先进外围设备库)、Misc Digital(数字元器件库)、Mixed(混合元器件库)、Indicator(指示元器件库)、Power(电力元器件库)、Misc(杂项元器件库)、RF(射频元器件库)、Electro Mechanical(机电类元器件库)和 Ladder - Diagrams(电气符号库)。在 Master Database 数据库下面的每个分类元器件库中,又包括若干个元器件系列(Family),每个系列又包括若干个元器件。

当用户从元器件库中选择一个元器件符号放置到电路图窗口后,相当于将该元器件的仿真模型的一个副本输入到电路图中。在电路设计中,用户对元器件进行任何操作都不会改变元器件库中元器件的模型数据。

● Data base 下拉列表:选择元器件所属的数据库,默认 Master Databse(主数据库)。

● Group 下拉列表:选择元器件库的分类,共 17 种不同类型的库。

● Family 栏:每种库中包括的各种元器件系列。

● Component 栏:每个系列中包括的所有元器件。

● Symbol(DIN):显示所选元器件的电路符号(这里选择的是欧洲标准)。

(1) Sources(电源/信号源库)

电源/信号源库中包括正弦交流电压源、直流电压源、电流信号源、接地端、数字接地端、时钟电压源、受控源等多种电源,如图 12 - 17 所示。

(2) Basic(基本元器件库)

基本元器件库中有 17 个系列(Family),每一系列又包括各种具体型号的元器件,常用的电阻、电容、电感和可变电阻、可变电容都在这个库中。还有电解电容器、开关、非线性变压器、继电器、连接器、插槽等,如图 12-18 所示。

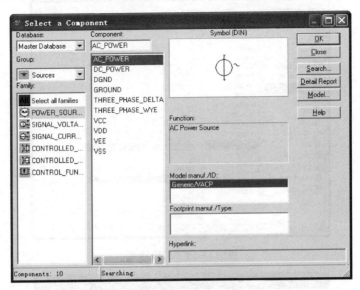

图 12-17　电源/信号源库

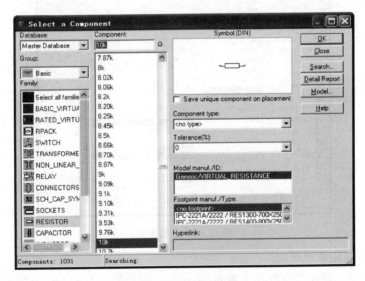

图 12-18　基本元器件库

(3) Diodes(二极管库)

二极管库中共有 11 个系列(Family),其中包含 DIODE(普通二极管)、ZENER(稳压二极管)、LED(发光二极管)、FWB(桥式整流二极管组)和 SCR(晶闸管)等。DIODES_VIRTUAL (虚拟二极管)只有两种,其参数是可以任意设置的,如图 12-19 所示。

(4) Transistors(晶体管库)

三极管库包含 20 个系列(Family),其中有 NPN 型晶体管、PNP 型晶体管、达林顿晶体管、结型场效应晶体管、耗尽型 MOS 场效应晶体管、增强型 MOS 场效应晶体管、MOS 功率管、CMOS 功率管等,如图 12-20 所示。

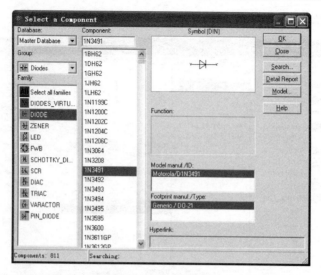

图 12 - 19　二极管库

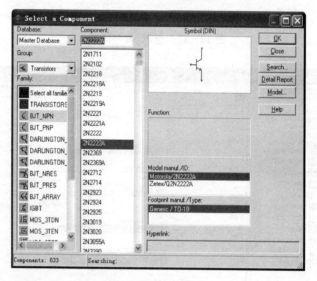

图 12 - 20 三极管库

（5）Analog(模拟集成电路)

模拟集成电路元器件库含有 6 个系列(Family)，分别是 ANALOG VIRTUAL(虚拟运算放大器)、OPAMP(运算放大器)、OPAMP NORTON(诺顿运算放大器)、比较器、宽带放大器等，如图 12 - 21 所示。

（6）TTL(TTL 元器件库)

TTL 元器件库包含 9 个系列(Family)，主要包括 74STD_IC、74STD、74S_IC、74S、74LS_IC、74LS、74F、74ALS、74AS。每个系列都含有大量数字集成电路。其中，74STD 系列是标准 TTL 集成电路，74LS 系列是低功耗肖特基工艺型集成电路，74AS 代表先进(即高速)的肖特基型集成电路，是"S"系列的后继产品，在速度上高于"ALS"系列。74ALS 代表先进(即高速)的低功耗肖特基工艺，在速度和功耗方面均优于"74LS"系列，是其后继产品。74F 为仙童公司生产的高速低功耗肖特基工艺集成电路。

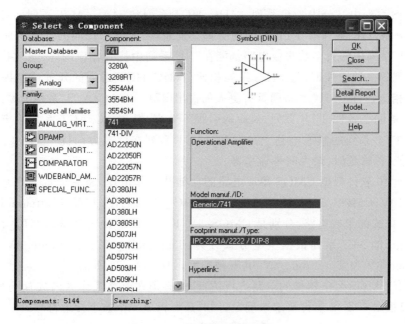

图 12 - 21　模拟集成电路库

Multisim 10 中的"IC"结尾表示使用集成块模式,而没有 IC 结尾的表示使用单元模式。TTL 元器件一般是复合型结构,在同一个封装里有多个相互独立的单元电路,如 74LSO8D,它有 A、B、C、D 四个功能完全一样的与门电路,如图 12 - 22 所示。

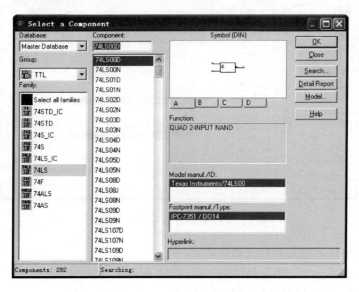

图 12 - 22　TTL 元件库

（7）CMOS(CMOS 元器件库)

COMS 集成电路是以绝缘栅场效应晶体管(即金属—氧化物—半导体场效应晶体管,亦称单极型晶体管)为开关的元器件。Multisim 10 提供的 CMOS 集成电路共有 14 个系列(Family),主要包括 74HC 系列、4000 系列和 TinyLogic 的 NC7 系列的 COMS 数字集成电路。

在 CMOS 系列中又分为 74C 系列、74HC/HCT 系列和 74AC/ACT 系列。对于相同序号的数字集成电路,74C 系列与 TTL 系列的引脚完全兼容,故序号相同的数字集成电路可以互换,并且 TTL 系列中的大多数集成电路都能在 74C 系列中找到相应的序号。74HC/HCT 系列是 74C 系列的一种增强型,与 74LS 系列相比,74HC/HCT 系列的开关速度提高了 10 倍;与 74C 系列相比,74HC/HCT 系列具有更大的输出电流。74AC/ACT 系列也称为 74ACL 系列,在功能上等同于各种 TTL 系列,对应的引脚不兼容,但 74AC/ACT 系列的集成电路可以直接使用到 TTL 系列的集成电路上。74AC/ACT 系列在许多方面优于 74HC/HCT 系列,如抗噪声性能、传输延时、最大时钟速率等。

Multisim 10 软件根据 CMOS 集成电路的功能和工作电压,将它分成 6 个系列:CMOS_5V、CMOS_10V、CMOS_15V 和 74HC_2V、74HC_4V、74HC_6V。Multisim 10 中同样有 CMOS 的 IC 模式的集成电路,分别是 CMOS_5V_IC、CMOS_10V_IC 和 74HC_4V_IC。

TinyLogic 的 NC7 系列根据供电方式分为:TinyLogic_2V、TinyLogic_3V、TinyLogic_4V、TinyLogic_5V 和 TinyLogic_6V,共五种类型,如图 12-23 所示。

在对含有 CMOS 数字器件的电路进行仿真时,必须在电路工作区内放置一个 VDD 电源符号,其数值根据 CMOS 器件要求来确定,同时还要再放一个数字接地符号。

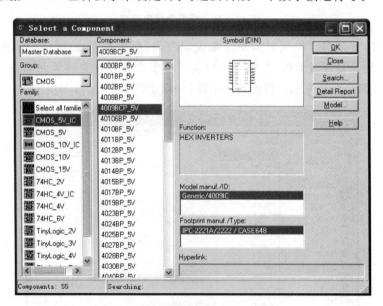

图 12-23 CMOS 数字集成电路库

(8) MCU Module(微控制器元器件库)

MCU Module 库包含 4 个系列(Family):8051 和 8052 两种单片机、PIC 系列的两种单片机、数据存储器和程序存储器,如图 12-24 所示。

(9) Advanced_Peripherals(高级外围设备库)

Advanced_Peripherals 库包括 KEYPADS(键盘)、LCD(液晶显示器)和 TERNUNALS(终端设备),如图 12-25 所示。

(10) Misc Digital(其他数字器件库)

其他数字器件库包括 TIL、DSP、FPGA、PLD、CPLD、微控制器、微处理器、VHDL、存储

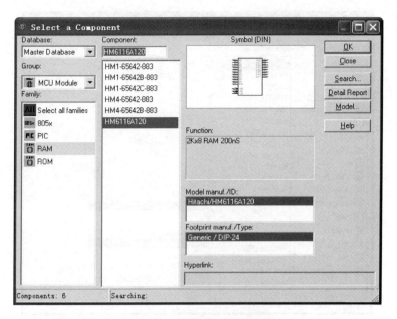

图 12 - 24　微控制器元器件库

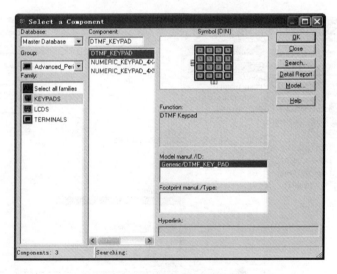

图 12 - 25　高级外围设备库

器、线性驱动器、线性接收器、线性无线收发器等 12 个系列器件,如图 12 - 26 所示。

（11）Mixed（数模混合元器件库）

数模混合元器件库包括 5 个系列（Family），主要有 Timer（555 定时器）、ADC/DAC（模数/数模转换器）、MULTIVBRATORS（多谐振荡器）等,如图 12 - 27 所示。

（12）Indicatoy（指示器件库）

指示器件库包括 8 个系列（Family），它们是 VOLTMER（电压表）、AMMETER 电流表）、PROBE（逻辑指示灯）、BUZZER（蜂鸣器）、LAMP（指示灯）、VIRTUAL_LAMP（虚拟指示灯）、HEX_DISPLAY（7 段数码管）等,如图 12 - 28 所示。

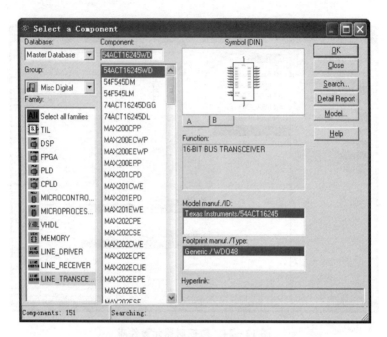

图 12 - 26　其他数字器件库

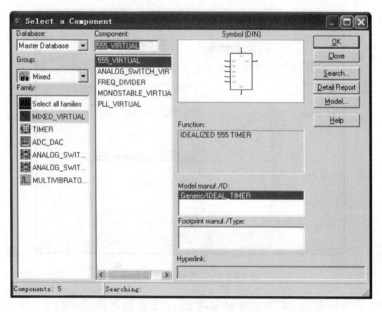

图 12 - 27　数模混合器件库

（13）POWER（电源器件库）

电源器件库包括 FUSE（熔断器）、VOLTAGE_REGULATOR（三端稳压器）、PWM_
CONTROLLER（脉宽调制控制器）等，如图 12 - 29 所示。

（14）Misc（杂项元器件库）

杂项元器件库包括传感器、OPTOCOUPLER（光电耦合器）、CRYSTAL（石英晶体振荡
器）、VACUUM_TUBE（电子管）、BUCK_CONVERTER（开关电源降压转换器）、BOOST_

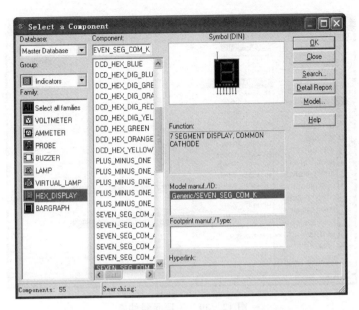

图 12 - 28　指示器件库

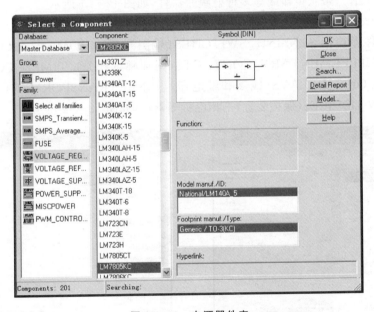

图 12 - 29　电源器件库

CONVERTER(开关电源升压转换器)、BUCK_BOOST_CONVERTER(开关电源升降压转换器)、LOSSY_TRANSMISSION LINE(有损耗传输线)、LOSSLESS_LINE TYPE1(无损耗传输线 1)、LOSSLESS_LINE_TYPE2(无损耗传输线 2)、FILTERS(滤波器)等,如图 12 - 30所示。

(15) RF(特高频元器件库)

射频(特高频)器件库包括 RF_CAPACITOR(射频电容)、RF_INDUCTOR(射频电感)、RFBJT_NPN(射频 NPN 型三极管)、RF_BJT_PNP(射频 PNP 型三极管)、RF_MOS_3TDN

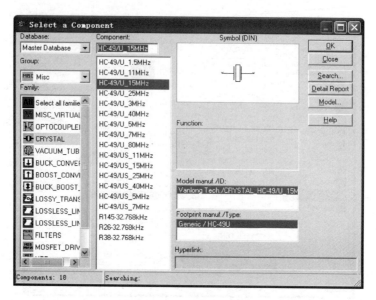

图 12 - 30 杂项元器件库

（射频 MOSFET 管）、带状传输线等多种射频元器件，如图 12 - 31 所示。

（16）Electro_mechanical(机电类器件库)

机电类器件库包括 SENSING_SWITCHES(检测开关)、MOMENTARY_SWITCHES(瞬时开关)、SUPPLEMENTARY_CONTACTS(附加触点开关)、TIMED_CONTACTS(定时触点开关)、COILS_RELAYS(线圈和继电器)、LINE_TRANSFORMER(线性变压器)、PROTECTION_DEVICES(保护装置)三相电机等器件，如图 12 - 32 所示。

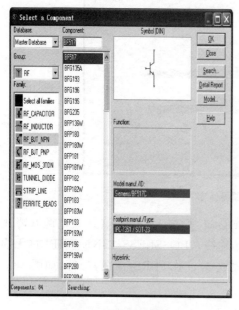

图 12 - 31　射频元器件库

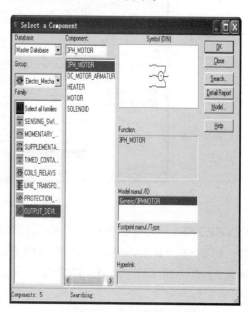

图 12 - 32　机电元器件库

2. 元器件的查找

在元器件库中查找元器件的途径有两种,即分门别类地浏览查找(见图 12－33)和输入元器件名称查找。

元器件库　　元器件组　　元器件　　　　　元器件符号

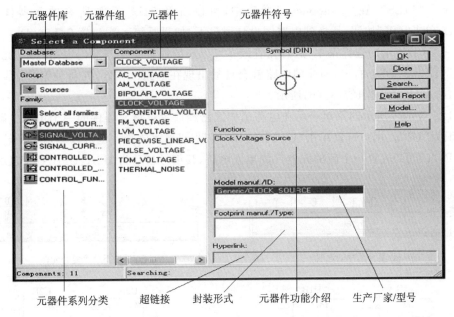

元器件系列分类　　　　超链接　　封装形式　　元器件功能介绍　　生产厂家/型号

图 12－33　元器件库浏览窗口

(1) 分门别类浏览查找

选取元器件时,首先要知道该元器件属于哪个元器件库(17 个元器件库),将光标指向元器件工具栏上的元器件所属的元器件分类库图标,即可弹出"Select a Component"(选择元器件)对话框。在该窗口中显示所选元件的相关资料,如图 12－34 所示。

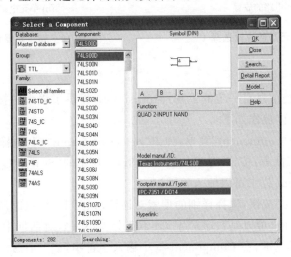

图 12－34　复合封装元器件的查找

在该浏览窗口中首先在"Group"下拉列表中选择器件组,再在"Family"下拉列表中选择相应的系列,这时在元器件区弹出该系列的所有元器件列表,选择一种元器件,功能区就出现了该元器件的信息。

案例：复合封装元器件 74LS00 的放置。

单击元器件工具栏中的"⏚⏚"图标，弹出"Select a component"对话框，在"Family"下拉列表中选择"74LS"，在"component"列表中，可以看到 74LS 系列所有的元器件。选择 74LS00D，单击"OK"按钮，切换到电路图设计窗口下，如果是第一次放置 74LS00D，可以看到如图 12-35(a)所示的选择菜单，这意味着最多可以连续放置 4 个与非门电路，移动光标在菜单的"A""B""C""D"上右击，与非门电路就会自动出现在电路工作区，并自动编排序号 U1A、U1B、U1C、U1D，如图 12-35(b)所示。

图 12-36(a) 所示的菜单表示在电路工作区已经放置过该元器件的一个单元电路，元器件的标识为"U1"。用户可以单击"U1"中的"B""C""D"继续放置。也可以单击"New"一栏中的"A""B""C""D"放置一个新的元器件的单元电路，其编号自动为 U2A、U2B、U2C、U2D。

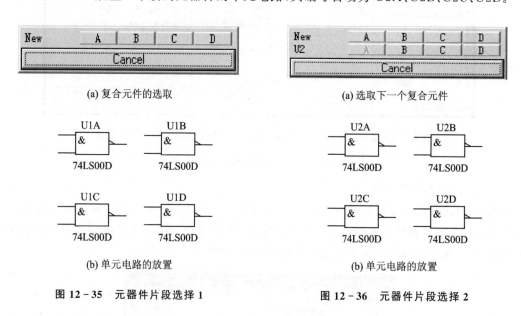

(a) 复合元件的选取	(a) 选取下一个复合元件
(b) 单元电路的放置	(b) 单元电路的放置
图 12-35　元器件片段选择 1	图 12-36　元器件片段选择 2

（2）搜索元器件

如果对元器件分类信息有一定的了解，Multisim 10 提供了强大的搜索功能，帮助用户快速找到所需元器件，具体操作如下：

① 单击"Place"→"component"菜单，弹出"Select a compnent"（选择元器件）对话框。

② 单击"Search"（搜索）按钮，弹出如图 12-37(a)所示的"Search Componene"（搜索元器件）对话框。Component 栏中可以输入关键词。

③ 单击"Advanced"按钮，选择详细的搜索对话框，如图 12-37(b)所示。

④ 输入搜索关键词，可以是数字和字母（不区分大小写），对话框中的空白处至少填入一个条件，条件越多查得越准，在 Component 框中输入字符串，如"74LS＊"，然后单击"Search"按钮，即可开始搜索，最后弹出搜索结果"Search Component Result"对话框，如图 12-38 所示。在对话框的"Component"列表栏中，列出了搜索到的所有的以"74LS"开头的元器件。单击查找到的元器件，再单击"OK"按钮，将查找的元器件放置在电路图窗口。

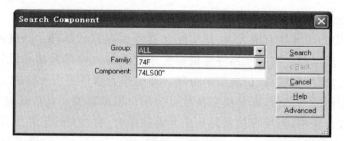

(a) 搜索元器件对话框

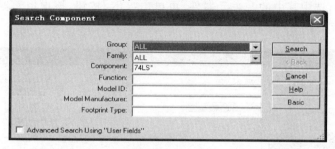

(b) 设置更多搜索条件

图 12 - 37 "Select a Compnent"对话框

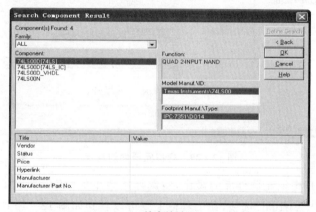

(a) 搜索结果1

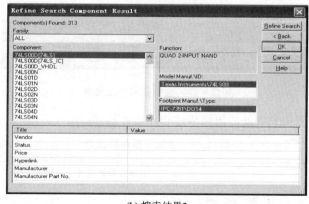

(b) 搜索结果2

图 12 - 38 "Search Component Result"对话框

3. 使用虚拟元器件

Multisim 10 中的元器件有两大类,即实际元器件和虚拟元器件。严格地讲,元器件库中所有的元器件都是虚拟的。实际元器件是根据实际存在的元件参数精心设计的,与实际存在的元器件基本对应,模型精度高,仿真结果可靠。而虚拟元器件是指元件的大部分模型参数是该种(或该类型)元件的典型值,部分模型参数可由用户根据需要而自行确定的元件。

在元器件查找过程中,当用户搜索到某个元器件库时,在"Family"栏下凡是出现墨绿色按钮者,表示该系列为虚拟元器件,选中该虚拟元器件,在"Component"栏下显示出该系列所有的虚拟元器件名称,选中其中的一个元器件,再单击"OK"按钮,该虚拟元器件就可以被放置到电路工作区,如图 12 - 39 所示。

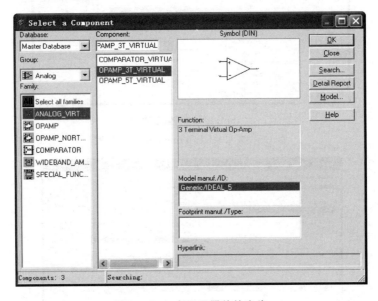

图 12 - 39 虚拟元器件的查找

一般情况下,打开虚拟元器件库的操作是:选择主菜单的"View"→"Toolbars"命令,在弹出的下拉菜单中选中"Virtual"选项,在工具栏上就可以看到如图 12 - 40 所示的虚拟元器件工具条。

图 12 - 40 虚拟元器件工具条

表 12 - 1 所列为虚拟元器件的图标描述和元器件描述。

表 12 - 1 虚拟元器件的列表

图标描述	包含元器件描述
模拟元器件条按钮	包含元器件: 依次为:比较器;3 端子运算放大器;5 端子运算放大器

续表 12 - 1

图标描述	包含元器件描述
基本元器件按钮	包含元器件： 依次为：电容器；空芯电感器；磁芯电感器；非线性变压器；电位器；常开触点继电器；常闭触点继电器；组合继电器；电阻器；音频变压器；多功能变压器；功率变压器；变压器；可变电容器；可变电感器；上拉电阻和压控电阻器
二极管元器件按钮	包含元器件：，依次为：二极管；稳压二极管
晶体管元器件按钮	包含元器件： 依次为：四端子双极型 NPN 型晶体管；双极型 NPN 型晶体管；四端子双极 PNP 型晶体管；双极 PNP 型晶体管；N 型砷化镓场效应管；P 型砷化镓场效应管；N 型场效应管；P 型场效应管；3 端子 N 型增强型 MOS 管；3 端子 P 型耗尽型 MOS 管；3 端子 N 型增强型 MOS 管；3 端子 P 型增强型 MOS 管；4 端子 N 型耗尽型 MOS 管；4 端子 P 型耗尽型 MOS 管；4 端子 N 型增强型 MOS 管；4 端子 P 型增强性 MOS 管
测量元器件按钮	包含元器件： 依次为：电流表（4 个，连接方向不同）；探针（5 个，颜色不同）；电压表（4 个，接连方向不同）
混杂元器件按钮	包含元器件： 依次为：555 定时器；模拟开关；晶体振荡器；16 进制 DCD；保险丝；指示灯；单稳态电路；电动机；光电耦合器；锁相环；共阳极 7 段数码管；共阴极 7 段数码管
电源按钮	包含元器件： 依次为：交流电压源；直流电压源；数字地；模拟地；三相电压源（三角形连接）；三相电压源（星形连接）；VCC；VDD；VEE；VSS
虚拟定值元器件按钮	包含元器件： 依次为：NPN 管；PNP 管；电容器；二极管；电感器；电动机；继电器（常闭）；继电器（常开）；组合继电器；电阻器
信号源按钮	包含元器件： 依次为：交流电流源；交流电压源；调幅电压源；时钟脉冲电流源；时钟脉冲电压源；直流电流源；指数电流源；指数电压源；调频电流源；调频电压源；分段线性电流源；分段线性电压源；脉冲电流源；脉冲电压源

　　在电子设计中选用实际元器件，不仅可以使设计仿真与实际情况有良好的对应性，还可以直接将设计导出到 Ultiboard 10 中进行 PCB 的设计。虚拟元器件只能用于电路的仿真。

12.2　仿真教学案例

12.2.1　桥式整流电路

图 12-41 所示单相桥式整流电路,桥式整流电路巧妙地使用了 4 个二极管并分成两组,每组两个二极管接成串联方式。在交流电的正半周和负半周,两组二极管轮流导通或截止。图中 D1、D4 为一组,D2、D3 为另一组,图中接了 4 个电流探头,用示波器观察每组二极管工作情况和负载上的电流。

仿真举例

因 D2、D3 是一组,所以流过两者的电流是同一个电流。流过负载上的平均电流是流经每个二极管的平均电流的 2 倍。在忽略二极管管压降的情况下,桥式整流电路输出电压的平均值是变压器次级交流电压(有效值)的 0.9 倍,若考虑二极管的管压降,显然小于 0.9 倍。图 12-42 所示是用示波器测量的波形,从上到下依次是:流过 D1 的电流、流过 D2 的电流、流过 D3 的电流、流过负载电阻 RL 的电流。D2 和 D3 工作时是串联关系,所以流过它们的是同一个电流。同样,D1 和 D4 工作时也是串联关系(观察波形时,示波器输入端置于"DC"状态)。

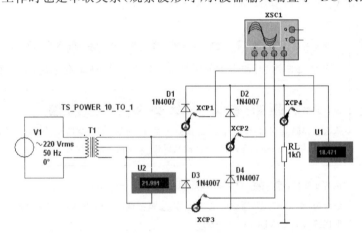

图 12-41　桥式整流电路

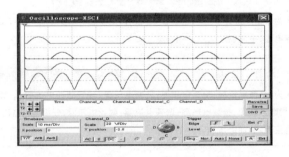

图 12-42　桥式整流电路的电流波形

图 12-43 所示电路是用来测量桥式整流电路中每个二极管在截止期间承受的反向电压的。当 D2、D3 截止时,两者是并联关系,而 D1、D4 导通时为串联关系,反之亦然。所以截止的两个二极管承受相同的反向电压,反向电压的最大值为变压器次级电压(有效值)的 $\sqrt{2}$ 倍。

图 12 – 44 中测出反向电压最大值为 30.4 V,约为变压器次级电压 22 V 的 $\sqrt{2}$ 倍。桥式整流电路对电源变压器没有特殊要求,二极管承受相同的反向电压和半波整流电路相同。

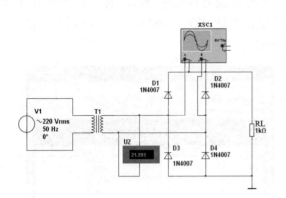

图 12 – 43　测量二极管承受的反向电压

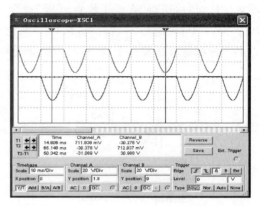

图 12 – 44　测量结果

12.2.2　共发射极放大电路

1. 共发射极放大电路的静态工作点

图 12 – 45 所示是最简单的共发射极放大电路。当输入信号为零时,放大电路处于静态(即直流工作状态),电路中的电压、电流都是直流量。此时,三极管的 I_B、I_C 和极间电压 U_{BE}、U_{CE} 可以在其特性曲线上确定一个点,该点称为静态工作点。通常将上述 4 个电量写成 I_{BQ}、U_{BEQ}、I_{CQ} 和 U_{CEQ},其中 U_{BEQ} 可以近似当作常量看,硅管为 $0.6 \sim 0.7$ V,锗管为 $0.2 \sim 0.3$ V。

放大器设置静态工作点的目的是能够对输入信号进行不失真的放大。合适的静态工作点可以保证三极管始终工作在放大状态。放大器静态工作点的测量有以下几种方法。

① 使用电流表、电压表(或万用表)接入放大电路,接通电源后,各仪表立即显示出测量数据(为了保证测量数据准确,务必要将放大器输入端交流信号源短接),如图 12 – 46 所示。

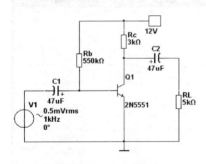

图 12 – 45　放大电路

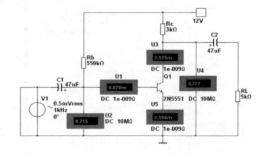

图 12 – 46　用电流表、电压表测量静态工作点

② 使用测量探针。首先在电路的被测量点上放置测量探针,探针文本框既可显示测量点上的电流,又可显示探针放置点的对地电压。探针方向要和电路中电流的参考方向一致。仿真前同样要把交流信号源短接。测量探针放好后,启动"仿真"按钮,探针文本框中立即显示出工作点的数据(提示:发射极上没有发射极电阻,即使放置测量探针也不能显示出电流),如图 12 – 47 所示。

③ 应用"直流工作点分析法",该分析法主要用来计算电路的静态工作点,Multisim 自动将电路分析条件设置为电感短路、电容开路、交流信号源短路。在基极和集电极上各放置一个测量探针,然后执行"直流工作点分析"命令,在分析设置对话框的"输出"标签页中同时选择 I(probe1)、I(probe2)、V(probe1)、V(probe2)为输出变量,就可以得到图 12-48 所示的结果。以上 3 种测量方法操作手段不同,但结果是相同的。

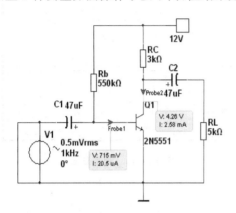

图 12-47　用"测量探针"测量静态工作点

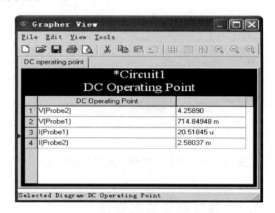

图 12-48　用"直流工作点分析"法测量

2. 放大电路静态工作点设置与波形失真

非线性失真是由于放大电路中半导体器件的非线性特性引起的失真。例如,由于放大器的静态工作点位置设置不当,或者输入信号过强,结果进入了三极管的截止区或饱和区所造成的失真。

① 如果放大器的静态工作点设置在靠近交流负载线的中点(见图 12-49(a))。但是由于输入信号幅度过大,结果输入信号的正半周使得三极管进入了饱和区,负半周使得三极管进入了截止区(见图 12-49(b)),所以输出信号同时产生了饱和失真和截止失真。

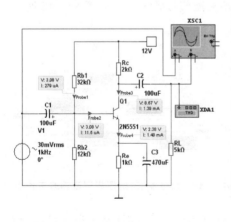

(a) 电路图　　　　　　　　　　(b) 输入、输出波形

图 12-49　饱和失真和截止失真

② 如果放大器的静态工作点设置在交流负载线的下边,即靠近截止区,如图 12-50(a)所示。若输入信号过大,信号的负半周有可能使工作点 Q 进入截止区,正半周工作点 Q 在放大

区,输出波形的正半周被削平一部分,即产生了截止失真,如图 12－50(b)所示。

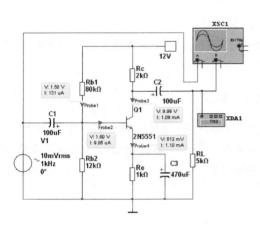 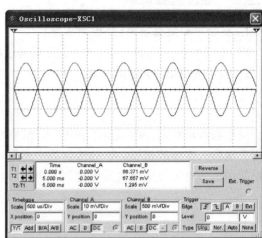

(a) 电路图   (b) 输入、输出波形

图 12－50 截止失真

③ 如果放大器的静态工作点设置在交流负载线的上边,即靠近饱和区,如图 12－51(a)所示。若输入信号过大,信号的正半周有可能使工作点 Q 进入饱和区,负半周工作点 Q 在放大区,输出波形的负半周被削平一部分,即产生了饱和失真,如图 12－51(b)所示。

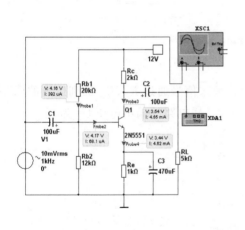 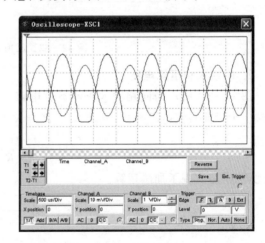

(a) 电路图   (b) 输入、输出波形

图 12－51 饱和失真

影响放大器静态工作点的电路参数很多,但并不是每一个电路参数都适宜用来调节放大电路的静态工作点。一般来说,在调节静态工作点的同时,不希望改变电路的其他性能指标,如电压放大倍数、输入电阻、输出电阻、电源电压等。改变集电极电阻 R_C,将改变放大电路的电压放大倍数和输出电阻;改变 β,需要更换三极管。只有改变上偏流电阻最为方便有效,而且对电路的其他性能指标基本没有影响。

12.2.3　加法运算电路

1. 反相求和运算电路(反相加法器)

图 12-52 中,输入信号 V_{i1} 和 V_{i2} 分别通过电阻 R_1 和 R_2 加至运算放大器的反相输入端,R_3 为直流平衡电阻,要求 $R_3 = R_1 // R_2 // R_f$。若 $R_1 = R_2$,有

$$U_o = -\frac{R_f}{R_1}(V_{i1} + V_{i2})$$

反相输入求和电路的实质是利用"虚地"和"虚断"的特点,通过各路的输入电流相加的方法来实现输入电压的相加。该加法器的优点是,改变某一路信号输入电阻(R_1 或 R_2)的值,不影响其他输入电压与输出电压的比例关系,因而调节方便。

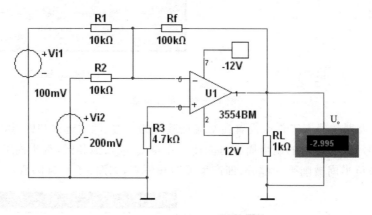

图 12-52　反相求和运算电路

2. 同相求和运算电路

图 12-53 所示为同相输入求和运算电路,两路输入信号通过 R_1、R_2 加到运放的同相输入端。为了使直流电阻平衡,要求 $R_1 // R_2 = R_3 // R_f$,这样电路的输出电压 U_o 为

$$U_o = R_f\left(\frac{V_{i1}}{R_1} + \frac{V_{i2}}{R_2}\right)$$

因此,该电路实现了加法运算。

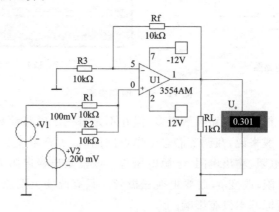

图 12-53　同相求和运算电路

若 $R_1=R_2=R_f$，则 $U_o=V_1+V_2$。与反相求和运算定律比较,同相求和运算电路共模输入电压较高,且调节不方便,因此实际上很少采用。如果需要同时实现加法和减法运算,可以考虑采用两级反相求和电路。

12.2.4　RC 文氏电桥振荡电路

图 12-54(a)所示为 RC 串并联正弦波振荡器电路(又称文氏电桥电路)。RC 串并联网络的固有频率 $f=1.592$ kHz。仿真开始后,首先改变可变电阻 R_P 的阻值,图中$(R_3+R_5+R_P)$为并联电压负反馈电阻 R_f,当 $R_P=0\Omega$(即电位器阻值显示 0%时),示波器中无输出波形,表示电路没有起振。当 $R_P>0\Omega$(即电位器阻值显示 1% 以上时),示波器中出现正弦波。之后继续增大 R_P 的阻值时,振荡器输出幅度逐渐增大。

文氏电桥振荡电路中的运算放大器属于同相输入比例运算电路,其电压放大倍数 $A_{vf}=1+\dfrac{R_f}{R_4}$,电压放大倍数只要略大于 3,就能顺利起振,若 $A_{vf}<3$,电路就不能起振。仿真结果证明了这一结论。图 12-54(b)所示为文氏电桥振荡器输出的电压波形。用频率计测得输出的正弦波频率为 1.583 kHz,与公式计算结果很接近。

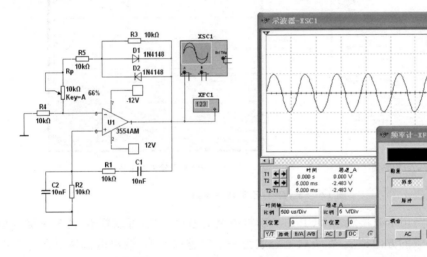

(a) 电路图　　　　　　　　　(b) 振荡输出波形

图 12-54　RC 串并联正弦波振荡器

12.2.5　乙类双电源互补对称功率放大电路(OCL 电路)

单管甲类功率放大电路的缺点是效率低,单管乙类功率放大电路虽然提高了效率,却出现了严重的波形失真。因此,既要保持静态时管耗小,又要输出信号不失真,就需要在电路结构上采取措施。

如何消除乙类放大中的非线性失真,一个有效的办法是:选用两只管子,使之都工作在乙类放大状态,即一个管子在正弦信号的正半周工作,而另一个在负半周工作,从而在负载上得到完整的正弦波形。双电源互补对称放大电路在静态时两管的发射极是零电位,所以负载电阻可以直接连接,发射极和负载之间不需要耦合电容,故称之为 OCL 电路。

图 12-55(a)所示是互补对称功率放大电路，Q_3 和 Q_4 分别是 NPN 型和 PNP 型管实现互补，两管的参数要求一致对称，它们的基极和基极接在一起，发射极和发射极接在一起，信号从基极输入，从发射极输出，是两个工作在乙类状态的射极输出器的组合电路。当输入信号为 0 时，两个三极管发射结处于 0 偏置，输出电压为零；当输入信号为正半周时，Q_3 发射结正偏导通，Q_4 发射结反偏截止，有电流通过负载；而当输入信号为负半周时，Q_4 发射结正偏导通，Q_3 发射结反偏截止，有电流通过负载，但电流方向与前一次电流方向相反，即在输入信号的一个周期内，Q_3 和 Q_4 轮流导电，在负载上得到一个完整的波形。

图 12-55(b)所示是用示波器观察到的 OCL 乙类功放电路的输入、输出电压波形。从示波器上可以看出，输出电压波形在过零处不是圆滑的连接，明显产生了失真。因为乙类互补对称功率放大电路没有设置偏置电压，静态工作点设置在零点，$U_{BEQ}=0$，$I_{BQ}=0$，$I_{CQ}=0$。由于三极管存在死区，当输入信号小于死区电压时，两个三极管仍不导通，输出电压为零，这样在信号过零附近的正负半周交接处无输出信号，出现了失真，该失真称为交越失真。

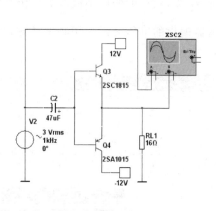
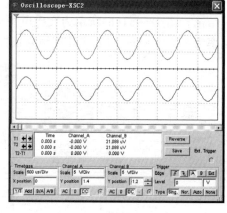

(a) 电路图　　　　　　　　　　　　(b) 输入输出电压波形

图 12-55　OCL 乙类功放电路

图 12-56 所示是用示波器观察 OCL 乙类功放电路的输出电流，可以看出，两个三极管是交替导通，但流过负载的方向相反，在负载上合成为一个完整的波形，输出电流波形同样存在着交越失真。

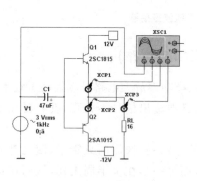
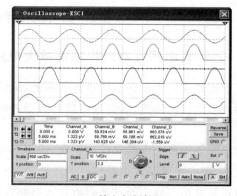

(a) OCL 电路电流的测量　　　　　　　(b) 输出电流波形

图 12-56　OCL 乙类功放电路的电流波形

产生交越失真的原因是：在乙类互补对称功率放大电路中，三极管发射结在静态时没有设置正向偏压，由于三极管存在死区电压，当输入信号小于死区电压时，三极管 Q_1，Q_2 仍不导通，输出电压为 0，三极管的导通角小于 $180°$，在输入信号过零附近的正负半周交接处无输出信号，即产生了交越失真。

12.2.6　串联型稳压电源

图 12 - 57 为串联型稳压电源的电路图，复合三极管 BCX38B 作为调整管和负载接成串联形式，故称为串联型稳压电源。

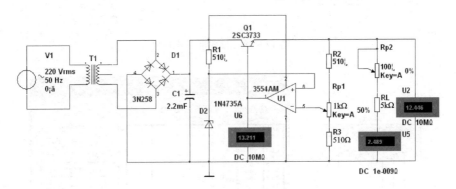

图 12 - 57　串联型稳压电源

图 12 - 57 中的运算放大器 3554AM 和外围元件组成比较放大电路，运放的同相输入端接在一个简单的稳压电路上，同相输入端电压被固定在 6.2 V，作为基准电位。而运放的反相输入端连接在 R_2、R_{P1} 和 R_3 组成的输出电压取样电路中，也就是说反向输入端的电压是会随着电网电压的波动或负载电阻的变化而波动的。运算放大器的差模输入电压等于基准电压和取样电压之差。图中 R_{P2} 最初为 100 Ω，这时负载上的电流为 0.119 A，稳压电源输出电压为 12.45 V。现将 R_{P2} 变为 50 Ω（即负载加重），这时负载上的电流为 0.226 A，取样电压变小，稳压电源输出电压为 12.45 V。将 R_{P2} 变为 0 Ω，负载上的电流变为 2.489 A，稳压电源输出电压为 12.446 V。可见该电路的稳压性能是非常好的。当 $R_{P2}=100\Omega$ 时，调节可变电阻 R_{P1}，输出电压可以在 8.5～24 V 范围内连续变化。

12.2.7　与或非运算的仿真

与或非运算是先与运算，后或运算，再进行非运算。74S51 为 2 输入与或非门，在图 12 - 58 中，分别按动 A、B 和 C、D 键，仔细观察两组输入状态的组合，可以看出：两组输入中至少有一个输入端为低电平时，输出为高电平；如果有一组输入端都为高电平，则输出就为低电平。

在图 12 - 59 中，用逻辑转换仪分析出了与或非门电路的真值表。

12.2.8　共阳极数码管的驱动

图 12 - 60 中的 74LS47D 为集电极开路输出的译码器/驱动器，必须使用共阳极数码管，它的作用是把输入的 8421BCD 码翻译成对应于数码管的七个字段信号（即 7 位二进制代码），驱动数码管显示出"0～9"十个十进制数的符号。74LS47 有 4 个输入端 D、C、B、A，有 7 个输

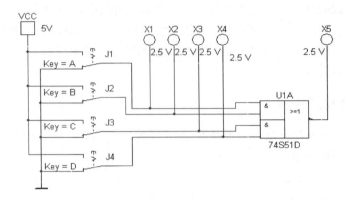

图 12 - 58 与或非门电路

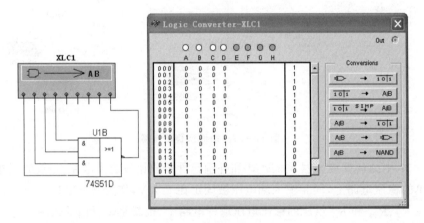

图 12 - 59 与或非门电路的真值表

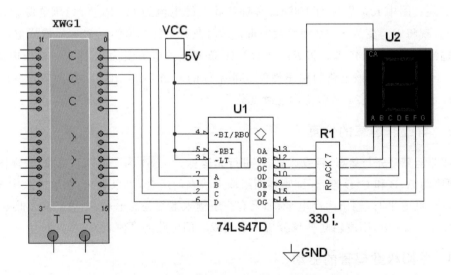

图 12 - 60 显示译码器与共阳数码管的连接

出端,输出低电平有效。当输出为低电平时,驱动能力较强,灌电流高达 40 mA。数码管每个引脚上都串联了一个限流电阻,防止流过发光二极管的电流过大,烧毁发光二极管。字信号发生器产生 0000~1001 十个代码,当循环输出时,数码管循环显示 0~9 十个符号。

图 12-61 所示为 74LS47D 的真值表测试电路,74LS47D 是 OC 门输出,OC 门输出高电平时必须外接上拉电阻到 V_{CC}。逻辑分析仪使用时采用内部触发,时钟频率修改为"1 kHz"。逻辑分析仪测出的结果和 74LS47 的真值表是完全一致的,不妨拖动游标指针看看。

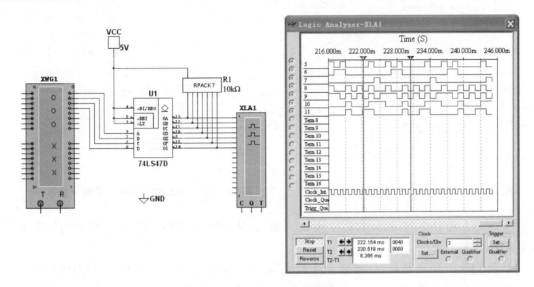

图 12-61　显示译码器的真值表

12.2.9　74LS290D 的逻辑功能与电路

1. 74LS290D 的逻辑功能

图 12-62 为集成异步二-五-十进制计数器 74LS290D 的仿真电路图。它由一个一位二进制计数器和一个五进制计数器两部分组成。图中 R_{01}、R_{02} 为置 0 输入端,R_{91}、R_{92} 为置 9 输入端。74LS290D 的主要功能仿真如下:

1) 异步置 0 功能:当 $R_{01} \cdot R_{02}=1,R_{91} \cdot R_{92}=0$ 时,将计数器置 0,即 QDQCQBQA=0000。

2) 异步置 9 功能:当 $R_{01} \cdot R_{02}=0,R_{91} \cdot R_{92}=1$ 时,将计数器置 9,即 QDQCQBQA=1001。

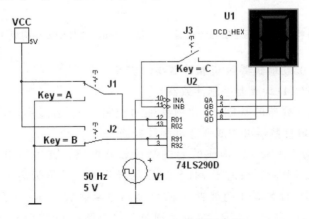

图 12-62　74LS290D 的逻辑功能

3）计数功能：当满足 $R_{01} \cdot R_{02} = 0$，$R_{91} \cdot R_{92} = 0$ 时，74LS290D 处于计数工作状态，有下面四种情况：

① 计数脉冲由 INA 输入，从 QA 输出，构成一位二进制计数器，如图 12-63 所示。

② 计数脉冲信号由 INB 输入，从 QDQCQB 输出，构成五进制计数器，如图 12-64 所示。

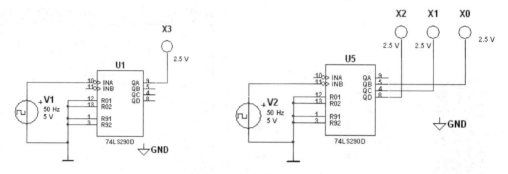

图 12-63　74LS290D 构成二进制计数器　　　图 12-64　74LS290D 构成五进制计数器

③ 将 QA 和 INB 短接，计数脉冲从 INA 输入，从 QDQCQBQA 输出，构成 8421BCD 码异步十进制计数器（见图 12-65）。

④ 将 QD 和 INA 短接，计数脉冲从 INB 输入，从高位到低位的输出为 QAQDQCQB 时，构成 5421BCD 码异步十进制加法计数器（见图 12-66）。

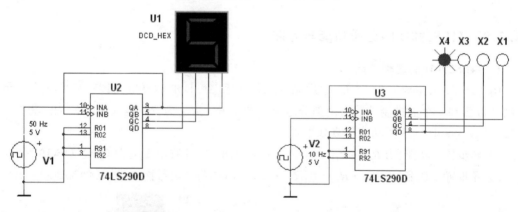

图 12-65　74LS290D 构成 8421 码十进制计数器　　图 12-66　74LS290D 构成 5421 码十进制计数器

2. 利用"异步置 0"功能获得 N 进制计数器的仿真

案例：试用 74LS290D 构成七进制计数器。

在二-五-十进制计数器的基础上，利用其辅助控制端子，通过不同的连接（即反馈复位法），用 74LS290D 集成计数器可构成任意进制计数器。

图 12-67 所示为 74LS290D 构成的七进制计数器电路。首先写出"7"的二进制代码：$S_7 = 0111$，再写出反馈归零函数；由于 74LS290D 的异步置 0 信号为高电平 1，即只有 R_{01} 和 R_{02} 同时为高电平 1 时，计数器才能被置 0，故反馈归零函数 $R_0 = R_{01} \cdot R_{02} = QCQBQA$。可见要实现七进制计数，应将 R_{01} 和 R_{02} 并联后通过与门电路和 QCQBQA 相连，同时将 R_{91} 和 R_{92} 接 0。由于计数容量为 7，大于 5，还应将 QA 和 INB 相连。经过这样的连接后，得到了用

74LS290D 构成的七进制计数器。

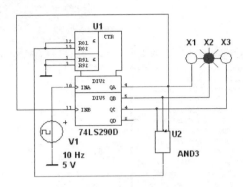

图 12-67　74LS290D 构成七进制计数器

12.2.10　555 定时器构成的多谐振荡器

图 12-68(a)所示为 555 定时器构成的多谐振荡器电路。该电路充电时经过 R_1、R_2 两个电阻,而放电时只经过 R_2 一个电阻,两个暂稳态时间不相等,$T_1=0.69(R_1+R_2)C$,$T_2=0.69R_2C$,故矩形波周期 $T=0.7(R_1+2R_2)C$,占空比 $q=\dfrac{R_1+R_2}{R_1+2R_2}$,采用这种电路产生的矩形波的占空比始终大于 50 %。根据图 12-68 所示电路的参数可以用公式计算出矩形波的周期 $T\approx13.86$ ms,用示波器可以测量出 $T=13.77$ ms,两者十分接近,波形图见图 12-68(b)。

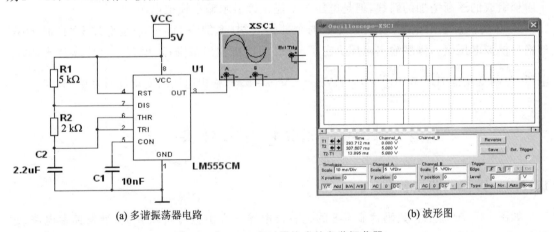

(a) 多谐振荡器电路　　　　　　　　　　　　(b) 波形图

图 12-68　555 定时器构成的多谐振荡器

12.2.11　8 位集成 D/A 转换器仿真试验

图 12-69(b)所示为用 8 位集成电路 D/A 转换器 VDAC8 芯片作仿真实验的电路。8 位电压输出型 DAC 上接线端含义如下:$D_0\sim D_7$ 为 8 位二进制数字信号输入端,$V_{ref}+$ 和 $V_{ref}-$ 为两端电压表示要转换的模拟电压范围,也就是 DAC 的满度输出电压。$V_{ref}+$ 通常和基准电源相连,本实验基准电源电压为 5 V,$V_{ref}-$ 接地。Output 为 DAC 转换后的模拟电压输出端。8 位二进制数字信号由字信号发生器生,设置字信号发生器能连续产生 00000000~11111111 共 256 个数字信号,输出方式为"循环"输出,如图 12-69(a) 所示。

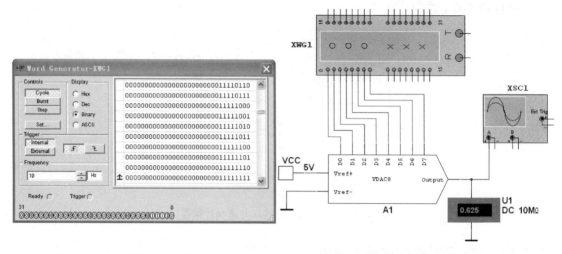

(a) VDAC的输入数字信号 　　　　　　　　　　　(b) 集成D/A转换器电路

图 12 - 69　集成 D/A 转换器仿真实验

首先将字信号发生器的输出频率设置为 10 Hz,开始仿真后,电压表上的输出电压数值缓慢增加,由 0 V 逐渐变为 5 V,示波器上显示的输出电压变化也十分缓慢(如果字信号发生器输出频率高,电压表将不显示电压数值)。

第二次仿真实验时,将字信号发生器的输出频率增加到 1 kHz,这时在示波器上看到 255 个阶梯组成的逐渐增加的斜线,但是电压表不能正确显示输出模拟电压。

DAC 的满度输出电压是指在 DAC 的全部输入端(本例中 $D_0 \sim D_7$)全部加上"1"时 DAC 的输出模拟电压值。满度输出电压决定了 DAC 的电压输出范围,这里有一个计算公式,输出电压 V_o 的变化范围是:$0 \sim \dfrac{V_{ref}}{2^n}(2^n-1)V_{ref} = 5$ V,$n = 8$ 时,输出电压的变化范围为 $0 \sim 4.98$ V。

12.3　综合设计与仿真

12.3.1　数显八路抢答器

如图 12 - 70 所示为数码管显示 8 的抢答器电路。它由抢答按钮开关、触发锁存电路、编码器、七段显示译码器和数码管组成。

按钮开关为动合型,当接下开关时,开关自动闭合;当松开开关时,开关自动断开。74HC373 是 8D 锁存器,它的 8 个输入端通过上拉电阻接电源,当所有开关均未按下时,8 个输入端均为高电平,任一开关被按下,相应的输入端立即变为低电平。

8D 锁存器 74HC373(三态)的第 2 脚为三态门控制脚,工作时应接低电平,第 11 脚为锁存使能控制端。当 ENG 为高电平时,锁存器处于等待接收状态;当任一开关按下时,输出信号中必有一路为低电平,反馈到第 11 脚 ENG 的信号为低电平,使锁存器处于锁存状态,即之前接收到的开关信息被锁存,这时如果按动开关,输入信息被封锁。

74HC147 为 8线-4线优先编码器(高位优先),低电平有效。当输入为低电平时,以反码

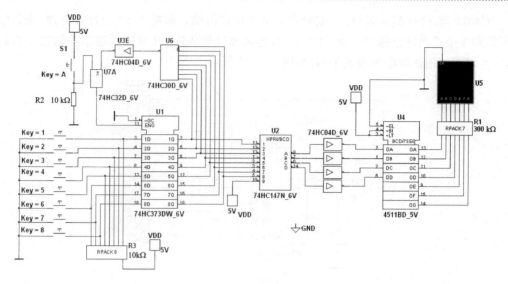

图 12-70　八路抢答器电路

形式输出 8421BCD 码,所以后面接了 4 个非门电路,转换为 8421BCD 码,编码器多余的输入端接高电平。

显示译码器若选用 CC4511,数码管只能选择共阴极数码管,若选用 74LS47 作译码器,则必须选择共阳极数管。

在锁存电路被锁存后,若要进行下一轮的重新抢答,就必须把锁存器解锁,即将锁存使能控制端 ENG 强制变为高电平。图 2-70 中将解锁开关信息(由按钮 S_1 产生)和锁存反馈信号相"或"后再加到锁存使能端 ENG,从而完成解锁工作。

12.3.2　彩灯循环点亮电路

图 12-71 所示为十盏彩灯循环点亮电路,该电路由三部分组成:振荡电路、计数器/译码分配器和显示电路。

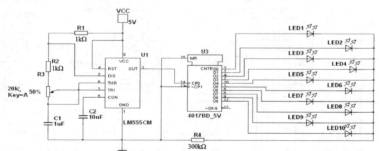

图 12-71　彩灯循环电路

振荡电路是为下一级提供时钟脉冲信号。因为循环彩灯对频率的精密要求不严格(对比时钟电路而言),只要求脉冲信号的频率可调,所以选择 555 定时器组成频率可调的多谐振荡器。

计数器是用来累计和寄存输入脉冲个数的时序逻辑部件。这里采用十进制计数/分频器 CC4017。CC4017 有 3 个输入端,MR 为清 0 端,CP0 和 CP1 是 2 个时钟输入端,若用上升沿计数,则信号由 CP0 端输入;若用下降沿计数,则信号由 CP1 端输入。

CC4017 有 10 个输出端(Q0～Q9)和一个进位输出端。每输入 10 个计数脉冲,进位输出端可得到 1 个正向进位脉冲。当 CC4017 有连续脉冲输入时,其对应的输出端依次变为高电平,故可以直接用作顺序脉冲发生器,如图 12-72 所示。

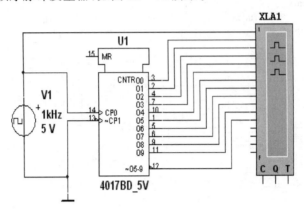

图 12-72　CC4017 仿真测试电路

显示电路由发光二极管组成,当 CC4017 的输出端依次输出高电平时,二极管被点亮,点亮的时间长短和 555 定时器输出的脉冲信号频率有关。

12.3.3　三位十进制数计数电路

图 12-73 所示为一个三位十进制数计数电路。它将计数、译码、显示电路组合在一起,可以对输入信号进行计数,范围是 000～999,在任何时候,均可通过置 0 复位。

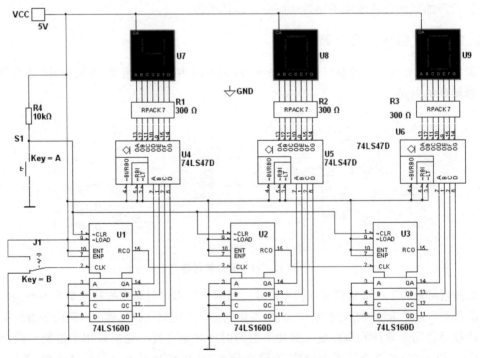

图 12-73　三位十进制数计数器

74LS160 是十进制加法计数器，它具有异步置 0 功能，即将 CLR 端接地，无论其他输入端是否有信号输入，这时 QDQCQBQA＝0000。当 CLR＝LOAD＝ENT＝ENP＝1，CP 端输入计数脉冲时，计数器按照 8421BCD 码的规律进行计数。RCO 为进位输出端，当达到 1001 时，产生进位信号 RCO＝0，将 3 个 74LS160 级联便可构成 3 位数的计数器，图 12－73 中使用了 3 个共阳极数码管和 3 个显示译码器 74LS47，最左边的数码管显示的是个位数，最右边显示的是百位数，中间是十位数。

12.3.4　数字显示电子钟电路

图 12－74 和图 12－75 均为数字显示电子钟电路图。该数字电子钟主要由 4 部分组成，555 定时器及其周围元件构成秒信号发生器，产生秒脉冲信号，U1 和 U2 构成电子钟的两位 60 进制秒计数器电路，U8 和 U9 构成两位 60 进制分计数器电路，U16 和 U17 构成两位 24 进制小时计数器电路。译码器/驱动器全部采用 74LS48，数码管全部为共阴极形式。其中秒计数器和分计数器模块的结构是相同的，均是由两片 74LS290D 构成的 60 进制计数器，当秒计数器累计接收到 60 个秒脉冲信号时，秒计数器复位，并产生一个分进位信号，分计数器累计接收到 60 个分脉冲信号时，分计数器复位，并产生一个时进位信号；时计数器是由 2 片 74LS290D 构成的 24 进制计数器，对时脉冲信号进行计数，累计 24 小时为 1 天，新的一天计时重新开始。

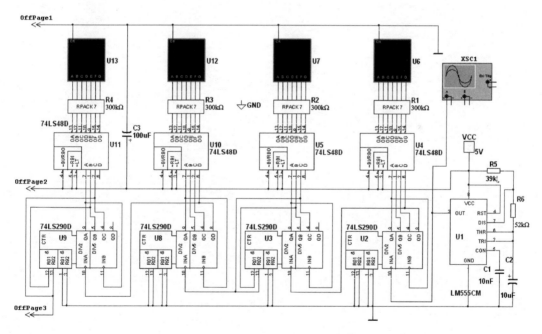

图 12－74　电子钟秒、分计数电路

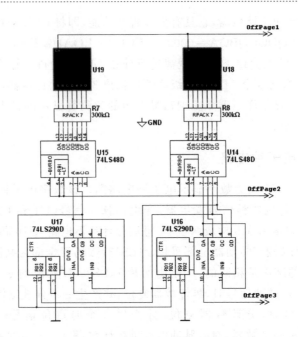

图 12 - 75　电子钟小时计数电路

附　录

附录 A　国内外三极管代换型号

国内外三极管代换型号如表 A-1 所列。

表 A-1　国内外三极管代换型号及特性

型　号	简要特性	可代换国外型号	可代换国内型号
2SA562	高频、中功率、大电流	BC328,BC298,BC728,BC636,2N2906～07	3CK9C,3CG562
2SA673	行推动		3CG23C,3CG23E
2SA678	同步分离		3CG15A,3CG15B,3CG21C
2SA715	场输出管		CD77-2A,3CF3A
2SA778A	开关电源误差放大		3CG21G,CG75-1A
2SA844	高频、小功率	BC177, BC204, BC212, BC251, BC307, BC512,BC557	3CG121C,3CG22C
2SA1015	高频、小功率	2SA544～545, BC116A, BC181, BC281, BC291～292,BC320,BC478～479,BC512, BCW52,BFW62～64	3CG130C,3CG22C, 3CG1015,3CG22D
2SB337	电源调整	B337	3AD53B,3AD53C, 3AD30B,3AD30C
2SB507	低频、功率放大	BD242A,BD244A,BD578,BD588	CD50B,CD77-1A
2SC97A	高放、振荡	2SC108A,BSS27,2SC1150	3DK4, 3DK64, 3DK100, 3DK106
2SC383	高频、小功率	2SC45,2SC383H,2SC401,2SC402,2SC403, 2SC828A, 2SC907AH, 2SC945, 2SC1328, 2SC1380A, 2SC1453, 2SC1685, 2SC1747, 2SC1850, 2SC2385, 2SC779, 2SC248, 2SC249,2SC499,2SC1890,BC147,BC277, BC280, BC347～348, BCP147, BCP247, BCW87, BCW98, BCX70, BCY56, BFJ92, BFV89A, BFV98, 2N335B, 2N56（S）, 2N707A,2N930,2N1074～1077,2N1439～ 1443, 2N2247～2249, 2N2253～2255, 2N3877	3DG120B,3DG170G, 3DG110F,3DG111F
2SC400	开关管	2N3605,BSV52,2SC1319	3DK2,3DW24,3DW25, 3DK16,3DK18,3DK101
2SC454	高频放大、混频、变频	BF240,BF254,BF454,BF494,BF594	3DK205C
2SC495	高频、大功率、大电流	BD139,BD169,BD179,BD237,BD441	3DK9D
2SC496	高频、大功率、大电流	BD135,BD165,BD175,BD233,BD437	3DK4A
2SC533	功放、振荡	2N3733	3DA92, 3DA107, 3DA22, 3DA86,3DA404
2SC536	高频放大、混频、变频、振荡	2SC87,2SC529～533,2SC537,2SC693～ 694,2SC752,2N947,2N3390,2N3391	2DG8A,3DG121C,3DX202
2SC619	开关、功率放大	BC107,M171,BC183,BC207,BC237	3DG130D

型 号	简要特性	可代换国外型号	可代换国内型号
2SC684	UHF,VHF 本振	2SC1069,2SC2468,2SC2730	3DG301,3DG56B 3DG79B,2G210A 3DG80B,3DB84D
2SC689H	开关管	2SC356,BSY28,BFV878	3DK1,3DK7,3DK102
2SC710	中 放	2SC717	DG304,3DG84,FG021
2SC741	高放,振荡	2SC216,BC185	3DG12,3DG130,3DG204
2SC776	高频功率放大	BC141,BC301,BFX96,97A,BSW53,54, 2N2217,19A	3DA1,3DA2A
2SC781	高频,大功率	BFW47,BFS23,BFY99,2N3553,40305	3DA87B
2SC790	低频,大功率	BD241A,BD243A,BD577,BD587	
2SC797	高放,振荡	25C1213AK,2TX223	3DG5,3DG7
2SC828	高频,高 β,低输入阻抗	2SC96,2SC128,2SC192（S）2SC263, 2SC281,2SC350,2SC368～369,2SC370～ 374,2SC471～472,2SC475～476,2SC631～ 634,2SC715 ～ 716,2SC912,2SC1090, 2SC1327,2SC1684,2SC1849,2SD603, 2SD778,BC108～109,BC171,BC254～255, BC386,BCP108 ～ 109,BCP148 ～ 149, BCY42 ～ 43,BCY69,2N1199 ～ 1201, 2N2244～2246,2N2250～2252,2N5088～ 5089,2N930A～B	3DG120A,3DG120B
2SC829	高频,低频放大	2SC62,2SC544,2SC561 ～ 562,2SC1686, 2N3289～3292	23DG111E
2SC911A	功放,振荡	2N5644	3DA816
2SC917	UHF 高放,混频	2SC2466,2SC2728,2SC2731,2N6389	2DG302,FG024
2SC920	高频放大,混频,变频	2SC33,2SC838～839,BF237～238	3DG111F
2SC930	高频,小功率	2SC545,2SC772,2SC923,2N1992,2N3293～ 3294	3DG111D
2SC1008	高频,大电流	BC141,BC301,BSS15,BSS42,BSW39, 2N5320	3DG12,3DG81C
2SC1014	大功率开关管	BC429A,2N4349～4350,2N5914,2N5923, BD437	3DA28B,3DK104B, 3DK204A
2SC1069	UHF 本振,VHF 本振,混频	2SC684,2C2468,2SC2730	3DG301,FG023
2SC1239	功率放大	40544,40544L	3DA2,3DA101C,3DA102A
2SC1349	开关管	2N3605,2SC400,BSV52	3DK2,3DK16,3DK101
2SC1413	大功率开关管	BU108,BU208,BUX31,BUX32,BUY71	3DA58H,3DA87G, 3DK205F
2SC1514	视 放	2SC1722,2SC1921,2SC2228,2SC2068	3DG27,3DG82,3DA87, 3D150
2SC1776	高频,小功率	BC174,BC182,BC190,2N2220～2222	
2SC1923	高放,混频变频,振荡	BF241,BF255,BF455,BF595	3DG18A,3DG103B, 3DG205

型　号	简要特性	可代换国外型号	可代换国内型号
2SC1961	功率放大	40392,40544,405445	3DA2, 3DA45, 3DA53, 3DA102A
2SC2120	功率放大	BC338,BC378,BC738	
2SC2369	高频放大	2SC3429, 2SC3302, 2SC3268, 2SC3128, 2SC3110	2G914A～D,3DG44E, 3DG70C,3DG81D, 3DG85A～C,3DG143
2SC2466	UHF 高放,混频	2SC917,2SC2728,2SC2731,2N6389	3DG302,FG024
2SC2468	UHF 本振,VHF 本振,混频	2SC684,2SC1069,2SC2730	3DG301,FG023
2SC3037	低频,大功率	DG5421,DG5422,BFR49,2SC1459	2G913BG,2G915A - C, DG42,3DG90C - E
2SC3355	适用开关,高频放大	2SC3510,2SC3512	2DG72B - G,3DG82B - C, FDA901,FDG002, 3DA312
2SD313	低频,大功率	BD241A,BD243A,BD557,BD587	3DD30A,DD03B
2SD325	低频,大功率	FDD305A	3DD325
2SD401	低频,大功率,高反压	BD401,MJE5655,2N5655	DD01B
2SD880	大功率,高 β,功率放大	SDT7744,1814,3205	3DK03,3DK105,3DK205, 3DD102,D680,3DD301A
2N1489	电源,调整管		DD03A
2N3055	低频功率放大		3DD71D
2N5401	高频,中功率放大		CG160C,3CA3F
2N5551	高频,中功率放大		3DG84G,3DG1621
BC558	高频,中功率放大		3CG120B
BU208	电视机行输出	2SC937	3DK304F,3DD501, 3DA711,3DA58
BU406D	高频,大功率放大		3DD15C
JA101	高频放大	2SA733	3CG21
JC500	高频放大	2SC945	3DG8

附录 B 数字集成电路产品系列

74 系列数字集成电路型号索引如表 B-1 所列。

表 B-1 74 系列数字集成电路型号索引

品种代号	产品名称	品种代号	产品名称
00	四 2 输入与非门	48	4 线-七段译码器/驱动器(BCD 输入,上拉电阻)
01	四 2 输入与非门(OC)	49	4 线-七段译码器/驱动器(BCD 输入,OC 输出)
02	四 2 输入或非门	50	双 2 路 2-2 输入与或非门(一门可扩展)
03	四 2 输入与非门(OC)	51	双 2 路 2-2(3)输入与或非门
04	六反相器	52	4 路 2-3-2-2 输入与或门(可扩展)
05	六反相器(OC)	53	4 路 2-3-2-2 输入与或非门(可扩展)
06	六反相缓冲/驱动器(OC)	55	2 路 4-4 输入与或非门(可扩展)
07	六缓冲/驱动器(OC)	56	1/50 分频器
08	四 2 输入与门	60	双 4 输入与扩展器
09	四 2 输入与门(OC)	61	三 3 输入与扩展器
10	三 3 输入与非门	62	4 路 2-3-3-2 输入与或扩展器
11	三 3 输入与门	68	双 4 位十进制计数器
12	三 3 输入与非门(OC)	69	双 4 位二进制计数器
15	三 3 输入与门(OC)	70	与门输入上升沿 JK 触发器(有预置和清除)
16	六高压输出反相缓冲/驱动器(OC)	71	与或门输入主从 JK 触发器(有预置)
17	六高压输出缓冲/驱动器(OC)	72	与门输入主从 JK 触发器(有预置和清除)
20	双 4 输入与非门	73	双 JK 触发器(有清除)
21	双 4 输入与门	74	双上升沿 D 触发器(有预置和清除)
22	双 4 输入与非门(OC)	75	4 位双稳态锁存器
23	可扩展双 4 输入或非门(带选通)	76	双 JK 触发器(有预置和清除)
25	双 4 输入或非门(带选通)	77	4 位双稳态锁存器
27	三 3 输入或非门	78	双主从 JK 触发器(有预置和公共清除和公共时钟)
28	四 2 输入或非缓冲器	80	门控全加器
30	8 输入与非门	82	2 位二进制全加器
32	四 2 输入或门	83	4 位二进制全加器(带快速进位)
33	四 2 输入或非缓冲器(OC)	86	四 2 输入异或门
34	六跟随器	90	十进制计数器
35	六跟随器(OC)(OD)	91	8 位移位寄存器
36	四 2 输入或非门	92	十二分频计数器
37	四 2 输入与非缓冲器	93	4 位二进制计数器
38	四 2 输入与非缓冲器(OC)	94	四 2 输入异或门
40	双 4 输入与非缓冲器	95	4 位移位寄存器(并行存取,左移/右移,串联输入)
42	4 线-10 线译码器(BCD 输入)	96	5 位移位寄存器
43	4 线-10 线译码器(余 3 码输入)	98	4 位数据选择器/存储寄存器
44	4 线-10 线译码器(余 3 码格雷码输入格)	99	4 位双向通用移位寄存器
45	BCD-十进制译码器/驱动器(OC)	100	8 位双稳态锁存器
46	4 线-七段译码器/驱动器(BCD 输入,开路输出)	103	双下降沿 JK 触发器(有清除)
		106	双下降沿 JK 触发器(有预置和清除)

品种 代号	产品名称	品种 代号	产品名称
107	双主从 JK 触发器(有清除)	197	可预置二进制计数器/锁存器
110	与门输入主从 JK 触发器(有预置,清除,数据锁定)	237	3 线-8 线译码器/多路分配器(地址锁存)
111	双主从 JK 触发器(有预置,清除,数据锁定)	238	3 线-8 线译码器/多路分配器
116	双 4 位锁存器	244	八缓冲器/线驱动器/线接受器(3S)
121	单稳态触发器(有施密特触发)	245	八双向总线收发器/接受器(3S)
137	3 线-8 线译码器/多路分配 OS(有地址寄存)	249	4 线-七段译码器/驱动器(BCD 输入,OC)
138	3 线-8 线译码器/多路分配器	250	16 选 1 数据选择器/多路转换器(3S)
139	双 2 线-4 线译码器/多路分配器	251	8 选 1 数据选择器/多路转换器(3S,原,反码输出)
141	BCD-十进制译码器/驱动器(OC)	264	超前进位发生器
142	计数器/锁存器/译码器/驱动器(OC)	268	六 D 型锁存器(3S)
143	计数器/锁存器/译码器/驱动器(7 V,15 mA)	269	8 位加/减计数器
144	计数器/锁存器/译码器/驱动器(15 V,20 mA)	281	4 位并行二进制累加器
145	BCD-十进制译码器/驱动器(驱动灯、继电器、MOS)	282	超前进位发生器(有选择进位输入)
147	10 线-4 线优先编码器	283	4 位二进制超前进位全加器
148	8 线-3 线优先编码器	290	十进制计数器
150	16 选 1 数据选择器/多路转换器(反码输出)	293	4 位二进制计数器
151	8 选 1 数据选择器/多路转换器(原、反码输出)	322	8 位移位寄存器(有信号扩展,3S)
152	8 选 1 数据选择器/多路转换器(反码输出)	323	8 位双向移位/存储寄存器(3S)
157	双 2 选 1 数据选择器/多路转换器(原码输出)	347	BCD-七段译码器/驱动器(OC)
158	双 2 选 1 数据选择器/多路转换器(反码输出)	351	双 8 选 1 数据选择器/多路转换器(3S)
159	4 线-16 线译码器/多路分配器(OC 输出)	352	双 4 选 1 数据选择器/多路转换器(反码输出)
160	4 位十进制同步可预置计数器(异步清除)	363	八 D 型透明锁存器和边沿触发器(35,公共控制)
161	4 位二进制同步可预置计数器(异步清除)	364	八 D 型透明锁存器和边沿触发器(3S,公共控制,公共时钟)
162	4 位十进制同步计数器(同步清除)		
163	4 位二进制同步可预置计数器(同步清除)	373	八 D 型锁存器(3S,公共控制)
164	8 位移位寄存器(串行输入,并行输出,异步清除)	374	八 D 型锁存器(3S,公共控制,公共时钟)
168	4 位十进制可预置加/减同步计数器	375	4 位 D 型(双稳态)锁存器
169	4 位二进制可预置加/减同步计数器	377	八 D 型触发器(Q 端输出,公共允许,公共时钟)
171	四 D 触发器(有清除)	378	六 D 型触发器(Q 端输出,公共允许,公共时钟)
173	4 位 D 型触发器(3S,Q 端输出)	379	四 D 型触发器(互补输出,公共允许,公共时钟)
174	六上升沿 D 型触发器(Q 端输出,公共清除)	390	双二-五-十计数器
175	四上升沿 D 型触发器(互补输出,公共清除)	393	双 4 位二进制计数器(异步清除)
176	可预置十进制/二、五混合进制计数器	395	4 位可级联移位寄存器
177	可预置二进制计数器	444	BCD-十进制译码器/驱动器(OC)
182	超前进位发生器	446	BCD-七段译码器/驱动器(OC)
183	双进位保留全加器	484	BCD-二进制代码转换器
184	BCD-二进制代码转换器	485	二进制-BCD 代码转换器
185	二进制-BCD 代码转换器(译码器)	537	4 线-10 线译码器/多路分配器
190	4 位十进制可预置同步加/减计数器	538	3 线-8 线译码器/多路分配器
191	4 位二进制可预置同步加/减计数器	539	双 2 线-4 线译码器/多路分配器(3S)
192	4 位十进制可预置同步加/减计数器(双时钟,有清除)	547	3 线-8 线译码器(输入锁存,有应答功能)
193	4 位二进制可预置同步加/减计数器(双时钟,有清除)	548	3 线-8 线译码器/多路分配器(有应答功能)
194	4 位双向通用移位寄存器(并行存取)	568	4 位十进制同步加/减计数器(3S)
195	4 位移位寄存器(JK 输入,并行存取)	569	4 位二进制同步加/减计数器
196	可预置十进制/二五混合进制计数器/锁存器	580	八 D 型透明锁存器(3S,反相输出)

4000 系列数字集成电路型号索引如表 B-2 所列。

表 B-2   4000 系列数字集成电路型号索引

品种代号	产品名称	品种代号	产品名称
4000	双 3 输入或非门及反相器	4049	六反相器
4001	四 2 输入或非门	4050	六同相缓冲器
4002	双 4 输入正或非门	4051	模拟多路转换器/分配器(8 选 1 模拟开关)
4006	18 位静态移位寄存器(串入,串出)	4052	模拟多路转换器/分配器(双 4 选 1 模拟开关)
4007	双互补对加反相器	4053	模拟多路转换器/分配器(三 2 选 1 模拟开关)
4008	4 位二进制超前进位全加器	4054	4 段液晶显示驱动器
4009	六缓冲器/变换器(反相)	4055	4 线-七段译码器(BCD 输入,驱动液晶显示器)
4010	六缓冲器/变换器(同相)	4056	BCD-七段译码器/驱动器(有选通,锁存)
4011	四 2 输入与非门	4059	程控 1/N 计数器 BCD 输入
4012	双 4 输入与非门	4060	14 位同步二进制计数器和振荡器
4013	双上升沿 D 触发器	4061	14 位同步二进制计数器和振荡器
4014	8 位移位寄存器(串入/并入,串出)	4063	4 位数值比较器
4015	双 4 位移位寄存器(串入,并出)	4066	四双向开关
4016	四双向开关	4067	16 选 1 模拟开关
4017	十进制计数器/分频器	4068	8 输入与非/与门
4018	可预置 N 分频计数器	4069	六反相器
4019	四 2 选 1 数据选择器	4070	四异或门
4020	14 位同步二进制计数器	4071	四 2 输入或门
4021	8 位移位寄存器(异步并入,同步串入/串出)	4072	双 4 输入或门
4022	八计数器/分频器	4073	三 3 输入与门
4023	三 3 输入与非门	4075	三 3 输入或门
4024	7 位同步二进制计数器(串行)	4076	四 D 寄存器(3S)
4025	三 3 输入与非门	4077	四异或非门
4026	十进制计数器/脉冲分配器(七段译码输出)	4078	8 输入或/或非门
4027	双上升沿 JK 触发器	4081	四 2 输入与门
4028	4 线-10 线译码器(BCD 输入)	4082	双 4 输入与门
4029	4 位二进制/十进制/加/减计数器(有预置)	4085	双 2-2 输入与或非门(带禁止输入)
4030	四异或门	4086	四路 2-2-2-2 输入与或非门(可扩展)
4031	64 位静态移位寄存器	4089	4 位二进制比例乘法器
4032	三级加法器(正逻辑)	4093	四 2 输入与非门(有施密特触发器)
4033	十进制计数器/脉冲分配器(七段译码输出,行波消隐)	4094	8 位移位和储存总线寄存器
4034	8 位总线寄存器	4095	上升沿 JK 触发器
4035	4 位移位寄存器(补码输出,并行存取,JK 输入)	4096	上升沿 JK 触发器(有 JK 输入端)
4038	三级加法器(负逻辑)	4097	双 8 选 1 模拟开关
4040	12 位同步二进制计数器(串行)	4098	双可重触发单稳态触发器(有清除)
4041	四原码/反码缓冲器	4316	四双向开关
4042	四 D 锁存器	4351	模拟信号多路转换器/分配器(8 路)(地址锁存)
4043	四 RS 锁存器(3S,或非)	4352	模拟信号多路转换器/分配器(双 4 路)(地址锁存)
4044	四 RS 锁存器(3S,与非)	4353	模拟信号多路转换器/分配器(3×2 路)(地址锁存)
4045	21 级计数器	452	六反相器/缓冲器(3S,有选通端)
4048	8 输入多功能门(3S,可扩展)	4503	六缓冲器(3S)
		4508	双 4 位锁存器(3S)

品种代号	产品名称	品种代号	产品名称
4510	十进制同步加/减计数器(有预置端)	7006	六部分多功能电路
4511	BCD－七段译码器/驱动器(锁存输出)	7022	八计数器/分频器(有清除功能)
4514	4 线－16 线译码器/多路分配器(有地址锁存)	7032	四路正或门(有施密特触发器输入)
4515	4 线－16 线译码器/多路分配器(反码输出,有地址锁存)	7074	六部分多功能电路
4516	4 位二进制同步加/减计数器(有预置端)	7266	四路 2 输入异或非门
4517	双 64 位静态移位寄存器	7340	八总线驱动器(有双向寄存器)
4518	双十进制同步计数器	7793	八三态锁存器(有回读)
4519	四 2 选 1 数据选择器	8003	双 2 输入与非门
4520	双 4 位二进制同步计数器	9000	程控定时器
4521	24 位分频器	9014	九施密特触发器、缓冲器(反相)
4526	二－N－十六进制减计数器	9015	九施密特触发器、缓冲器
4527	BCD 比例乘法器	9034	九缓冲器(反相)
4529	双 4 信道模拟数据选择器	14572	六门
4530	双 5 输入多功能逻辑门	145999	8 位双向可寻址锁存器
4531	12 输入奇偶校验器/发生器	40097	双 8 选 1 模拟开关
4532	8 线－3 线优先编码器	40100	32 位左右移位寄存器
4536	程控定时器	40101	9 位奇偶校验器
4538	双精密单稳多谐振荡器(可重复)	40102	8 位同步 BCD 减计数器
4541	程控定时器	40103	8 位同步二进制减计数器
4543	BCD－七段锁存/译码/LCD 驱动器	40104	4 位双向移位寄存器(3S)
4551	四 2 输入模拟多路开关	40105	4 位×16 字先进先出寄存器(3S)
4555	双 2 线－4 线译码器	40107	双 2 输入与非缓冲器/驱动器
4556	双 2 线－4 线译码器(反码输出)	40108	4×4 多位寄存器
4557	1－64 位可变时间移位寄存器	40109	四低-高电压电频转换器(3S)
4583	双施密特触发器	40110	十进制加/减计数/译码/锁存/驱动器
4584	六施密特触发器	40160	十进制同步计数器(有预置,异步清除)
4585	4 位数值比较器	40161	4 位二进制同步计数器(有预置,异步清除)
4724	8 位可寻址锁存器	40162	十进制同步计数器(同步清除)
7001	四路正与门(有施密特触发器输入)	40163	4 位二进制同步计数器(同步清除)
7002	四路正或非门(有施密特触发器输入)	40174	六上升沿 D 触发器
7003	四路正与非门(有施密特触发器输入和开漏输出)	40208	4×4 多位寄存器阵(3S)
		40257	四 2 选 1 数据选择器

附录C 常用集成芯片引脚图

引脚图摘自《标准集成电路数据手册》及《国内集成电路速查手册》。

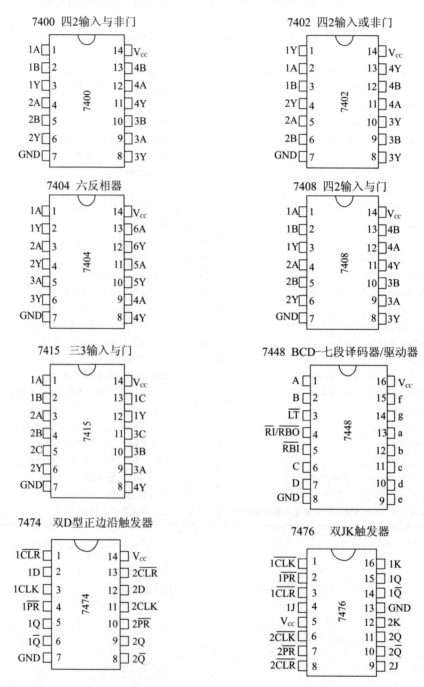

7400 四2输入与非门

1A	1	14 Vcc
1B	2	13 4B
1Y	3	12 4A
2A	4	11 4Y
2B	5	10 3B
2Y	6	9 3A
GND	7	8 3Y

7402 四2输入或非门

1Y	1	14 Vcc
1A	2	13 4Y
1B	3	12 4B
2Y	4	11 4A
2A	5	10 3Y
2B	6	9 3B
GND	7	8 3A

7404 六反相器

1A	1	14 Vcc
1Y	2	13 6A
2A	3	12 6Y
2Y	4	11 5A
3A	5	10 5Y
3Y	6	9 4A
GND	7	8 4Y

7408 四2输入与门

1A	1	14 Vcc
1B	2	13 4B
1Y	3	12 4A
2A	4	11 4Y
2B	5	10 3B
2Y	6	9 3A
GND	7	8 3Y

7415 三3输入与门

1A	1	14 Vcc
1B	2	13 1C
2A	3	12 1Y
2B	4	11 3C
2C	5	10 3B
2Y	6	9 3A
GND	7	8 4Y

7448 BCD-七段译码器/驱动器

A	1	16 Vcc
B	2	15 f
$\overline{LT}$	3	14 g
$\overline{RI/RBO}$	4	13 a
$\overline{RBI}$	5	12 b
C	6	11 c
D	7	10 d
GND	8	9 e

7474 双D型正边沿触发器

1$\overline{CLR}$	1	14 Vcc
1D	2	13 2$\overline{CLR}$
1CLK	3	12 2D
1$\overline{PR}$	4	11 2CLK
1Q	5	10 2$\overline{PR}$
1$\overline{Q}$	6	9 2Q
GND	7	8 2$\overline{Q}$

7476 双JK触发器

1CLK	1	16 1K
1$\overline{PR}$	2	15 1Q
1$\overline{CLR}$	3	14 1$\overline{Q}$
1J	4	13 GND
Vcc	5	12 2K
2$\overline{CLK}$	6	11 2Q
2$\overline{PR}$	7	10 2$\overline{Q}$
2CLR	8	9 2J

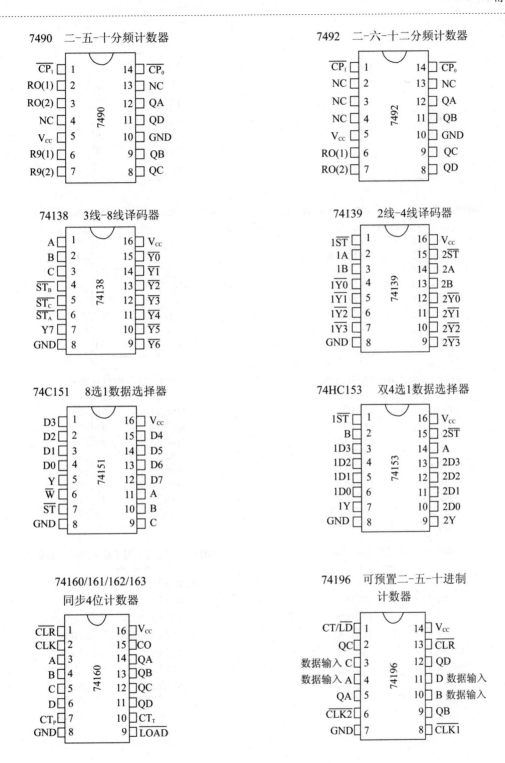

7490　二-五-十分频计数器

7492　二-六-十二分频计数器

74138　3线-8线译码器

74139　2线-4线译码器

74C151　8选1数据选择器

74HC153　双4选1数据选择器

74160/161/162/163
同步4位计数器

74196　可预置二-五-十进制
计数器

4000　双3输入或非门

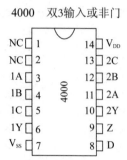

4001　四2输入或非门

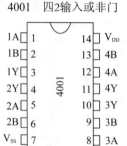

4029　4位可预置二进制可逆计数器

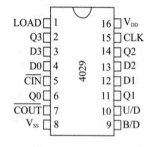

4511　BCD-锁存/七段译码/驱动器

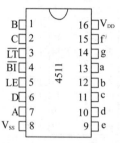

4518　双BCD同步加计数器

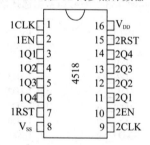

4060　14位串行计数器

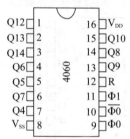

40106　六施密特触发器

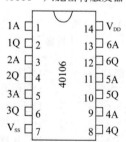

40107　双2输入与非缓冲器/驱动器

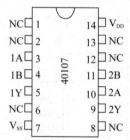

参考文献

[1] 华成英. 电子技术[M]. 北京:中央广播电视大学出版社,2002.

[2] 孙丽霞. 数字电子技术[M]. 北京:高等教育出版社,2004.

[3] 周良权. 模拟电子技术基础[M]. 北京:高等教育出版社,1993.

[4] 沈任元. 模拟电子技术基础[M]. 北京:机械工业出版社,2003.

[5] 夏春华. 模拟电子技术[M]. 北京:中国水利水电出版社,2003.

[6] 中国集成电路大全编委会. 中国集成电路大全——TTL 集成电路[M]. 北京:国防工业出版社,1985.

[7] 中国集成电路大全编委会. 中国集成电路大全——COMS 集成电路[M]. 北京:国防工业出版社,1985.

[8] 朱永金. 电子技术基础实训指导[M]. 北京:清华大学出版社,2005.

[9] 邵展图. 电子电路基础[M]. 北京:中国劳动社会保障出版社,2003.

[10] 姜有根. 电子线路[M]. 北京:电子工业出版社,2004.

[11] 康华光. 电子技术基础(数字部分)[M]. 北京:高等教育出版社,2000.

[12] 黄智伟. 基于 NI Multisim 的电子电路计算机仿真设计与分析[M]. 北京:电子工业出版社,2008.

[13] 程勇. 实例讲解 Multisim 10 电路仿真[M]. 北京:人民邮电出版社,2010.

[14] 清华大学电子学教研组编,杨素行. 模拟电子技术基础简明教程[M]. 北京:高等教育出版社,2009.

[15] 胡宴如. 模拟电子技术[M]. 3 版. 北京:高等教育出版社,2008.

[16] 赵春华,张学军. MuItisim 9 电子技术基础仿真实验[M]. 北京:机械工业出版社,2007.

[17] 李学明. 模拟电子技术仿真实验教程[M]. 北京:清华大学出版社,2011.

[18] 李学明. 数字电子技术仿真实验教程[M]. 北京:清华大学出版社,2011.

[19] 王莲英. 基于 MuItisim 10 的电子仿真实验与设计[M]. 北京:北京邮电大学出版社,2009.

[20] 杨志忠. 数字电子技术[M]. 3 版. 北京:高等教育出版社,2009.